实用岩土工程施工新技术
（2020）

雷　斌　左人宇　付文光　著

中国建筑工业出版社

图书在版编目（CIP）数据

实用岩土工程施工新技术．2020/雷斌，左人宇，付
文光著．—北京：中国建筑工业出版社，2020.1
ISBN 978-7-112-24443-0

Ⅰ．①实… Ⅱ．①雷…②左…③付… Ⅲ．①岩
土工程-工程施工 Ⅳ.①TU4

中国版本图书馆 CIP 数据核字（2019）第 247107 号

本书主要介绍岩土工程实践中应用的创新技术，对每一项新技术从背景现状、工艺特点、工艺原理、适用范围、工艺流程、操作要点、质量控制、安全管理等方面予以全面综合阐述，部分技术为国内首创。全书共分为 7 章，包括灌注桩施工新技术、预应力管桩施工新技术、基坑支护咬合桩施工新技术、基坑支护施工新技术、潜孔锤钻进施工新技术、软土地基处理施工新技术、绳锯切割新技术。

本书适合从事岩土工程设计、施工、科研、管理人员学习参考。

责任编辑：杨　允
责任校对：李欣慰

实用岩土工程施工新技术（2020）
雷　斌　左人宇　付文光　著
＊
中国建筑工业出版社出版、发行（北京海淀三里河路 9 号）
各地新华书店、建筑书店经销
霸州市顺浩图文科技发展有限公司制版
北京京华铭诚工贸有限公司印刷
＊
开本：787×1092 毫米　1/16　印张：20¼　字数：488 千字
2020 年 4 月第一版　　2020 年 4 月第一次印刷
定价：**68.00** 元
ISBN 978-7-112-24443-0
（34918）

前　　言

自 2018 年 6 月《实用岩土工程施工新技术》发行以来，得到了岩土工程及相关领域专业技术人员的青睐，新书在发行后又增印一次。作者时常接到各类技术咨询电话，得知按照书中工序操作指引，顺利解决了不少施工中遇到的相关工艺问题，甚是感到欣慰，因而萌生了持续著书的计划。在工勘集团及科研团队的支持下，《实用岩土工程施工新技术（2020）》得以出版。

工勘集团的科技创新工作一直伴随企业快速发展，所取得的一大批科研成果推动了岩土施工技术的进步，发挥出了科技是第一生产力的作用，既获得了丰硕成果、培养了一批专业人才，同时还取得了良好的经济效益，其蕴藏的核心竞争力成为集团发展新的助力引擎和增长极，进一步彰显了工勘在高端人才、工艺技术、综合实力、品牌形象等方面的内在特质，反映出工勘人的创新意识和承担行业社会责任的自觉心和使命感。

近一年多来，工勘集团不忘初心，始终坚守专业主义，持续加大科研投入，在岩土工程施工技术创新方面又取得了显著突破，26 项科研成果获 2018、2019 年度广东省土木建筑学会科学技术奖；共申报发明和实用新型专利 131 项，获发明专利证书 10 项、实用新型专利证书 53 项；2019 年新立项科研课题 16 项，13 项科研成果 2019 年 8 月通过省级科研鉴定，25 项新技术获评 2018、2019 年度广东省工程建设省级工法。所取得的这些科研成果（见附录），悉数纳入在本书的各章节中。

本书共包括 7 章，每章的每一节均为一项实用新技术，对每一项新技术从背景现状、工艺特点、工艺原理、适用范围、工艺流程、操作要点、质量控制、安全管理等方面予以全面综合阐述。第 1 章介绍了灌注桩施工新技术，包括旋挖桩孔口嵌入式护筒埋设、灌注桩混凝土顶面标高监测及超灌控制、旧桩拔除及新桩原位复建等。第 2 章介绍了预应力管桩施工新技术，包括密实砂层预应力管桩采用气举反循环引孔沉桩、超深超厚密实砂层预应力管桩综合引孔施工，以及在内支撑支护的基坑底施工预应力管桩的新工艺，拓展了预应力管桩的使用范围，为国内首创技术；第 3 章介绍了基坑支护咬合桩施工新技术，包括深厚松散填石层咬合桩一荤二素组合式成桩、全荤咬合桩液压抓斗五桩组合式成桩、长螺旋钻咬合桩素桩成孔、旋挖硬咬合灌注桩钻进施工技术；第 4 章介绍了基坑支护相关的施工新技术，包括预应力锚索钻进、下锚、注浆同步及扩大头施工技术，以及地下连续墙渗漏钻孔埋嘴高压灌浆堵漏、预应力锚索套钻拔除、超长双管斜抛撑施工、基坑支护预应力锚索组合式钢腰梁施工、多道内支撑支护深基坑土方栈桥＋土坡开挖、预应力管桩＋预应力锚索联合支护、基坑浅层地下水塔式压力回灌等技术；第 5 章介绍了硬岩潜孔锤钻进施工新技术，包括灌注桩锥型潜孔锤钻进、松散地层地下结构抗浮锚杆双钻头顶驱钻进成孔施工技术；第 6 章介绍了软土地基处理施工新技术，包括沿海陆域真空堆水联合预压软基处理、大泵量节能真空堆载预压软基处理、预应力管桩桩网复合结构软土地基加固等；第 7 章介绍了绳锯切割新技术，包括钢筋混凝土墙体绳锯拆除、基坑支撑混凝土板金刚石圆盘锯定向静力切割拆除、绳锯法定向拆除钢筋混凝土结构等施工技术。

　　作者从事岩土工程科研创新工作整整十年，起初也只是摸索，碰到过很多的困难，但从来都没有放弃，从当初单枪匹马、几人的坚守，到现在几十人的团队共同参与；从开始时一年只完成一项、几项，到如今每年都能完成十多项。这些年的孜孜以求，让作者感触最深的是科研创新的力量，所带来的收获是倍增量级的全方位收益，就好比立项一个科研课题，完成后能申报发明专利、实用新型专利、科研鉴定、市级工法、省级工法、科学技术奖、论文等七项拥有自有知识产权的成果，每一项成果如按 5 人署名，累计一项课题获得的成果可以由 35 人次分享；如果一年完成 10 项，那就可由 350 人次共同分享。这也是为什么这么多年来，我们科研团队的技术人员除在专业技术方面的提升外，在职称申报、职位提拔、行业地位等方面拥有的较大优势。同时，公司所获得的科技成果，除满足国家高新技术企业的创新需求外，从科研课题中优选出的项目向政府相关部门申请获得技术资助，让企业的科研创新工作迈上良性循环所培养出的一大批创新人才，将成为公司持续发展的动力。

　　本书汇集了作者及科研团队所完成的科研成果，特此向参加项目研发的技术人员表示感谢，向为本书提供相关资料的同行表示感谢。由于作者水平和能力的限制，书中难免存在不当之处，将以感激之心接受读者们的改进意见和建议，希望通过交流互鉴，促进岩土科学水平的提升和成果共享，共同推动岩土工程事业的发展。

雷　斌

2019 年 9 月于广东深圳工勘大厦

目　　录

第1章　灌注桩施工新技术

1.1　旋挖桩孔口护筒嵌入式埋设定位施工技术

1.1.1　引言

灌注桩施工过程中，孔口护筒起到桩孔定位、稳定孔壁的作用。在旋挖灌注桩施工过程中，尤其是入深厚硬岩钻进时，其成桩时间相对较长，孔口护筒底口长时间浸泡在泥浆中，加之频繁提钻、下钻对护筒底部地层的扰动大，如果出现护筒外四周回填不密实，则容易发生护筒底部坍塌，严重的可能造成护筒松动、偏斜、提钻时卡钻、孔口坍塌等，将给灌注桩施工带来质量和安全隐患。

近年来，针对个别旋挖灌注桩入岩施工时间长，施工过程中造成孔口护筒松动、偏斜、卡钻、孔口坍塌等问题，施工现场项目组开展了"旋挖灌注桩孔口护筒嵌入式埋设定位施工技术"研究，采用嵌入式将孔口护筒底埋设在原状地层之中，有效避免了施工过程中孔内泥浆对护筒底口的扰动，确保了护筒底口的稳固，经过一系列现场试验、工艺完善、现场总结、工艺优化，形成了孔口护筒嵌入式埋设定位施工工艺。

1.1.2　工艺特点

1. 操作简单

本工艺护筒埋设与一般的方法相比，只需增加护筒埋设时的扩孔钻进和嵌入式定位操作，施工简单、工效高、效果好。

2. 稳定性好

与通常孔口护筒埋设相比，本工艺通过旋挖钻孔、扩孔，在孔内形成台阶状，并将护筒底口嵌入埋设在稳定的地层内，在施工过程中护筒稳定性好，有效避免了护筒受到扰动而出现松动、移位或坍塌等。

3. 节省成本

本工艺护筒埋设施工所需配套设备简单，施工用具自行加工制作，护筒埋设安装效率高可有效避免施工过程中护筒可能出现的各种问题及处理，大大降低事故处理成本。

1.1.3　适用范围

（1）适用于旋挖钻进成孔工艺。

（2）适用于孔口护筒埋深 2～6m，且在埋设深度内有稳定地层，护筒底进入稳定地层要求不少于 1m。

1.1.4 工艺原理

本工艺关键技术主要是旋挖钻斗扩孔器孔内扩孔、护筒嵌入式埋设定位技术。

1. 旋挖钻斗扩孔器孔内扩孔

（1）旋挖钻斗开孔钻进

采用与灌注桩设计直径 D 相同的旋挖钻斗钻孔至护筒埋设深度 H，护筒底进入稳定地层不少于 1m，见图 1.1-1。

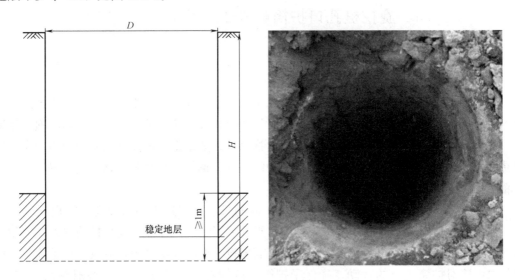

图 1.1-1 旋挖钻斗钻进至护筒埋设深度

（2）旋挖钻斗扩孔钻进

1）在旋挖钻斗的顶部上边缘设置护筒扩孔结构，扩孔结构包括焊接在旋挖钻斗顶边缘钢制的扩孔器卡槽、扩孔器、固定扩孔器的插销，具体见图 1.1-2。

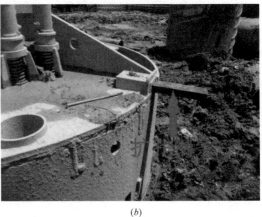

(a) (b)

图 1.1-2 旋挖钻斗上安装扩孔器装置
（a）卡槽；（b）扩孔钢条

2）使用的扩孔器是一根实心钢条，其为长 300mm、宽 70mm、高 40mm 的长方体；扩孔钢条插入卡槽 100mm，伸出长度即扩孔宽度 200mm。在距离实心钢条端部 40mm 处打三个直径 $\phi10$ 孔，孔间距 20mm。扩孔器卡槽设计钢板厚 10mm、长 100mm、内宽 70mm、高 40mm，在卡槽上表面间距 40mm 位置同样设置穿销固定孔，其位置与扩孔器相一致，以便扩孔器插入卡槽后用插销固定。具体见图 1.1-3。

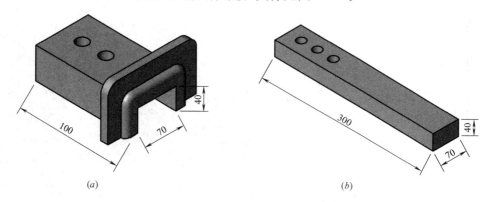

图 1.1-3 旋挖钻斗上安装的扩孔器装置设计图
（a）卡槽；（b）扩孔钢条

3）扩孔时，将扩孔钢条插入扩孔器卡槽内，并用插销固定在卡槽上，再下入至孔内进行二次扩孔钻进，钻进至护筒深度约 2/3 处（即钻进至比护筒长度 H 减少 1m 左右）终孔，扩孔后钻孔直径为 $(D+400)$mm，形成钻孔扩孔后孔底的台阶状。现场实际扩孔效果具体见图 1.1-4。

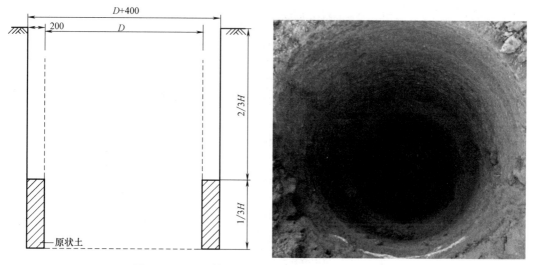

图 1.1-4 旋挖钻斗扩孔器孔内扩孔示意及现场效果

2. 护筒嵌入式埋设定位

旋挖扩孔器扩孔后，提出扩孔旋挖钻斗，孔内形成台阶状；将需埋设的护筒吊入孔内，利用旋挖钻机静力挤压法将护筒压入至埋设深度（H）位置，使护筒底口嵌入在稳定的原状地层中，埋设示意见图 1.1-5，旋挖灌注桩孔口护筒嵌入式埋设定位施工现场见图 1.1-6。

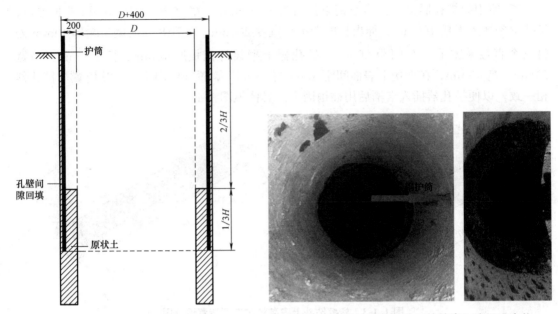

图 1.1-5　旋挖灌注桩孔口护筒
嵌入式埋设定位示意图

图 1.1-6　旋挖灌注桩孔口护筒嵌入式埋设定位

1.1.5　施工工艺流程

旋挖灌注桩孔口护筒嵌入式埋设定位施工工艺流程见图 1.1-7。

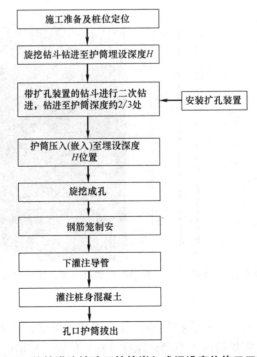

图 1.1-7　旋挖灌注桩孔口护筒嵌入式埋设定位施工工艺流程

1.1.6 工序操作要点

1. 施工准备及桩位定位

（1）施工前利用挖机对施工场地进行整平、压实，并在旋挖钻机履带处铺垫钢板，减小钻机操作时对孔口、孔壁的影响。具体现场铺设见图1.1-8。

（2）测量工程师对桩位进行放样。

（3）施工人员采用拉"十字线"设置四个外护筒的定位点，十字线交叉位置即为桩位中心，并现场对准桩位，具体见图1.1-9。

图 1.1-8　旋挖钻机孔口铺设钢板保护孔口

图 1.1-9　旋挖钻斗桩中心定位

2. 旋挖钻斗钻进至护筒埋设深度

（1）采用与设计桩径相同的旋挖钻斗钻进，护筒的埋设深度（H）由地层情况而定，满足护筒底进入稳定地层不少于1m。

（2）旋挖开孔时，慢速钻进，保持桩位中心和垂直度满足要求。

（3）旋挖钻进至埋设深度 H，钻进深度一般不小于2m，当满足进入稳定地层大于1m时，即可将钻斗提出钻孔，

旋挖开孔钻进见图1.1-10，旋挖钻孔见图1.1-11。

图 1.1-10　旋挖钻斗开孔钻进

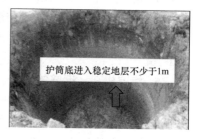

护筒底进入稳定地层不少于1m

图 1.1-11　旋挖钻斗钻进至护筒埋设深度

3. 旋挖扩孔钻进

（1）扩孔时，将钢制的扩孔器插入扩孔器卡槽内，并用插销固定在旋挖钻斗上，扩孔器安装情况见图 1.1-12。

（2）扩孔钻进后孔内形成台阶状，现场实际扩孔效果具体见图 1.1-13。

图 1.1-12　旋挖钻机扩孔器安设与固定

图 1.1-13　旋挖钻斗扩孔器孔内旋挖扩孔至孔底位置形成的台阶式形状

4. 旋挖机静力沉入护筒

（1）扩孔器完成扩孔后起钻，将护筒吊至孔内。

（2）采用旋挖钻机钻杆静力将护筒平衡均匀压至指定位置 H，期间可用挖掘机斗配合一并压入护筒，具体见图 1.1-14。

（3）护筒埋设到位后，复核护筒埋设位置和垂直度，具体见图 1.1-15；检查无误后，将护筒与孔壁间隙充填压实，至此完成大直径旋挖灌注桩孔口护筒的埋设，具体见图 1.1-16。

5. 旋挖成孔、钢筋笼制安、下灌注导管、混凝土灌注

（1）在护筒安装完成后，即可进行旋挖成孔，在钻进过程中尽量避免钻具碰撞护筒，并调制和使用好泥浆，直至按设计要求完成钻进成孔，具体见图 1.1-17。

（2）根据旋挖成孔深度制作钢筋笼，加工成型并经检验合格后，采用吊车吊入桩孔内就位；筋笼吊运时垂直起吊，缓慢下放，避免碰撞护筒；同时，采取有效措施保证钢筋笼

图 1.1-14 采用旋挖钻机静力平衡压入孔口护筒

图 1.1-15 孔口护筒位置测量复核　　　图 1.1-16 旋挖灌注桩孔口护筒嵌入式定位现场图

标高符合要求，具体见图 1.1-18。

(a)　　　　　　　　　(b)

图 1.1-17 旋挖成孔　　　　　　　　　图 1.1-18 钢筋笼制安

（3）灌注导管下放完成后，对桩孔进行二次清孔；灌注混凝土时保持连续灌注，边灌注边拔导管，并逐步拆除，埋管深度宜控制在2～6m，直至灌注完成，具体见图1.1-19。

6. 护筒起拔

（1）护筒起拔采用履带吊，垂直起拔，具体见图1.1-20。

（2）护筒起拔后及时回填空孔并压实。

图1.1-19 灌注桩身混凝土

图1.1-20 孔口护筒起拔

1.1.7 主要机械设备

本工艺所涉及设备主要有旋挖机、带扩孔器的旋挖钻斗、履带起重机、挖掘机等，详见表1.1-1。

主要机械设备配置表   表1.1-1

设备名称	型 号	数 量	备 注
旋挖钻机	BG30	1台	埋设护筒、成孔
旋挖钻斗		1套	带扩孔器的旋挖钻斗，用于埋设护筒时扩孔
履带起重机	SCC550E	1台	配合吊装钢筋笼、起拔护筒
挖掘机	PC200	1台	场地平整；护筒与孔壁间隙回填；配合护筒埋设
全站仪	ES-600G	1台	桩位放样、垂直度观测
电焊机	NBC-250	1台	焊接
扩孔装置		1套	钢制的扩孔器卡槽、扩孔器、固定插销

1.1.8 质量控制

1. 旋挖灌注桩质量控制标准

旋挖灌注桩施工质量和护筒安装质量控制标准见表1.1-2、表1.1-3。

旋挖灌注桩平面位置和垂直度的允许偏差检验标准   表 1.1-2

成孔方法		桩径允许偏差（mm）	垂直度允许偏差（%）	桩位允许偏差（mm）	
				1~3根、单排桩基垂直于中心线方向和群桩基础的边桩	条形桩基沿中心线方向和群桩基础的中间桩
泥浆护壁	$D \leqslant 1000mm$	±50	<1	$D/6$，且不大于 100	$D/4$，且不大于 150
	$D > 1000mm$	±50		$100+0.01H$	$150+0.01H$

旋挖灌注桩护筒定位施工护筒偏差检验标准   表 1.1-3

护筒类别		护筒中心允许偏差（mm）	垂直度允许偏差（%）
护筒	$D \leqslant 1000mm$	±30mm	<1
	$D > 1000mm$	±50mm	<1

2. 质量控制措施

（1）需对护筒上口进行加固，采用加焊 10mm 钢板进行加固，加固范围长度不小于 200mm。

（2）检查护筒圆度，直径误差控制±10mm，桩位放样误差控制±10mm。

（3）旋挖钻斗钻进时轻压慢转，控制低转速，保持开孔的稳定，并确保垂直度；钻进至护筒埋设深度（H）及扩孔钻进时，利用旋挖钻机操作室的垂直度控制仪进行控制。

（4）在沉入护筒时，采用铅锤吊线法观察钻杆垂直度，需全程观测护筒筒身竖直，若发生偏差，及时停止下沉，调整筒身垂直后再沉入。

（5）护筒沉入下放完成后，再次进行桩位和垂直度复测。

（6）在成孔过程中，派专人观察护筒边的土体变化，防止出现塌孔而影响施工。

1.1.9 安全措施

1. 机械设备操作

（1）施工现场所有机械设备（旋挖机、起重机、电焊机等）操作人员岗前经过专业培训，熟练掌握机械操作性能，经考核取得操作证后上机操作。

（2）旋挖钻机孔口就位前，平整稳固场地，并在钻机履带处铺设钢板，确保孔口处钻进时的稳定。

（3）机械设备操作人员和指挥人员严格遵守安全操作技术规程，工作时集中精力，不擅离职守。

（4）机械设备发生故障后及时检修，严禁带故障运行和违规操作，杜绝机械事故。

（5）现场操作人员做好个人安全防护，系好安全带；焊接由专业电焊工操作，正确佩戴安全防护罩。

2. 现场护筒吊装

（1）在进行护筒吊装时，专职安全管理人员对钢护筒吊具稳固性进行事前检查。

（2）现场吊车起拔护筒时，派专门的司索工指挥吊装作业，无关人员撤离影响半径范围，吊装区域设置安全隔离带。

1.2 大直径、超深灌注桩分层后注浆施工技术

1.2.1 引言

对于桩径大于1200mm、桩长超过50m的大直径、超深灌注桩的施工，受桩径和桩长的影响，成孔时间相对较长，护壁的泥浆会在孔壁产生较厚的泥皮，清孔沉渣厚度难以满足设计要求，这些因素进而会影响桩的承载能力。为此，对于大直径、超深桩，尤其是桩端持力层为强风化岩层时，通常采用增加桩后桩端和桩侧注浆设计，以进一步提升桩的承载能力。

常规的灌注桩后注浆施工工艺为在钢筋笼外侧绑扎3～5根通长的注浆管，在每根注浆管的底部和外侧的不同位置设置注浆孔，由于注浆孔分布在桩身的不同位置，其注浆孔的压力差异会造成注浆效果的不同，或有的注浆孔在过程中被堵塞，导致注浆达不到预期效果。

近年来，通过数个大直径、超深灌注桩后注浆工程项目，从桩顶至桩底按10m左右距离分层分段布设注浆管，在桩体形成后一定时间内，采用从桩底往上分层注浆工艺，通过桩底注浆管和桩侧注浆管压入水泥浆，使桩底和桩侧一定范围内的地层得到加固，增大端承力和桩侧摩阻力，通过减小桩径、缩短桩长、避免入岩钻进困难，达到了优化桩基设计的目的，实现了加快工程进度、质量可靠、降低造价的显著效果。

1.2.2 工程实例

1. 工程概况

本专利技术在"深圳南山供电营业中心招拍挂地块（地基与基础工程）"得到应用，该工程占地面积约2614.6m²，基坑开挖深度为14.4～16.7m，桩基础设计采用旋挖灌注桩。

2. 桩基础设计

桩基础原设计为端承桩，总桩数65根，桩径为1.0～1.4m，桩端持力层为入中风化花岗岩≥2.0m，平均成孔深度为70.66m，最大成孔深度为105.22m。设计抗压桩最大单桩竖向承载力为12000kN，抗拔桩最大单桩竖向抗拔承载力为3100kN。

由于成孔深度大、桩径相对小、长径比大、超深钻孔入岩钻进施工困难、清孔质量难以保证等因素存在，通过优化设计，提出桩基础修改为摩擦端承桩，修改桩端持力层为入土状强风化花岗岩≥3.0m或入块状强风化花岗岩≥2.0m，并在桩底及桩侧分层布设注浆管，待桩身混凝土灌注完毕后一定时间内进行分层注浆。

3. 灌注桩试桩

在工程桩基础正式施工前，为验证桩分层后注浆效果，按设计要求在现场进行了工程桩成桩工艺和分层后注浆试验。

试验桩桩孔设计直径1.4m，孔口埋设6m长护筒，采用三一365旋挖钻机钻进，按设计入块状强风化花岗岩2.0m后终孔，实际孔深55.3m，有效桩长39.8m。试验桩为抗拔桩，设计最大单桩竖向抗拔承载力设计值4700kN。试验桩钻进见图1.2-1。

图 1.2-1 灌注桩试验桩钻进成孔

4. 后注浆施工情况

根据后注浆设计以及试桩施工情况，试桩共布置一层共 3 根桩端注浆管、三层共 6 根桩侧注浆管，并按相关要求实施了桩后注浆。现场后注浆施工见图 1.2-2。

5. 现场抗拔试验

试验桩经过 28d 龄期养护后，现场实施抗拔试验，实际单桩竖向抗拔承载力检测值试验数据为 9400kN，满足设计要求。试验桩抗拔试验现场见图 1.2-3。

6. 试桩后桩基础变更设计

（1）经试桩抗拔检测试验后，桩基础优化变更为摩擦端承桩，总桩数 59 根，桩的数量比原设计减少了 7 根。

（2）桩径为 1.2～1.6m，比原设计桩径增大。

图 1.2-2 桩后注浆

图 1.2-3 桩身抗拔试验现场

（3）桩端持力层调整为入土状强风化花岗岩≥3.0m 或入块状强风化花岗岩≥2.0m。

（4）成孔灌注混凝土完毕后进行后注浆加固桩底、桩侧一定范围的土体。

（5）设计抗压桩最大单桩竖向承载力为 13500kN，抗拔桩最大单桩竖向抗拔承载力为 4700kN。

7. 工程桩施工

试桩完成后，按变更后的桩基设计要求完成了施工，平均成孔深度为 55.77m，最深成孔深度为 84.45m，比原设计最大深度减少近 20m。

1.2.3　工艺原理

本技术所述的桩后注浆采用注浆管分层布设、分层注浆工艺，在桩体形成后通过桩底注浆管和桩侧注浆管压入水泥浆，通过水泥浆液挤压方式，使桩底和桩侧一定范围内的土体得到加固，增大端承力和桩侧摩阻力，其关键技术主要包括注浆管分层布设、分层后注浆等。

1. 桩底注浆管

布置三根通长桩底注浆管，注浆管比护筒高出 100cm。

2. 桩侧注浆管

（1）按照灌注桩有效桩长布置，从有效桩顶标高往下分层布置，即在有效桩顶往下 10m 的位置布设第一层桩侧注浆管，每组两根，注浆管长度为从护筒上方 1m 处开始往下，至有效桩顶以下 10m 为止。

（2）在有效桩顶标高往下 20m 的位置布设第二层桩侧注浆管，每组两根，注浆管长度为从护筒上方 1m 处开始往下至有效桩顶以下 20m 为止，以此类推，直至最后一层注浆管距离钢筋笼底 10m 范围内。

3. 注浆管绑扎

根据注浆总根数，把注浆管均匀绑扎在钢筋笼外侧。

4. 注浆孔布设

注浆孔在注浆管上钻孔，只在每层的每根注浆的底段位置作对穿花孔，采用生胶带密封，待桩身混凝土灌注完毕后进行开塞。

按施工的试桩技术参数为例，桩后注浆管分层布设剖面见图 1.2-4，分层布设平面布置见图 1.2-5。

5. 分层后注浆

注浆管布设后，在孔口按不同的颜色标注所处位置，然后从桩底逐层进行后注浆，这样可以避免每层注浆管的有效性和相邻注浆管注浆时的叠加性，确保注浆效果。

1.2.4　适用范围

适用于桩端持力层为粗砂、砾砂、强风化岩层等的灌注桩后注浆，适用于对桩侧摩阻力有较高要求的抗拔桩。

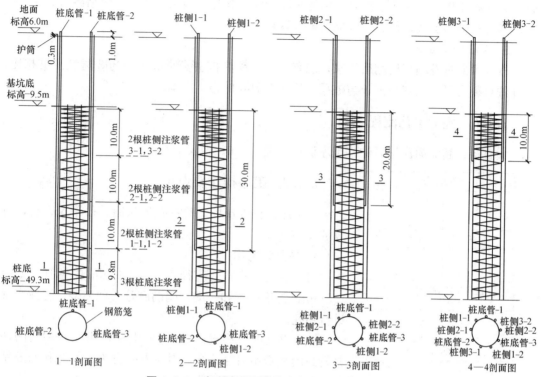

图 1.2-4 试验桩后注浆管分层布设剖面示意图

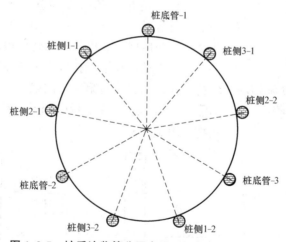

图 1.2-5 桩后注浆管分层布设平面位置分布示意图

1.2.5 工艺特点

1. 固结桩端虚土

本技术将水泥浆通过高压注浆的方式在桩端对孔底沉渣等起到固结的作用，同时随着水泥浆液增加和注浆压力增大，对持力层起到了压密固结作用，从而增加桩端承载力。

2. 有效提高桩侧摩阻力

灌注桩成孔过程中采用泥浆护壁，在孔壁形成一定厚度的泥皮，通过沿桩侧布设注浆管，并在高压作用下注入水泥浆，水泥浆渗入泥皮和孔壁地层，水泥浆固结后与桩周土体共同参与对桩的承载，从而有效提高桩侧摩阻力。

3. 降低施工成本

本技术通过桩端与桩侧后注浆，能有效提高灌注桩桩身承载力，与普通灌注桩相比，同样的承载力可相应减少桩长与桩径，从而有效降低施工成本。

1.2.6　施工工艺流程

大直径、超深灌注桩后注浆工序流程见图1.2-6。

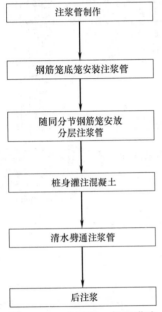

图1.2-6　大直径、超深灌注桩后注浆工序流程图

1.2.7　工序操作要点

本工序操作以现场试验桩施工为例，孔深55.3m，有效桩长39.8m。

1. 注浆管制作

（1）进场注浆管为直径25mm、长6m的钢管，壁厚2.5mm，为连接管和一端封闭的底管两种类型，选择底管进行钻孔。

（2）钻孔时，用直径6mm的电动钻头在一端封闭注浆管封闭端部钻对穿花孔，对穿花孔分为二钻花孔与三钻花孔，均钻通注浆管两侧。

（3）二钻花孔第一孔位置为从注浆管封闭端部起50mm处钻第一孔，第二孔与第一孔间隔50mm，对穿花孔钻孔完毕后用手磨机打磨钻孔周边表面铁屑。

（4）三钻花孔第一孔位置为从注浆管底部起25mm处钻第一孔，第二孔与第一孔间隔50mm，第三孔与第二孔间隔50mm。注浆管密封端部钻孔位置见图1.2-7，钻孔实物见图1.2-8。

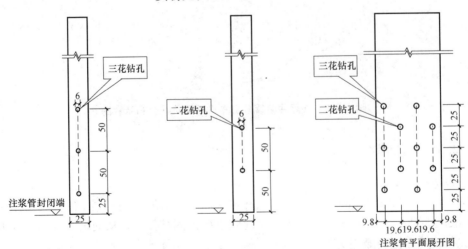

图1.2-7　注浆管钻孔位置示意图

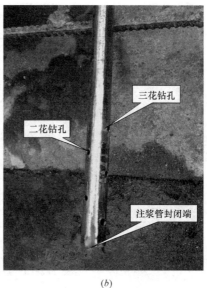

(a)　　　　　　　　　　　(b)

图 1.2-8　注浆管钻孔

（5）桩底注浆管与桩侧注浆管钻孔情况均相同。

（6）钻孔完毕后，注浆管表面清理干净，用生胶带沿注浆管分二层将注浆管钻孔密封。注浆孔密封后效果见图 1.2-9。

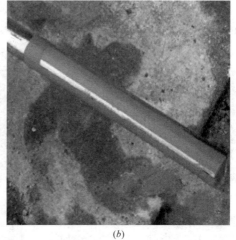

(a)　　　　　　　　　　　(b)

图 1.2-9　生胶带密封注浆管钻孔

（7）用喷漆将注浆管按不同颜色做好标记，以便随钢筋笼下放连接注浆管时不接乱和在孔口实施注浆时能清晰识别其所处分层位。注浆管喷漆标识见图 1.2-10。

2. 钢筋笼底笼安装注浆管

（1）注浆管布设与长度按现场成孔有效桩长分层布设。

（2）布置三根通长的桩底注浆管，注浆管长度为成桩孔深加 100cm，即比护筒高出 100cm。

图 1.2-10　注浆管喷漆标识

（3）桩侧注浆管按照灌注桩有效桩长布置。试验桩钢筋笼底笼为 30m 长，在底笼上布置好两层桩侧注浆管。

（4）根据注浆总根数，把注浆管均匀绑扎在钢筋笼外侧。

（5）钢筋笼底笼安装注浆管时，先安装桩底注浆管底管，桩底注浆管位置呈三角形布置，具体见图 1.2-11。

（6）安装桩侧注浆管从最底下一层桩侧注浆管逐层往上安装，根据有效桩长计算出桩侧注浆管安装的层数，并根据层数把注浆管均匀设置在钢筋笼外侧，防止局部注浆管过密或过稀；在底笼安装好最底下一层桩侧注浆管，具体操作见图 1.2-12。

图 1.2-11　注浆管现场安装　　　　　　**图 1.2-12　注浆管连接安装**

3. 随同分节钢筋笼下放分层注浆管

（1）在钢筋笼下放过程中，将注浆管随之同步对接，并用 4 号铁丝绑扎在钢筋笼上。

（2）注浆管对接采用丝扣连接，注浆管连接与绑扎见图 1.2-13。

4. 桩身混凝土灌注

（1）桩身混凝土强度等级为 C35，坍落度 18～22cm，采用商品混凝土进行灌注。

（2）混凝土灌注过程中注意保护注浆管，防止灌注导管剐蹭、碰撞注浆管。

5. 清水劈通注浆管

（1）在桩身混凝土灌注完毕 9～10h 后，用清水压力劈通注浆管，在劈通的过程中以压力控制为主，当压力达到 7～8MPa，并稳压持续 10s 时，注浆管顺利开塞。

（2）在清水劈通开塞后及时停止，避免清水冲刷桩侧壁。

（3）开塞后如有注浆管存在堵塞等情况，用另外的油漆标记好。

6. 后注浆

（1）桩身混凝土灌注完毕 24h 后开始实施后注浆。

图 1.2-13　下笼过程注浆管绑扎、连接

（2）后注浆水泥浆按照水灰比 0.3～0.5 配置，在制备过程中不停搅动水泥浆液，保持水泥不沉淀。

（3）后注浆水泥用量根据有效桩长计算，并根据用量以制浆桶容量制备出桩底、桩侧注浆每层用量，制备完毕后放入储浆坑实施注浆。水泥浆制作后台见图 1.2-14。

（4）水泥浆制备好后开始实施注浆，注浆顺序为自桩底往上逐层注浆，桩底三根注浆管注浆完毕 2h 后，再对上一层桩侧进行注浆，桩侧每层注浆完毕后才能开始对上一层注浆。现场注浆见图 1.2-15。

图 1.2-14　水泥浆制作后台

图 1.2-15　注浆管现场注浆

（5）桩底后注浆

桩底共三根注浆管，按记号分为桩底管-1、桩底管-2、桩底管-3；选取桩底管-1 开始实施注浆，第一根桩底管注浆过程以压力控制为主，水泥浆用量控制为辅，注浆压力≥2MPa，在压力＞5MPa 时停止注浆，水泥浆用量以计算浆量控制；第二根桩底管注浆过程以压力控制为主，水泥浆用量控制为辅，注浆压力≥2MPa，以其他桩底注浆管或桩侧

注浆管涌出水泥浆终止此根管注浆；第三根桩底管注浆与第二根相同。

桩底管注浆时其他管涌出水泥浆见图1.2-16。

图1.2-16　桩底注浆管注浆时桩侧注浆管冒出水泥浆

（6）桩侧后注浆

在桩底注浆管注浆完毕后，开始实施桩侧注浆管注浆，注浆顺序为从最底下一层桩侧注浆管开始，一组注浆完毕后再开始上一层桩侧注浆管注浆。

（7）桩侧注浆管最底下一层标记为桩侧1-1、桩侧1-2，往上一组标记为桩侧2-1、桩侧2-2，以此类推直至全部标记完毕。

（8）选取桩侧1-1为第一根注浆管，注浆过程以压力控制为主，水泥量控制为辅，注浆压力≥2MPa，在压力>5MPa时停止注浆；桩侧1-2注浆以压力控制为主，水泥浆用量控制为辅，注浆压力≥2MPa，以桩侧1-1涌出水泥浆终止此根管注浆，再开始往上一层实施注浆。

1.2.8　主要机械设备

本工艺所涉及设备主要有注浆泵、注浆桶等，具体配置见表1.2-1。

主要机械设备配置表　　　　　　　　　　　表1.2-1

设备名称	型　号	数　量	备　注
注浆泵	BW150	1台	配抗震压力表（0～16MPa）
电机	11kW	1台	配合注浆泵使用
电机	2.2kW	2台	一台用于制浆桶制浆
制浆桶	直径0.9m×1.2m	1台	圆柱形制浆桶

1.2.9　质量控制

1. 分层后注浆质量控制标准

（1）注浆管管材承受1MPa以上的静水压力。

（2）清水劈通注浆管时压力保持在 7～8MPa。

（3）分层后注浆时保持注浆压力 2～5MPa。

（4）桩端桩侧注浆间隔时间不少于 2h。

2. 注浆管制作与安装

（1）注浆管进场提供合格证，并严格按规范及设计要求进行验收。

（2）注浆管钻孔严格按照设计要求，在注浆管上标记好各钻孔位置后进行钻孔。

（3）注浆管密封前用手磨机清除钻孔铁屑，同时把注浆管表面清理干净后才能用生胶带密封，防止表面细砂等影响密封效果。

（4）注浆管采用丝扣连接，在连接时采用初拧、复拧，保证连接牢固、密封。

（5）注浆管随同钢筋下放绑扎时按预设的位置进行颜色标识，保证注浆喷漆记号不弄混，避免注浆顺序错误。

3. 清水劈通注浆管

（1）在桩身混凝土灌注 9～10h 后及时用清水劈通注浆管，防止混凝土终凝后无法劈通注浆管。

（2）清水劈通注浆管时观察注浆压力值，并采用逐步加压的操作方式，防止压力上升过快超过 8MPa；在压力达到 7～8MPa 时，稳压持续不少于 10s。

（3）注浆管劈通后及时降压并停止此根管的开塞，避免清水冲刷桩身侧壁泥土。

4. 分层后注浆

（1）水泥浆严格按规定的水灰比拌制，并连续搅拌，确保水泥不沉淀、固化。

（2）注浆过程中，观察注浆压力表，始终保持注浆压力，当上层注浆管流出水泥浆而压力达不到 2MPa 时缓慢增大压力；当注浆压力大于 5MPa 时及时降压，并稳压 1min 后停止此根管的注浆。

（3）注浆时，根据桩径计算确定桩底、桩侧注浆水泥浆用量；在进行桩底注浆过程中，当桩底或桩侧注浆管冒出水泥浆时，降低注浆泵的档位，持续 1min 后再停止此管注浆。

（4）在桩底注浆完毕后，间隔 2～4h 后再对桩侧注浆管进行注浆。

（5）对桩侧注浆管进行注浆时，初始压力采用略高于下一层注浆管注浆时的压力进行注浆，确保注浆不被桩底注浆涌出的水泥浆堵塞。

1.2.10 安全措施

1. 注浆管制作与安放

（1）注浆管采用切割机切割时，由专业人员进行，做好钢花飞溅伤人防护。

（2）注浆管随钢筋笼安放入孔，并在下放过程中绑扎注浆管，现场操作时派专人指挥，做好临时固定措施，防止突然下落。

（3）雷电天气时停止注浆管随钢筋笼下放桩孔安装作业。

2. 分层后注浆

（1）分层后注浆人员事前进行安全技术交底与专项培训。

（2）注浆前，检查注浆地面管路安装情况，保证连接牢固、紧密，防止高压注浆时浆液喷出伤人。

（3）施工现场操作人员在桩孔口进行注浆时，注意开塞、注浆情况，避免压力太高损坏机械。

（4）在桩孔旁边进行分层后注浆时，在孔口护筒上安放防护板，方便注浆过程中人员站位，防止人员落入孔内。

（5）注浆完成后，将露出地面的注浆管切割，并对空孔进行回填密实。

1.3　灌注桩试桩双护筒隔离侧摩阻力施工技术

1.3.1　引言

随着城市建设的迅速发展，超高层建筑的施工建设成为新的趋势，其桩基的承载力也越来越大。为准确计算桩基承载力，给桩基设计和后期施工提供准确的设计和工艺参数，在基础工程桩正式施工前进行桩基静载试桩变得越来越有必要。但在实际工程中，受深基坑支护结构限制、开挖深度等因素制约，难以实现在基坑开挖至基坑底后再进行工程试桩大吨位静载荷试验。目前，最常用的桩基竖向静载荷试验在地面上进行，试验获得的单桩竖向极限承载力数据包含了基坑开挖段地层（非有效桩长）的桩侧摩阻力，难以真实反映基坑底工程桩的承载力实际数据。另一种常见方法是通过设置分次吊装的内、外双护筒结构来消除非有效桩长段侧摩阻力，但该方法施工时护筒下放易歪斜变形，常需反复提起重新吊放，导致费时费力，且分次下放护筒存在筒间夹带泥浆严重的问题也使得该方法未起到有效的隔阻作用。

近年来针对以上问题，工勘集团在深圳"红土创新广场桩基工程"项目工程桩地面静载试桩的实践中，运用一种用于完成地面静载荷试桩的双护筒结构，通过一次性在基坑开挖段置入双护筒，并在埋设完成后向内外护筒间的空隙内注水，便捷有效地隔离了工程桩非有效桩长段的桩侧摩阻力，确保了静载荷试验数据采集的真实可靠，取得显著效果。

1.3.2　试桩工艺原理

1. 双护筒结构设计

本工艺设计一种专用的双护筒结构，其构造参数：

（1）双护筒由外护筒和内护筒组成，采用壁厚 12mm 的 Q235B 钢板制作；

（2）内护筒直径 d_1＝试桩直径（d）＋50mm，长度 L_1＝空桩段长度＋300mm＋500mm；外护筒直径 d_2＝d_1＋100mm，长度 L_2＝L_1－500mm；

（3）两个护筒间距 50mm，内外护筒间每隔 5m 设置一个环形肋板作为定位块，用于将内护筒置入外护筒时的限位固定，以保证内、外护筒中心轴线一致。

双护筒结构、安装见图 1.3-1～图 1.3-3。

2. 双护筒结构连接阻隔措施

试桩成孔采用泥浆护壁，在双护筒完成拼装整体吊放入孔时，泥浆会从护筒底端漫入内、外护筒间的空隙中，水泥浆凝固后将内、外护筒黏结后，导致静载试验中空桩段部分受土层压力作用，仍存在桩侧摩阻力使试验数据不准确的问题。因此，双护筒的连接阻隔措施也是本项技术的关键。

图 1.3-1 双护筒结构

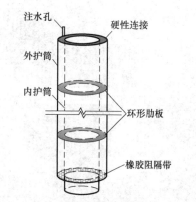

图 1.3-2 双护筒环形肋板设计示意图

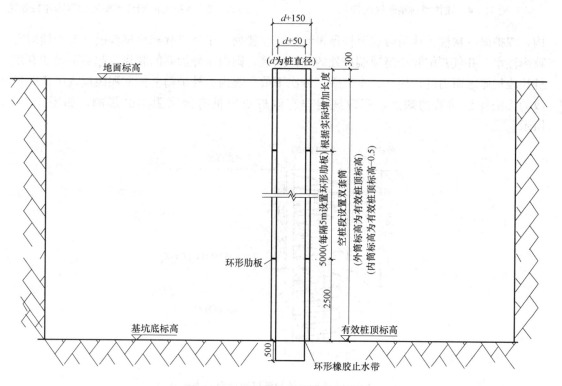

图 1.3-3 双护筒构造及安装示意图

（1）内、外护筒的顶端以钢板焊接形成硬性连接，使双护筒结构形成一体，有利于整体吊装；

（2）护筒底部设计采用环形橡胶阻隔带堵塞封闭形成柔性连接，防止泥浆、水等进入双护筒的间隙内。

双护筒的连接阻隔措施见图 1.3-4、图 1.3-5。

3. 双护筒消除非有效段桩侧摩阻力原理

在地面进行灌注桩静载荷试验时，设计一种灌注桩非有效段桩侧内、外双层护筒结

图 1.3-4　双护筒顶端硬性连接

图 1.3-5　双护筒底端环形橡胶阻隔带柔性连接

构，双护筒一次性整体吊装放至桩顶设计标高位置处，于竖向静载荷试验前在双护筒间空隙内注水，并气割解除护筒顶端口处的硬性连接，则内、外护筒间脱离，起到消除非有效桩长段桩侧摩阻力的作用，完全克服了分次下放吊装内、外护筒使护壁泥浆流入护筒间导致的无法保证功效的缺点，有效规避非有效桩长段桩身侧摩阻力的影响，如图 1.3-6所示。

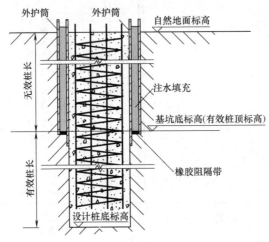

图 1.3-6　试桩加设双护筒隔离侧摩阻力示意图

1.3.3　工艺特点

1. 双护筒结构制作简便

双护筒结构顶端以钢板焊接、底端以环形橡胶阻隔带封堵以防护壁泥浆入内，护筒固定间距通过筒间间隔设置的环形肋板保证，双护筒隔阻结构整体结构设计简单，在专业加工场制作完成后运输至施工现场吊装。

2. 检测数据可靠

本工艺对试验桩采用双护筒结构，使内护筒与桩身混凝土浇筑为一体，外护筒与无效土层接触，内、外护筒之间注水保证间隙无阻力，实现内护筒与无效土层隔离，直接消除基坑底以上灌注桩空桩部分侧摩阻力，使试桩采集的数据与实际相符，为桩基设计及后期施工提供有效的设计和工艺参数，提高桩基承载安全性能。

3. 现场操作便利

双护筒采用履带起重机一次性吊装到位或以振动锤沉入，垂直度得到有效保证，无需反复提起吊放，操作简便；试桩竖向静载荷试验前往内、外护筒间隙注水，并气割解除护筒顶端硬性连接，使内、外护筒间脱离，消除了非有效桩长段的桩侧摩阻力。

1.3.4　适用范围

适用于在地面进行的灌注桩桩顶埋深大的竖向静载荷试验，可用于抗拔桩和抗压桩。

1.3.5　施工工艺流程

深基坑灌注桩地面静载试桩双护筒隔离桩侧摩阻力施工工艺流程见图 1.3-7。

图 1.3-7　深基坑灌注桩地面静载试桩双护筒隔离桩侧摩阻力施工流程图

1.3.6　工序操作要点

以红土创新广场项目施工试桩 ZH1-1♯ 为例说明，直径 ϕ1.0m，桩长 68.0m，双护筒长 19.9m，桩底入强风化岩土层。

1. 施工准备

（1）平整场地并压实。

（2）规划施工现场双护筒吊运行走路线，合理布置泥浆池位置或安排可移动式泥浆存储设备进场，完成泥浆制备工作。

2. 桩孔测量放样、埋设定位护筒

（1）使用全站仪对试验桩孔实地放样，并进行定位标识，由测量监理工程师复测确认无误。

（2）对中后旋挖钻机配置 ϕ1.4m 钻头预先钻出地面以下 2.7m 深的孔洞，见图 1.3-8，竖直吊放压入定位护筒，见图1.3-9，该定位护筒可有效保证孔壁稳定，防止出现坍塌问题。

图1.3-8　定位护筒钻孔　　　　　　　图1.3-9　钻杆压入孔口定位护筒

3. 旋挖钻进至基坑底下0.5m位置

（1）钻机就位对中后，连接启动泥浆循环系统开始钻孔。

（2）当钻头顺时针旋转时，钻渣进入取土钻头，装满一斗后提钻，钻头逆时针旋转，底板由定位块定位并封死底部开口后提升钻头至地面卸土，如图1.3-10、图1.3-11所示。

（3）通过钻斗的旋转切削、提升、倒卸和泥浆支撑护壁，反复循环钻进成孔，直至基坑底下0.5m位置。

图1.3-10　旋挖机装土提钻　　　　　　图1.3-11　钻头开盖卸泥

4. 双护筒制作与吊放埋设

（1）内、外护筒均为厚12mm、材质Q235B钢板制作而成的螺纹焊管，外护筒直径ϕ1150mm，长19.4m；内护筒直径ϕ1050mm，长19.9m。

（2）双护筒由工厂加工拼接后直接运送至施工现场。

（3）为确保内、外护筒间有均匀的 50mm 空隙，且便于拼装组合，制作加工时使用厚 12mm、材质 Q235B 钢板制作 ϕ1050mm×50mm（宽）半环形定位肋板焊于内护筒外壁，此环形钢肋板沿内护筒外壁每隔 5m 均匀布置。

（4）为防止混凝土和泥浆液沿内、外护筒之间的空隙灌入上返，且保证在静载试验时内、外护筒能够顺利脱离，需在外护筒底与内护筒间的空隙位置粘贴环形硬泡沫板，并填充 20mm 厚橡胶阻隔条进行封堵。

（5）采用履带起重机将双护筒整体竖直吊起，对准桩孔中心缓缓下放至孔底，如图 1.3-12 所示，将埋设到位时在护筒顶端焊接 2 根槽钢，用于在高于地面 300mm 位置处固定，防止双护筒下沉，如图 1.3-13、图 1.3-14。

图 1.3-12 双护筒一次性吊装

图 1.3-13 双护筒埋设固定焊接

图 1.3-14 双护筒埋设固定完成

5. 旋挖钻进至试桩设计桩底标高

（1）旋挖钻进成孔过程中，调配优质泥浆护壁。

（2）旋挖钻进至试桩设计桩底标高后进行一次清孔。

6. 灌注桩身混凝土至地面

（1）钢筋笼按设计图纸加工制作，主筋下料要求切割断面与轴线垂直，螺纹丝头的锥度、牙形、螺距须与连接套的一致，且表面光洁、牙形饱满无缺陷，加劲箍和箍筋的焊点必须密实牢固，如图 1.3-15。

（2）采用履带起重机多点起吊钢筋笼，在桩孔正上方对中扶正后缓缓匀速下放。

（3）钢筋笼吊装完毕，安放灌注导管并进行二次清孔。

（4）桩身混凝土采用商品混凝土，坍落度 18～22cm，浇灌桩身混凝土时始终保持导管埋深 2～6m，如图 1.3-16。

7. 消除双护筒间连接

（1）通过双护筒顶端预留的孔口向内、外护筒间注水，注水孔如图 1.3-17。

（2）气割解除外护筒上端口与内护筒之间的临时硬性连接固定，如图 1.3-18。

图 1.3-15　钢筋笼制作

图 1.3-16　灌注桩身混凝土

图 1.3-17　双护筒顶部注水孔

图 1.3-18　双护筒顶部硬性连接割除

8. 单桩竖向静载荷试验

（1）试验采用慢速维持荷载法，每级加载为预定最大试验荷载的 1/10，第一级按 2 倍分级荷载加载，见图 1.3-19，沉降观测则通过在桩顶装设的 4 个位移传感器进行，按规

图 1.3-19　试桩现场竖向静载荷检测

定时间测定沉降量。

（2）由于内、外护筒顶端的固定连接已切断，两个护筒仅通过底端的环形橡胶阻隔带接触，在试验加载过程中，阻隔装置逐渐分离，两个护筒之间填充清水无接触，从而消除无效土层的桩侧摩阻力，保证采集到准确直观的测试数据。

（3）试验加载至符合终止条件后卸载，卸载分级进行，逐级等量卸载，加载终止条件及承载力取值等依据现行规范确定。

（4）静载试验结束后，使用液压振动锤将定位护筒与外护筒拔出。

1.3.7　材料与设备

1. 材料及器具

本工艺所用材料、器具主要为双护筒、钢筋、商品混凝土、膨润土、氧气和乙炔、各型护筒、灌注导管、料斗等。

2. 主要机械设备

本工艺现场施工主要机械设备按单机配置（以红土创新广场项目为例说明），见表1.3-1。

主要机械设备配置表

表1.3-1

机械、设备名称	型号	参数信息	功用
旋挖钻机	SR630RC8	最大钻孔直径4.5m、深度140m、最大输出扭矩630kN·m	钻进成孔
泥浆泵	BW250	流量250L/min，压力8MPa，输入功率15kW	抽排护壁泥浆
挖掘机	PC200-8	铲斗容量0.8m³，额定功率110kW	配合内、外护筒组装
履带起重机	SCC550E	最大额定起重量55t，额定功率132kW	清理、平整
高压油泵	ZYBZ2-50	额定压力50MPa，额定流量2L/min	静载试验
液压千斤顶	QF800	6台并联同步工作	
静载荷测试分析仪	RS-JYC	荷载测试量程70MPa，精度0.5%；位移测试单次量程50mm、精度0.1%FS	

1.3.8　质量控制

1. 双护筒制作

（1）护筒加工所用钢材和焊接材料均需有出厂合格证，经检验合格后方可使用。

（2）下料采用自动切割机进行精密切割，保证切口直线度及切口质量，每节钢管的坡口端与管轴线严格垂直，下料偏差不得大于1mm。

（3）钢护筒与钢护筒之间采用满焊的连接方式，焊接前清除焊缝两边30～50mm范围内的铁锈、油污、水气等杂物，焊接时保证接头圆顺，同时满足刚度、强度及防漏的要求。

（4）钢护筒完成焊接和校圆后，在筒身内部加设临时支撑，以免吊装和运输过程中导致管身变形。

（5）位于护筒顶部的注水孔在焊接安装好后先进行盖帽封堵，防止泥土、泥浆等进入双护筒间隙内部，影响后期检测效果。

（6）外护筒上部对称焊接一对吊耳以吊装护筒，连接焊缝密实牢固，如发现存在缺陷的地方，应及时补焊开焊漏焊部分。

2. 双护筒吊装定位

（1）双护筒埋设准确、稳固，护筒中心竖直线与桩中心线重合，偏差不得大于50mm。

（2）在双护筒沉入过程中，需全程观测筒身垂直度，竖直线倾斜<1%；若发现偏斜则立即停止下沉，调正后再置入桩孔。

（3）双护筒下放完成后，再次进行桩位复测和垂直度测算，并及时加盖盖板，以免铁件、工具或其他物件掉入孔内，影响钻孔。

（4）起拔后待重复使用的外护筒放置在平整的场地上，并设置防滚动措施，不可堆叠摆放，以免管身产生纵向变形和局部压曲变形。

1.3.9 安全措施

1. 双护筒吊装

（1）设置专门司索工指挥吊装双护筒，作业过程中无关人员撤离影响半径范围，吊装区域设置安全隔离带；

（2）双护筒平稳吊升，不得忽快忽慢和突然制动，避免振动和大幅度摆动。

（3）因故停止作业时，采取安全可靠的防护措施，保护双护筒与起重机安全及不收损伤，严禁护筒长时间悬挂于空中。

（4）如遇六级及以上大风、大雾及雷雨等不良天气时，立即停止双护筒吊装作业，将护筒顺直放置于施工场地内并做好固定。

2. 氧气乙炔焊割

（1）乙炔气瓶与氧气瓶之间的距离不得小于5m，距离易燃易爆物品和明火的距离不得小于10m，严禁平放、曝晒。

（2）经常检查氧气瓶与磅表头处的螺纹是否滑牙、橡皮管是否漏气、焊枪嘴和枪身有无阻塞现象；氧气瓶、氧气表及焊割工具上严禁沾染油脂。

（3）施焊场地周围应清除易燃易爆物品或进行覆盖、隔离，并在施焊作业一旁配备灭火器材。

（4）点火时焊枪口严禁对人，正在燃烧的焊枪不得放置在工件或地面上，带有乙炔和氧气时严禁放置于金属容器内，以防气体逸出发生燃烧事故。

（5）焊割作业结束将气瓶气阀关闭，拧上安全罩，检查作业地点，确认无着火危险后方可离开。

1.4 旧桩拔除及新桩原位复建成套施工技术

1.4.1 引言

为满足城市建设发展用地逐渐减少的需求，城市更新是城市现代化建设的趋势。但由于城市更新存在大量拆除重建，因此此类项目的场地内势必存在大量原有建筑旧基础桩，出现新建设项目桩基与旧桩重叠或部分重叠的现象。一般情况下，对于城市更新项目旧桩基的处理通常采用冲击破碎法，通过冲击锤将旧桩基自上而下破碎，此种方法冲击过程中时常要更换电磁铁吸附旧钢筋，操作繁琐，施工速度慢，处理时间长、综合费用高。此外，旧桩废除后施工新桩时，旧桩孔中的回填土极易产生塌孔现象，使新桩基的施工质量难以得到有效保证。

近年来，通过数个城市更新项目旋挖灌注桩工程施工实践，结合项目实际条件及设计要求，开展了"旧桩拆除及新桩原位复建成套施工技术"研究，通过使用全回转钻机整体拔除旧桩，对旧桩孔段采用水泥搅拌土密实回填，新基础桩采用深长护筒护壁、旋挖成孔等综合施工工艺，加快了旧桩的处理效率，提高了新桩的成桩质量，形成了一套旧桩拆除及新桩原位复建成套施工技术，实现了质量保证、便捷经济、绿色环保的目标。

1.4.2 工艺原理

本项工艺的关键技术主要包括三方面，一是采用全回转钻机整体拔除旧桩基础技术；二是空孔段回填技术，整体拔除旧桩基础之后，在拆除全回转钻机套管的同时采用水泥搅拌土回填旧桩拔除后的空孔段，为后续大型设备的施工提供良好的施工条件；三是深长护筒安放定位技术，为新桩成孔施工提供有力的保障，避免出现塌孔等不利现象。

1. 旧桩基础拔除技术

利用全回转钻机拔除旧桩基础其主要原理包括"分段清除"和"套管回转切削"，分段清除的原理是利用全回转设备产生的下压力和扭矩将套管（套管直径与桩身直径相同甚至略小于桩身直径）沿着旧桩的桩身向下推进，利用套管内壁和桩体之间的摩擦力把桩体扭断，断后的桩体用冲抓斗或者吊车捆扎取出，依次作业，直至整个桩体被清除。套管回转切削是利用钻机的套管（套管直径略大于桩身直径）将桩身与桩身周围的土体分离以减少桩身与周围土体的摩擦力，在拔除旧桩时只需考虑桩体的自重而不必考虑桩体与周围土体的摩擦力，从而大大降低桩身拔除的难度。

2. 空孔段回填技术

在水泥加固土中，经过水泥搅拌之后的土体形成一种独特的水泥土结构，搅拌越充分，土块被粉碎得越小，水泥分布到土中越均匀，则水泥土结构强度的离散性越小，其总体强度也最高。因此，水泥土回填能够起到加固空孔段的作用，为后续在空孔段周边施工新的桩基础提供有利的施工条件。

3. 深长护筒埋设技术

护筒长度根据场地地层情况确定，现场采用振动锤下入护筒，依据测定的定位十字交叉线定位护筒，确保护筒的垂直度满足设计和规范要求。

1.4.3 工艺特点

1. 旧桩废除施工效率高

传统冲击锤处理旧桩基需要将桩身混凝土破碎成小块，需要频繁更换电磁铁吸附旧钢筋，处理旧桩耗时长。本工艺采用全回转钻机围绕桩周钻进，并直接将废桩拔出，处理旧桩耗时短。以直径 1m、桩长 20m 的旧桩为例，传统的冲击锤处理该桩大概需要 4d 时间，而采用本工法只需 1d 时间，施工效率大大提高。

2. 施工安全可靠度高

传统废除旧桩施工工艺中常常采用回填土置换桩孔泥浆，导致回填段松软，难以有效保证旋挖机等大型施工设备在场地内安全行走。本工艺在拔除旧桩之后，在拆除套管的同时采用水泥搅拌土进行旧桩孔的回填，回填后场地的承载力远大于使用传统方法回填之后的场地承载力，施工安全可靠度大大提高。

3. 新桩成桩质量有保证

本工艺采用深长护筒护壁施工为主，再辅以对回填料进行处理，有效地避免了传统废除旧桩施工工艺中成孔时回填土易塌孔的现象，有效地确保了新桩成桩质量。

4. 绿色环保

全回转钻机整体拔除旧桩，整个施工过程中未使用泥浆，因此更有利于施工场地的文明施工，符合绿色环保要求。

5. 综合施工成本低

采用全回转钻机拔桩，大大提高了旧桩的处理效率，减少了其他机械设备的使用，节省了大量机械设备费用；采用长护筒护壁，对泥浆要求相对低，总体综合施工成本低。

1.4.4　适用范围

本项工艺技术适用于城市更新项目场地内存在旧桩基础的处理工程；适用于桩径 1.0～1.5mm 的各类既有旧桩基的拔除施工。

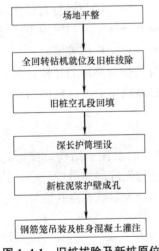

图 1.4-1　旧桩拔除及新桩原位复建成套施工工艺流程图

1.4.5　施工工艺流程

旧桩拔除及新桩原位复建成套施工工艺流程见图 1.4-1。

1.4.6　工序操作要点

1. 场地平整

在施工前根据旧桩基的图纸测放出旧桩基的大致位置，然后使用挖掘机对旧桩基进行挖掘，露出旧桩基的桩头，最后对旧桩基周围的场地进行平整、压实。

2. 全回转钻机就位及旧桩拔除

早期的旧基础总体来说桩径偏小、桩长偏短，主要桩型为预应力管桩和直径 1000mm 左右的灌注桩，当旧桩桩径不大于 1.2m，且桩长不大于 20m 时，采用"套管回转切削"的方法拔除旧桩。

（1）全回转钻移机定位，调整钻机的水平和垂直度，使钻机配置的钢套管中心与已定位的老旧基础桩中心保持一致。全回转钻机就位见图 1.4-2。

（2）由全回转钻机驱动钢套筒旋转切削旧桩基周边的土体，将旧桩基与周边的土体实施分离，减少桩侧摩擦力。在旋转切削桩周边土体的同时，钢套管沉入到预定深度。

（3）在钢套管逐步下压的同时，用冲抓斗不断地抓出套管内的老旧基础的混凝土碎块，使旧桩基的钢筋裸露出来。

（4）将旧基础的钢筋与预备好的钢板连接牢固。旧桩钢筋与钢板焊接见图1.4-3。

（5）使用吊装能力满足要求的履带吊在全回转钻机回顶作用的配合下，将旧桩基从钢套管内整体拔除。全回转钻机对旧基础桩进行回顶操作见图1.4-4，履带吊将旧基础整体拔除见图1.4-5。

图1.4-2 钻机就位

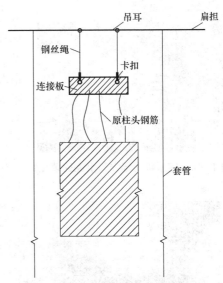

图1.4-3 在旧桩头上设置吊耳

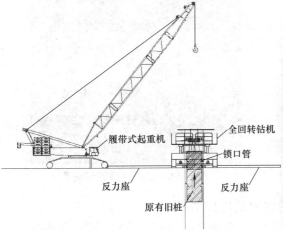

图1.4-4 采用全回转钻机进行回顶

图1.4-5 采用履带式起重机吊出旧桩桩体

3. 旧桩空孔回填

（1）旧桩清除后，对旧桩空孔进行回填，回填材料选用水泥搅拌土，水泥掺量不少于5%。挖掘机拌合水泥土见图1.4-6。

（2）回填水泥搅拌土在旧桩拔除后的钢套管内进行。

（3）水泥搅拌土回填的速度和拔钢套管的速度相协调，以确保钢套管在水泥土中的埋深在3m左右，防止周边土体垮塌进入钢套管内部。

图1.4-6　挖掘机现场拌和水泥回填土

4. 深长护筒埋设

（1）测量人员对桩位进行放样。

（2）施工人员采用"十字线"设置护筒的定位参考点，十字线交叉位置即为桩位中心。

（3）采用液压振动锤夹持护筒参照设置的四个参考点完成定位，再缓慢振动沉入，安装护筒时，操作人员测量依据定位"十字线"方向的距离，判断护筒安装是否偏移。护筒长度根据场地上部地层情况确定，一般为4～8m，其埋设外护筒中心误差不大于5cm，振动锤下放护筒见图1.4-7。

5. 新桩泥浆护壁成孔

（1）钻孔过程中，根据地质情况控制进尺速度，使用优质泥浆护壁，并派专人负责泥浆管理。新桩钻进成孔见图1.4-8。

图1.4-7　振动锤下放外护筒

图1.4-8　新桩泥浆护壁成孔

（2）成孔时，设专职记录员记录成孔过程的工艺参数。

（3）钻进过程中，需经常检查钻杆垂直度，以确保孔壁垂直；控制钻具在孔内的升降速度，防止因浆液对孔壁的冲刷及负压而导致孔壁坍塌。

（4）钻进达到要求孔深停钻后，注意保持孔内泥浆的浆面平齐孔口，确保孔壁的稳定。

（5）成孔深度达到设计要求后，采用孔内钻斗来掏除钻渣清孔。

6. 钢筋笼吊装及混凝土灌注

（1）钢筋笼采用吊车吊放，吊装时对准孔位，吊直扶稳，缓慢下放；笼体下放到设计位置后，在孔口采用笼体限位装置固定，防止钢筋笼在灌注混凝土时出现上浮下窜。

（2）下导管前，对每节导管进行检查，第一次使用时需做密封水压试验；导管连接部位加密封圈及涂抹黄油，确保密封可靠，导管底部离孔底300～500mm；下放导管时，调接搭配好导管长度。

（3）在灌注前、清孔结束后，安装初灌料斗，安放隔水塞，盖好密封挡板；为确保初灌质量，保证混凝土初灌埋深在 0.8m 以上，采用方量合适的料斗进行初灌。灌注桩身混凝土见图 1.4-9。

（4）混凝土灌注过程中，经常用测绳检测混凝土上升高度，适时提升、拆卸导管，导管埋深控制在 2~6m，严禁将导管底端提出混凝土面；混凝土灌注连续进行，以免发生堵管，造成灌注事故。

（5）考虑桩顶有一定的浮浆，桩顶混凝土超灌高度 80~100cm，以保证桩顶混凝土强度，同时又要避免超灌太多而造成浪费。

图 1.4-9　新桩混凝土灌注

1.4.7　主要机械设备

本工艺现场施工主要机械设备配置见表 1.4-1。

主要机械设备及材料配置表　　　　　　　　　　表 1.4-1

机械、设备名称	型号	单位	用途
全回转钻机	RH-200H	套	拔桩设备
液压动力站	200kW	台	拔桩设备配套
履带吊	100t	台	套管安拆、拔桩及吊装
钢套管	—	m	套管直径比旧桩桩径大 400mm
电焊机	DX1-250A-400A	台	焊接
路基箱板	2000×6000	块	拔桩设备钢平台
旋挖机	宝峨 BG30	台	钻进
旋挖钻头		套	钻进
护筒	8m	套	深长护筒护壁
泥浆泵		台	泥浆循环

1.4.8　质量控制

1. 全回转钻机旧桩拔除

（1）全回转钻移机定位，调整钻机的水平和垂直度，使钻机配置的钢套管中心与已定位的老旧基础桩中心保持一致。

（2）由全回转钻机驱动钢套筒旋转切割切老旧基础周边土体，将老旧基础与周边的土体实施分离，减少桩侧摩擦力；在旋转切削桩周边土体的同时，钢套管沉入到预定深度。

（3）在钢套管逐步下压的同时，用冲抓斗不断地抓出套管内的老旧基础的混凝土碎块，使老旧基础的钢筋裸露出来。

（4）将老旧基础的钢筋与预备好的钢板连接牢固；完成打插后启动激振器，连续缓慢抽拔提升导管。

（5）使用吊装能力满足要求的履带吊将老旧基础冲钢套管内整体拔除。

2. 新桩泥浆护壁成孔

（1）钻孔过程中，根据地质情况控制进尺速度，一般稳定地层，可适当加快钻进速度；在淤泥层中钻进时，则减速慢进。

（2）成孔时，设专人记录泥浆参数，必须认真、及时、准确、清晰。

（3）钻进过程中，控制钻头在孔内的升降速度，防止因浆液对孔壁的冲刷及负压而导致孔壁坍塌。钻进成孔过程中，根据地层、孔深变化，合理选择钻进参数，及时调制泥浆，保证成孔质量。

（4）钻进施工时，利用正铲挖掘机及时将钻渣清运，保证场地干净整洁，利于下一步施工。钻进达到要求孔深停钻后，注意保持孔内泥浆的浆面平齐孔口高程，确保孔壁的稳定。

3. 桩身混凝土灌注

（1）下导管前，对每节导管进行检查，第一次使用时需做密封水压试验，导管连接确保密封可靠。

（2）为确保初灌质量，保证混凝土初灌埋深在 0.8m 以上，采用方量合适的料斗进行初灌。

（3）混凝土灌注过程中，导管埋深控制在 2～6m，严禁将导管底端提出混凝土面。

（4）桩顶混凝土超灌高度 80～100cm，以保证桩顶混凝土强度。

1.4.9　安全措施

1. 全回转钻机拔桩

（1）作业前对钻机进行检查，提高作业效率。

（2）液压动力站与全套管全回转钻孔机之间的油管连接，严格按照铭牌上的指示进行，油管接头处如有垃圾等附着时必须清理干净；连接时，如有残留压力，将接头上的泄压阀放松（不取出）进行泄压。

（3）工前详细调查高空电线的电压、高度、横向距离，以及地下埋置的光缆、通信管线、过水管道等情况，并制定相应的安全措施。

（4）钻机的遥控控制箱由专人负责操作，实行持证上岗，并熟悉设备的工作原理及各部分作用，定期维修、保养机械设备。

（5）吊机配备司索工指挥，起吊作业时严禁将起吊物品临空于人行通道、临房上空。

2. 旧桩复建

（1）旧桩拔除后及时水泥土回填，确保孔位处密实，防止出现沉陷。

（2）孔口下入深长护筒护壁，保证孔口的稳定。

（3）钢筋笼制作由持证电焊工操作，吊放钢筋笼入孔时严格按吊装要求实施。

（4）灌注成桩后，及时回填空孔，并做好标识，防止钻机或吊车行走时发生倾倒。

1.5　水上平台灌注桩"潜水电泵＋旋流器＋泥浆箱"二次清孔技术

1.5.1　引言

灌注桩二次清孔是成桩施工过程中的一项关键工序，通常的二次清孔方法有正循环、泵吸反循环、气举反循环，二次清孔系统包括泥浆循环沟槽、沉淀池、泥浆池等。正循环二次清孔需要 3PN 泥浆泵抽吸产生泥浆循环（见图 1.5-1、图 1.5-2），泵吸反循环清孔需要大型的 6BS 砂石泵产生真空形成反循环（见图 1.5-3、图 1.5-4），气举反循环清孔需要

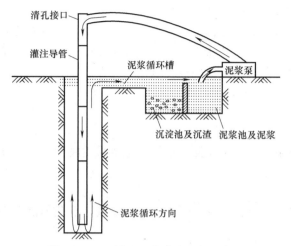

图 1.5-1　正循环二次清孔工艺示意图

图 1.5-2　3PN 泥浆泵抽吸泥浆

使用空压机抽吸产生真空形成反循环（见图 1.5-5）。泥浆沉淀池和泥浆循环池一般为桩孔理论体积的 1.5～2.0 倍，需占用大量的场地。为提高泥浆循环的效果，二次清孔时常常会使用大型泥浆净化器进行浆渣过滤分离（见图 1.5-6）。

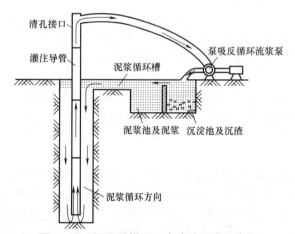

图 1.5-3　泵吸反循环二次清孔原理示意图

图 1.5-4　6BS 泵吸反循环砂石泵

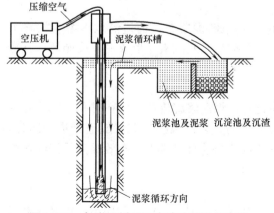

图 1.5-5　气举反循环二次清孔原理示意图

图 1.5-6　泥浆净化器分离泥浆

35

对于在水上平台上施工桥梁、码头及海上设施的基础工程灌注桩，由于受水上平台搭设及作业平台受限的影响，其操作平台承载能力有限，难以满足大型清孔设备以及泥浆循环系统的设置。如何在水上作业平台安全、绿色、便捷、可靠的完成灌注桩二次清孔，研发了"潜水电泵＋旋流器＋泥浆箱"二次清孔技术，保证清孔质量和效果。

1.5.2   工艺特点

1. 平台作业安全

本二次清孔集成系统所使用的潜孔电泵、泥浆旋流器重量轻，连接采用胶管，大大降低了二次清孔系统装置对平台施加的荷载，安全可靠。

2. 操作简便

本二次清孔集成系统潜孔电泵、泥浆旋流器在平台上可人工搬运安装，清孔前仅需将各接口连接牢固即可开始清孔工作。

3. 清孔速度快、效果好

本二次清孔集成系统直接采用潜水电泵抽吸孔底沉渣，形成反循环作业，经过平台上设置的旋流器净化排渣，再经过三级沉淀泥浆箱沉淀过滤，排入桩孔的泥浆含渣量小，减少重复排渣量。相比传统开挖泥浆沟槽沉淀回浆，清孔效率高；同时，避免了长时间清孔导致塌孔的不利影响，对后续成桩质量有保证。

4. 综合成本低

本二次清孔集成系统所使用潜水电泵、旋流器采购价格相比低廉，人工操作安装，减少了配套机械设备费用；清孔时间短，泥浆使用量小，综合成本大大降低。

5. 环保、绿色施工

本二次清孔集成系统所有泥浆均通过胶管运送，回流至桩孔的泥浆通过泥浆箱临时储存，避免泥浆四溢；旋流器排出的沉渣可直接外运，有利于现场绿色施工。

1.5.3   工艺原理

本工艺所述的二次清孔方法为"潜水电泵＋泥浆旋流器＋小型三级沉淀泥浆箱"集成系统的反循环二次清孔方法，其通过轻型的潜水电泵与下入孔内的灌注导管相连，并通过潜水电泵的抽吸作用，将孔底的沉渣抽吸进入循环管路，并经循环管路上连接的泥浆旋流器进行浆渣净化分离。其关键技术包括采用潜水电泵抽吸泥浆、泥浆旋流器浆渣过滤分离、泥浆箱循环储浆等三部分内容。

1. 潜水电泵抽吸形成泥浆反循环

采用普通轻便的小型潜水电泵代替传统的大型 6BS 泥浆泵，通过潜水电泵直接与下入孔内的灌注导管相连接，当潜水电泵启动时直接抽吸孔底沉渣，形成泥浆反循环。其操作轻便，抽吸能力强，吸渣效果好。

2. 泥浆旋流器净化排渣

采用小型的泥浆旋流器代替大型的泥浆净化器，将泥浆旋流器安设在桩孔二次清孔的循环管路段，与潜孔电泵相连，潜水电泵抽吸上来的孔内泥浆经过泥浆旋流器进行净化，快速实现浆渣分离，废渣在循环泥浆进入泥浆池或孔内前直接排出，有效提升了泥浆性能指标，确保清孔效果。

3. 泥浆三级沉浆池

采用订制的沉浆箱作为泥浆循环系统的三级沉淀池，用胶管代替循环沟，将旋流器出浆口与沉淀泥浆箱连接，过滤后的泥浆在泥浆箱内临时储存并形成三级沉淀过滤，再通过胶管将泥浆送至桩孔内，起到既沉淀净化泥浆，又储存泥浆的作用，以保持孔内泥浆液面高度，维护孔壁稳定，并循环使用，以达到清孔的目的。

本工艺所述的"潜水电泵＋泥浆旋流器＋小型三级沉淀泥浆箱"集成系统的反循环二次清孔构造原理图见图 1.5-7、图 1.5-8。

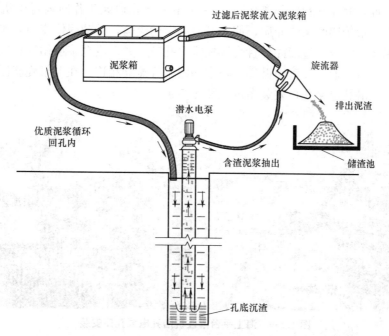

图 1.5-7　水上平台"潜水电泵＋旋流器＋三级沉淀泥浆箱"集成二次清孔系统示意图

图 1 5-8　水上平台"潜水电泵＋旋流器＋三级沉淀泥浆箱"集成二次清孔系统实例

1.5.4　工艺原理

"潜水电泵＋旋流器＋小型三级沉淀泥浆箱"二次清孔集成系统主要包括：潜水电泵、旋流器、三级沉淀泥浆箱三部分。

1. 潜水电泵

潜水电泵为普通的"WQ 系列污水污物潜水电泵"，一般选择时综合考虑潜水电泵的功率、流量、管路直径、管路损失、水泵扬程等，当桩孔深度在 50m 范围内时选择功率 7.5kW 的潜水电泵，当桩孔深度大于 50m 时选择功率 11kW 的潜水电泵。

潜水电泵安装时，底部焊接与灌注导管相同管径的接头，与灌注导管相连后将其放置于孔口液面附近，灌注导管底部离孔底 30～50cm；潜水电泵工作时通过电机轴带动水泵叶轮旋转，将能量传递给浆体介质，使之产生一定的流速，带动固体流动，实现浆体的输送，把孔底泥浆、沉渣经过灌注导管直接抽排出孔口，并形成泥浆反循环；抽排出的泥浆经过潜水电泵管口，通过胶管与循环管路中的泥浆旋流器相连，在泥浆旋流器内进行泥浆净化分离处理。潜孔电泵孔口安装布设见图 1.5-9。

图 1.5-9　海上平台灌注桩潜孔电泵孔口安装

2. 旋流器

泥浆旋流器是由上部筒体和下部锥体两大部分组成的分离设备，其分离原理是离心沉降，当泥浆由潜水电泵以一定压力和流速经进浆管沿切线方向进入旋流器液腔后，泥浆便快速沿筒壁旋转，产生强烈的三维椭圆强旋转剪切湍流运动，由于粗颗粒与细颗粒之间存在粒度差（或密度差），其受到的离心力、向心浮力、液体曳力等大小不同，在离心力和重力的作用下，粗颗粒克服水力阻力向器壁运动，并在自身重力的共同作用下，沿器壁螺旋向下运动，细而小的颗粒及大部分浆则因所受的离心力小，未靠近器壁即随泥浆做回转运动。在后续泥浆的推动下，颗粒粒径由中心向器壁越来越大，形成分层排列。随着泥浆从旋流器的柱体部分流向锥体部分，流动断面越来越小，在外层泥浆收缩压迫之下，含有大量细小颗粒的内层泥浆不得不改变方向，转而向上运动，形成内旋流，自溢流管排出，成为溢流进入桩孔；而粗大颗粒则继续沿器壁螺旋向下运动，形成外旋流，最终由底流口排出成为排出的沉渣，从而达到泥浆浆渣分离的目的和效果。泥浆旋流器工作原理见图 1.5-10，现场布置见图 1.5-11。

3. 三级沉淀泥浆箱

小型三级沉淀泥浆箱是一个用 3mm 厚钢板订制的高度 1.5m、宽度 1.0m、长度 3m 的立方体容器，在长方向上每 1m 做一次分隔，分隔板顶部开设一个 0.2m×0.2m 的溢浆口，且两道分隔板缺口相互错开。利用水流中悬浮杂质颗粒向下沉淀速度大于水流流动速度，以达到沉淀过滤的目的。三级沉淀泥浆箱构造示意图见图 1.5-12、图 1.5-13。

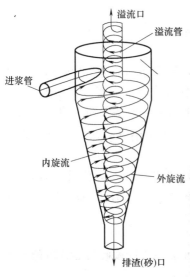

溢流口

溢流管

进浆管

内旋流

外旋流

排渣(砂)口

图1.5-10 泥浆旋流器排渣工作原理图

图1.5-11 泥浆旋流器排渣现场布设

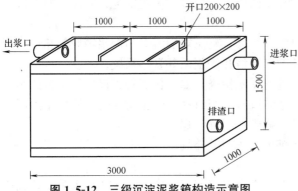

开口200×200

1000 1000 1000

出浆口

进浆口

1500

排渣口

3000

1000

图1.5-12 三级沉淀泥浆箱构造示意图

图1.5-13 水上平台灌注桩施工
三级沉淀泥浆池

1.5.5 工艺流程

"潜水电泵＋旋流器＋小型三级沉淀泥浆箱"二次清孔工艺流程见图1.5-14。

1.5.6 工序操作要点

1. 施工准备

（1）搭设水上施工作业平台，根据施工方案组织钻机进场、安装、调试。

（2）按施工要求，准备各种设备和机具，包括二次清孔的潜孔电泵、旋流器、泥浆箱、连接胶管等。

2. 成孔、终孔、一次清孔、下放钢筋笼

（1）按设计要求进行灌注桩成孔，采用泥浆护

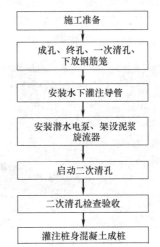

施工准备

↓

成孔、终孔、一次清孔、
下放钢筋笼

↓

安装水下灌注导管

↓

安装潜水电泵、架设泥浆
旋流器

↓

启动二次清孔

↓

二次清孔检查验收

↓

灌注桩身混凝土成桩

图1.5-14 "潜水电泵＋旋流器＋小型
三级沉淀泥浆箱"二次清孔工艺流程

壁，达到设计持力层后终孔，并进行一次清孔。

（2）清孔完成后，将制作好的钢筋笼吊放入孔，并在孔口固定。

3. 安装水下灌注导管

（1）导管要求密封性能良好，不出现漏气、漏水现象，导管使用前进行导管密封水压试验，以检验其密封性，试水压力一般为 0.6～1.0MPa，检验合格的导管方可使用。

（2）灌注导管根据桩孔直径选择，针对水上平台施工的桥梁、码头及海上设施的大直径基础工程灌注桩，一般选用外径 ϕ280mm 的灌注导管，以保证清孔效果，又能增强灌注时混凝土的扩散能力。

（3）灌注导管壁厚≥3mm，分节导管要求平直，连接部位偏差≤2mm，内管光圆平滑；

（4）下放时，导管下端距孔底约 30～50cm，导管最底端一节 4～6m，中部为 2.5m，上部 0.3～1.0m 短接，用以调接搭配好导管长度。

4. 安装潜水电泵、架设泥浆旋流器

（1）潜水电泵底部接头与灌注导管顶端相连接，接头处加设柔性橡胶垫圈，以保持接口的良好密封性。

（2）潜水电泵与导管顶口连接牢靠，并固定在孔口，始终保持稳固。

（3）泥浆旋流器架设牢靠，安装前检查出渣阀门、接口等位置的完好状况，确保旋流器正常工作。

（4）潜水电泵出浆口与旋流器进浆口胶管相连，旋流器溢流口与泥浆箱胶管相连，泥浆箱回流口通过胶管接至孔内，形成完整的二次清孔泥浆循环管路系统。

（5）二次清孔循环系统安装完成后，进行系统检查，如：检查各管口连接位置的牢固程度，用铁丝扎牢绑紧，防止脱落；检查整体胶管的密封性，防止清孔时泥浆发生渗漏。

（6）各机具设备安装连接操作迅速，以减少孔底沉渣积聚。

（7）旋流器出渣口下设储渣箱，防止排出岩渣四溢外流。

5. 二次清孔

（1）潜水电泵、旋流器等所有设备接电工作由专业电工操作，二次清孔系统安装完毕后进行用电设备的安全检查，检查符合要求后方可启动。

（2）启动潜水电泵、泥浆旋流器，开始二次清孔；清孔过程中，密切监测孔口泥浆液面的高度，保持潜水电泵抽排泥浆量与从泥浆箱处回流的泥浆量基本一致，以确保孔内泥浆的水头高度，以保持孔壁稳定。

图 1.5-15　水上平台"潜水电泵＋泥浆旋流器"二次清孔循环系统

（3）二次清孔过程中，派专人观察旋流器的运行，保持旋流器出渣阀门顺畅排渣；同时，定期监测泥浆指标，及时调整泥浆比重、粘度，确保泥浆良好携渣能力，保持清孔效果。

（4）二次清孔后期，在孔底沉渣基本排除的情况下，可去除泥浆箱循环部分，将旋流器溢流口通过胶管直接连通至桩孔，进一步提高二次清孔效率，具体操作如图1.5-15

所示。

6. 二次清孔验收、灌注桩身混凝土成桩

（1）清孔过程中，派专人检查孔底沉渣厚度、泥浆指标；在商品混凝土到达现场之前，孔底沉渣厚度不大于5cm，孔底500mm以内的泥浆相对密度小于1.25，含砂率不大于4％，黏度不大于25s。

（2）二次清孔达到要求，经监理验收同意后，即刻拆除孔口潜水电泵，安设灌注料斗，下入隔水球胆和盖板。

（3）采用商品混凝土灌注，初灌保持导管埋深不小于1m，灌注过程中始终保持导管埋深在4～6m，并使用测锤测探混凝土面灌注高度，至桩顶标高位置超灌约1m。

1.5.7 质量控制

1. 旋流器和潜孔电泵

（1）按桩径、孔深，选择适用的旋流器、潜孔电泵，确保清孔效果。

（2）旋流器和潜水电泵安装做到连接口密封良好，防止漏气造成压力损失，影响泥浆的携渣能力，使得粗颗粒沉积于孔底排出困难。

（3）旋流器和潜孔电泵清孔过程中，派专人负责管理，重点观察排渣效果，及时调整出渣口阀门大小，保证渣料及时排出。

2. 泥浆调配

（1）二次清孔过程中，不断置换泥浆，并持续测试泥浆性能。

（2）在灌注混凝土前，孔底500mm以内的泥浆相对密度小于1.25，含砂率不大于4％，黏度不大于28s。

（3）泥浆性能指标测试、孔底沉渣厚度量测由现场监理工程师现场旁站。

（4）二次清孔满足要求后，及时灌注桩身混凝土成桩，防止灌注准备时间过长造成泥浆沉淀、孔底沉渣超标。

1.5.8 安全措施

1. 旋流器

（1）旋流器安装及操作人员由专人负责，经过专业培训，熟练机具操作性能。

（2）二次清孔前，检查旋流器清孔循环系统机具连接的紧固性，如：泥浆胶管与旋流器、泥浆泵、孔口导管接口的连接是否牢靠，不得在松动或缺失状态下启动，防止泥浆泵启动时泥浆瞬时流动的压力造成管路松脱伤人。

（3）二次清孔时，始终保持旋流器的稳固，防止泥浆进入旋流器内腔时冲击力造成机具的伤人。

2. 潜水电泵

（1）潜水电泵操作由专门的班组进行，作业前做好安全交底，严格按操作规程作业。

（2）二次清孔作业前，检查潜水电泵与灌注导管连接的紧固性，不得在螺栓松动或缺失状态下启动。

（3）潜水电泵配置良好的启动保护装置，其接地必须可靠，禁止湿手按动启动按钮。

（4）潜水电泵在使用过程中，不得随意拉动电缆，以免电缆破损发生触电事故，或电机绝缘下降。

（5）潜水电泵启动运转后，定期监视和检查电流、电压是否在规定范围内，潜水电泵电控柜无异常噪声和振动。

（6）潜水电泵机组每次下水前，进行绝缘检查与通电试转；电泵使用过程中，当发生任何故障时，先切断电源，再做检查，排除故障，严禁带电检查与带故障运转。

1.6　灌注桩混凝土顶面标高监测及超灌控制施工技术

1.6.1　前言

在建筑、水利水电、交通、能源、土木工程等各行各业的地下工程领域，灌注桩基础得到了广泛应用。灌注桩一般采用水下灌注法，当存在空桩尤其是空桩大于 10m 以上时，桩顶标高的监测及混凝土超灌量控制较难，通常采用重锤测量、孔底取样法估算桩顶标高位置，人为因素导致误差较大，往往会造成混凝土面实际灌注标高比设计桩顶标高超出或下降，后期需将超灌的混凝土全部凿除或标高不足的需要接桩。

近年来，通过数个桩基础工程项目，在采用传统自重取样法过程中，针对上述问题，结合项目实际条件及设计要求，开展了"灌注桩混凝土顶面标高监测及超灌控制施工技术"研究，利用"灌无忧"设备装置，采用由信号接收板（主机板）、电学与压力传感器、带刻度电缆及电源组成的测定装置，改变了传统方法误差大的现状，实现桩顶面标高及超灌控制黏度的极大提高，形成了施工新技术，在实际桩基础项目中取得显著的社会效益和经济效益，实现了质量保证、便捷经济、绿色环保的目标。

1.6.2　工艺原理

本技术通过介电常数与压力传感器并结合后台算法感应区分混凝土与泥浆，从而得出混凝土所在界面的标高，高精度控制混凝土灌注方量，节省混凝土使用，避免造成不必要的混凝土浪费，减少后期废桩头凿除量及费用，解决传统自重取样法引起的误差大、混凝土过度浪费、增加成本等问题。

本技术用于灌注桩桩身混凝土标高的测量及控制，装置由信号接收板（主机）、介电常数与压力传感器并结合后台算法、带刻度电缆及电源组成，见图 1.6-1。将传感器按预知空桩的深度埋设在灌注桩钢筋笼的指定位置，与钢筋笼同时下放，此时传感器所在标高即设计桩顶标高；混凝土灌注过程中，传感器采集周围介质的电学特性和压力值变化，转化为电信号通过电缆传送给主机板。介质（泥浆与混凝土）电学特性与压力值不同，传感器的信号强弱不同，主机分析信号的差异，满足预定标准时便会通过指示灯发亮做出警示，见图 1.6-2、图 1.6-3。本方法操作简单，能精准地控制混凝土灌注方量，保证成桩质量，有效减少后期破除桩头的方量，绿色环保，节约施工成本。

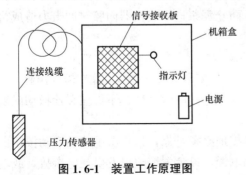

图 1.6-1　装置工作原理图

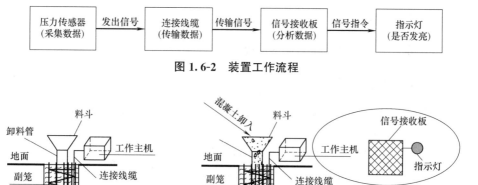

图 1.6-2 装置工作流程

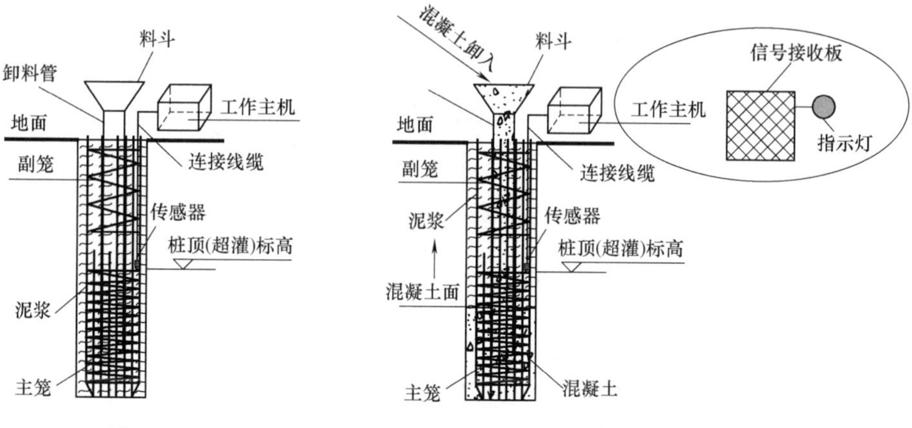

图 1.6-3 传感器工作原理图
（a）安装卸料管及卸料斗；（b）混凝土灌注

1.6.3 工艺特点

1. 无人为因素影响

本技术是利用江苏中海昇物联科技有限公司自主研发的混凝土识别传感器改装，然后通过带刻度电缆与信号接收分析板，电源连接而组成的监测混凝土标高的装置；由于混凝土识别传感器本身能感知外界介质的电学特性压力值，在水下灌注桩时，泥浆与混凝土的电学特性有较大差别，从而形成的电学特性差值和范围可以通过试验数据事先记录保存于接收板中，因此灌注测定的结果除了设备故障或者其他外界因素外不受人为因素影响。

2. 提高施工工效

混凝土灌注过程中，传感器采集周围介质的电学特性与压力值，转化为电信号通过电缆传送给信号接收板进行分析。介质（泥浆与混凝土）电学特性与压力值不同，传感器传输的信号不同，信号接收板分析信号差，满足预定标准时便会通过指示灯发亮做出警示，从而得出混凝土顶面标高，从而实现数据化、自动化控制混凝土的灌注，提高灌注工效。

3. 降低施工成本

桩身混凝土灌注量的精准控制，能够避免传统方法的过度混凝土浪费，减少混凝土使用及其费用，并且后期破除桩头量少，减少机械费、人工费及外运费，节约施工成本。

4. 安全节能环保

传统方法于后期基坑开挖至底标高时，桩头高低不平，破除量较大，不仅会产生较多嘈杂的噪声，还会产生很多建筑垃圾，对环境空气质量造成影响，本技术所应用工地后期桩头持平，破除量较小，同时能大幅度减少建筑垃圾产生，绿色环保。

1.6.4　适用范围

适用于不同直径、不同深度的水下混凝土灌注桩工程。

1.6.5　施工工艺流程

灌注桩混凝土顶面标高监测及超灌控制技术施工工艺流程见图 1.6-4。

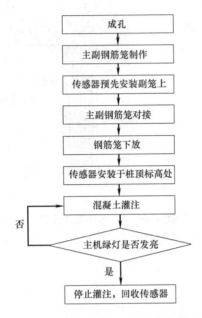

图 1.6-4　灌注桩混凝土顶面标高监测及超灌控制技术施工工艺流程图

1.6.6　工序操作要点

1. 传感器预先安装于副笼上

（1）如果空桩较深，空桩段会采取"副笼"形式代替传统浅空桩"吊筋"形式下放钢筋笼。

（2）主、副钢筋笼按设计要求完成加工制作，见图 1.6-5。

图 1.6-5　主副笼完成加工制作

（3）副笼与主笼的对接位置处，将传感器端线缆（长 50m，见图 1.6-6），缠绕 2～3m，并与传感器一起用扎带固定于副笼底部，其余线缆沿笼长方向固定至副笼顶部，见图 1.6-7。

2. 传感器安装于预先桩顶标高处

（1）采用履带吊采用"八点式"吊装方法先将主笼吊至孔口固定好后，再将副笼吊至孔口与主笼对接完成。

（2）将固定架用三道扎带绑扎于主笼桩顶标高处，见图 1.6-8。

（3）传感器上的扎带松开，沿固定架指定位置插入，用二道扎带环绕将其与钢筋绑扎一起，见图 1.6-9。

图 1.6-6 带刻度线缆

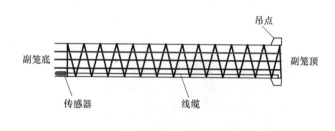

图 1.6-7 预先将传感器绑扎置于副笼上

图 1.6-8 固定架绑扎

图 1.6-9 传感器固定

3. 钢筋笼下放

通过设计副笼的长度便能够准确控制传感器在桩顶标高的位置，其下放过程见图

45

1.6-10~图 1.6-12。

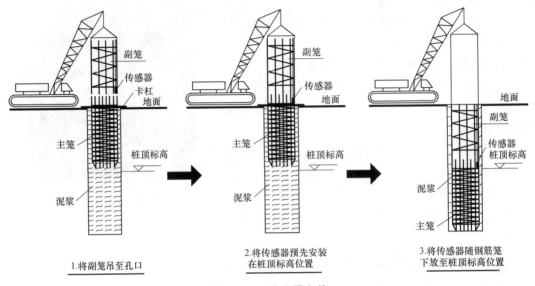

1.将副笼吊至孔口   2.将传感器预先安装
在桩顶标高位置   3.将传感器随钢筋笼
下放至桩顶标高位置

图 1.6-10 传感器安装

图 1.6-11 主副钢筋笼现场对接

图 1.6-12 钢筋笼下放至设计深度

4. 传感器与工作主机连接

（1）将工作主机预先放置于吊装区域外，离孔口 6~8m 的空地处。

（2）松开绑扎于副笼顶部的线缆，与工作主机 ps/2 接口相连接，避免在此过程接触水分，造成装置使用过程线路短路烧坏设备。传感器与工作主机连接见图 1.6-13。

5. 指示灯报警，停止灌注

现场按要求连续灌注桩身混凝土，当工作主机指示灯发出报警信号，表明混凝土已覆盖传感器，此时混凝土已达桩顶标高，便可停止灌注。具体操作见图 1.6-14、图 1.6-15。

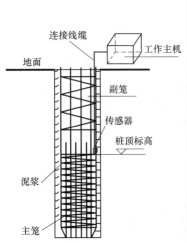

图 1.6-13 传感器与主机相连　　图 1.6-14 桩身混凝土灌注　　图 1.6-15 工作主机绿灯发亮

6. 向上拔出传感器，继续灌注，回收传感器

（1）主机电源关闭，人为将传感器通过带有刻度线缆向上拔出，见图 1.6-16。

（2）传感器表面附着较厚泥浆，清水冲洗后可重复利用。

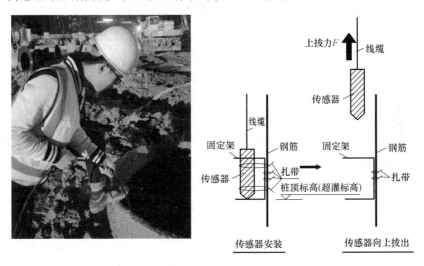

图 1.6-16 传感器向上拔出

1.6.7 材料与设备

1. 材料/器具

本工艺所用材料主要为插销式扎带、固定架、50m 连接线缆、压力式传感器、电源、指示灯、主机板（电路板）、吊装用钢丝绳，吊装用工字钢扁担等。

2. 主要机械设备

本工艺现场施工主要机械设备按单机配置，见表 1.6-1。

主要机械设备配置表 表1.6-1

名　　称	型号、规格	生产厂家	工艺参数	备注
履带式起重机	QUY80	中联重科	209kW（功率）/8900mL（排量）	吊装钢筋笼
汽车式起重机	中联牌 ZLJ5269	中联重科	20t 额定起重量	吊装导管
液压式振动锤	1412C	艾西伊	45m 液压油管	埋设护筒
旋挖机	SR365R	三一重工	365kN·m（扭矩）	成孔

1.6.8 质量控制

1. 旋挖成孔垂直度控制措施

（1）钻机安装周正、水平、稳固，钻头中心、护筒中心、桩中心三点一线，钻孔在孔口铺设钢板就位。

（2）钻杆的垂直度采用钻机自身的水准仪控制，并辅以人工测斜来控制。

（3）采用全站仪监测复核钻机自身的水准控制系统，以校正钻杆与钻机自身的水准仪保持垂直。

2. 传感器预先安装于副笼上

（1）主、副钢筋笼制作过程严格控制其直径，长度不得超过要求，各节点焊接牢固，严禁出现漏焊，脱焊等现象，对接处钢筋端头磨平。

（2）配备 50m 长钢卷尺，在钢筋笼吊装前监测其长度是否满足设计要求。

（3）用两道可插式扎带将压力式传感器与线缆（预留 1.2～1.8m）缠绕绑扎牢固，再用三道扎带将此缠绕体绑扎于副笼底部纵向钢筋处，将剩余线缆于笼内顺延至笼顶用三道扎带牢固绑于笼顶处，避免吊装过程出现滑落现象。

3. 传感器安装于预先桩顶标高处

（1）固定架采用三道扎带牢固绑扎于与桩顶相同标高主笼处，确保传感器插入固定架后在设计桩顶标高处。

（2）主、副笼采用机械连接方式精准对接，保证钢筋笼下放垂直。

（3）传感器从副笼上松开前人工将其握置于手中，避免出现因其余部位绑扎不牢脱落孔中。

4. 钢筋笼安放

（1）钢筋笼下放采用 2 组长为 1.5～3.0m（由桩径大小确定），直径为 32mm 的螺纹钢成品，每组为 3 根焊接成品，穿过吊耳于护筒顶处。

（2）吊耳采用 25mm 圆钢制作，保证搭接长度及焊接质量。

（3）若吊耳出现变形，则采用钢板垫高方式确保传感器位于桩顶标高。

5. 传感器与工作主机连接

（1）传感器与主机通过连接线缆连接远离灌注及吊装区域。

（2）使用前先开启电源，查看主机状态是否良好。

6. 传感器回收

（1）混凝土灌注需保持缓慢，避免泥浆反力将传感器冲离固定架。

（2）灌注导管需架立于正中位置，向上垂直缓慢拆管，保证导管与传感器无接触。

（3）指示灯报警，混凝土灌注完成，人工用垂直向上的力将传感器上拔，避免用力方向不正传感器缠绕于副笼上，无法回收。

（4）回收传感器用清水冲洗干净，用干布擦干回收箱。

1.6.9　安全措施

1. 钢筋笼吊装安放

（1）选用钢丝绳需合理，不得使用出现断丝、磨损或锈蚀严重的钢丝绳。

（2）组织对现场吊装作业人员进行安全技术培训和教育。

（3）起重吊装作业前，根据施工要求划定危险作业区域，设置醒目的警示标志，防止无关人员进入。

（4）除设置标志外，视现场作业环境，专门设置监护人员，防止高处作业或交叉作业时造成的落物伤人事故。

（5）钢筋笼起吊过程中，专职安全员进行全程旁站，发现安全隐患立即制止。

（6）严格执行"十不吊"制度，起吊前进行试吊，起重机在工作时，作业区域，起重臂下，吊钩和被吊垂物下面严禁任何人站立、工作或通行。

（7）起重司机，司索工持证上岗。

2. 传感器安置于桩顶标高

（1）孔口处场地地面避免松软，采用砖渣垫实，便于操作。

（2）绑扎完成后作业人员立即原理吊装区域。

（3）作业人员架立钢筋笼时卸扣手不得放入吊耳，以免出现夹伤。

3. 混凝土灌注

（1）现场遇大风、暴雨天气时采取紧急避雨措施，做好现场安全防护措施，并注意防止狂风、暴雨对人身安全造成伤害。

（2）灌注完成后回收传感器提醒作业人员重心于孔外，避免操作不当不慎掉入孔中。

1.7　旋挖钻筒三角锥钻渣出渣技术

1.7.1　引言

旋挖钻机具有机电一体化、钻孔速度快、入岩能力强、综合成本低、机动灵活、绿色环保等显著特点，旋挖钻孔桩已广泛应用于桩基础工程施工。当使用旋挖钻筒钻进强风化岩层时，由于强风化岩土、渣混合，钻进过程中挤密于旋挖钻筒内，当钻进回次提钻至地面后，难以顺利完成出渣，往往旋挖钻机长时间甩动钻筒，仍然无法排出钻渣，造成施工过程的辅助作业时间长，同时甩动钻头造成施工噪声困扰周边环境安宁。

为此，通过实践，在现场制作使用了一种锥式结构装置，用于解决旋挖灌注桩钻筒出渣时钻筒内密实渣土排出时的困难，达到了提高施工效率、消除机械噪声的效果。

1.7.2　旋挖钻筒出渣锥式结构

1. 锥式结构设计

本锥式结构设计由底部稳定支座、锥架、顶部锥体三部分组成，结构设计见图1.7-1～图1.7-3。

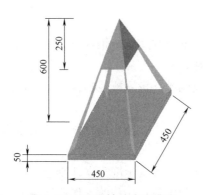

图 1.7-1　旋挖钻筒出渣锥式
结构线框立体图

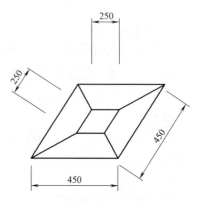

图 1.7-2　旋挖钻筒出渣锥式结构俯视图

图 1.7-3　旋挖钻筒出渣锥式结构实物

2. 锥式结构效用

设计的锥式结构底部稳定支座由5mm钢板制作，其尺寸为450mm×450mm×50mm，其主要起稳定作用。锥式结构锥架的整体高度为600mm，其30mm×30mm角钢制作而成。

考虑到锥式结构的锥顶直接承受钻筒内密实钻渣的冲击力，为此锥体的顶部加焊钢板形成完整的锥体，锥式顶部锥头的尺寸为250mm×250mm×250mm，以最大限度增加锥头与旋挖钻筒内土渣的接触面，增强锥体结构的刺破冲击力，易于旋挖钻筒内的渣土松动。锥式结构中间镂空设计可便于旋挖钻筒内壁的钻渣疏松后快速脱离，加快出渣速度。

1.7.3　旋挖钻筒出渣锥式结构使用

实际使用时，把锥体置于平整的地面上，将旋挖钻筒提至锥体上方，并下放钻杆，使锥体插入旋挖钻筒内的钻渣内，锥体对钻筒内的钻渣产生刺破作用，使挤密的钻渣产生松动，反复上下1～2次，即可完成钻筒出渣。现场使用旋挖出渣锥体见图1.7-4、图1.7-5。

1.7.4　锥式结构特点

旋挖钻筒出渣锥式结构具有现场制作简单、使用操作方便、出渣效果好、无任何噪声，还可以根据现场旋挖钻筒的直径，适当放大锥体的尺寸，以满足旋挖钻斗的出渣要求。

图 1.7-4　旋挖钻筒置于锥体上方

图 1.7-5　锥体结构刺入旋挖钻筒内钻渣

1.8 深厚软弱地层长螺旋跟管、旋挖钻成孔灌注桩施工技术

1.8.1 引言

在深厚人工填土、淤泥等软弱地层中施工灌注桩时，经常出现塌孔、缩径、灌注混凝土充盈系数过大等一系列难题。为了安全、快速、有效地在软弱地层中进行灌注桩施工，通常情况下会采用埋设深长护筒护壁的方法，但对于软弱地层厚度超过 20m 及以上时，一次性下入超长钢护筒难度大，往往需要在孔口连接钢护筒，使得护筒下沉和起拔较为困难，造成施工效率低、综合成本高等问题。针对以上情况，本技术提出了一种在深厚软弱地层段采用长螺旋钻机跟套管钻进，结合旋挖钻机成孔的灌注桩施工方法。

1.8.2 工艺原理

本工艺旨在解决在深厚软弱地层中灌注桩施工时，经常遇到的塌孔、缩径、灌注混凝土充盈系数过大等一系列难题。本工艺的关键技术主要由长螺旋跟管钻进和旋挖钻进、成桩两部分内容组成。

1. 长螺旋跟管钻进

（1）长螺旋钻机携套管对准桩位后，启动钻机螺旋钻进和跟管套管双动力头，螺旋动力头驱动长螺旋钻具钻进取土的同时，套管动力头驱动长套管跟管护壁下沉。

（2）在长螺旋钻机跟管钻进穿过软弱地层后，关闭跟管套管动力，将套管与套管动力头分离并将套管留在孔内继续护壁；同时，提升螺旋动力头将长螺旋钻具提出孔外，并整机移至下一桩位。

2. 旋挖钻进、成桩

（1）旋挖钻机移机对准桩位后，孔内输入泥浆护壁，由旋挖钻机完成软弱地层以下稳定地层的成孔钻进，直至设计桩底标高位置，再将旋挖钻机移至下一桩位施工。

（2）孔内吊放钢筋笼，下入灌注导管，并进行二次清孔。

（3）进行灌注桩混凝土灌注成桩。

（4）长螺旋钻机就位，重新将套管与套管动力头连接，之后启动套管动力起拔套管，成桩结束。

其工艺原理见图 1.8-1。

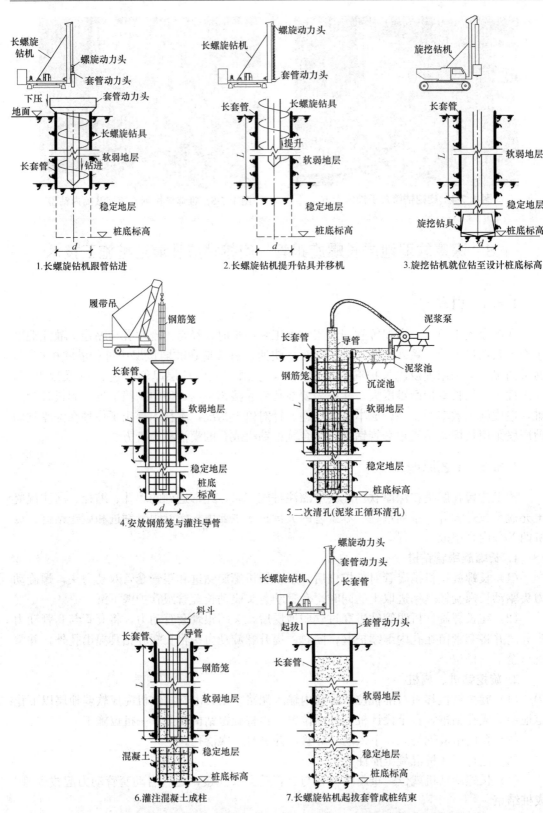

图 1.8-1　深厚软弱地层长螺旋跟管、旋挖钻成孔灌注桩施工工序操作流程图

1.8.3 适用范围

本工艺适用于桩深 30m、成桩直径最大 1.2m 的灌注桩施工。

1.8.4 工艺特点

1. 成桩质量可靠

本工艺在上部软弱地层采用长螺旋跟管钻进，长套管穿越软弱地层进入稳定地层内，有效防止了地层塌孔；后续旋挖钻进过程中，通过旋挖桩机钻进，垂直度可自动调节，质量控制有保证。

2. 施工效率高

长螺旋钻机钻进过程即是排土过程，后续采用旋挖钻机成孔速度快；同时，钻进采取了长套管护壁，孔壁稳定性高，可以避免各种孔内事故的发生，确保了钻进效率。

3. 节省成本

采用本工艺可以避免大范围的塌孔与大量的漏浆现象，有利于控制混凝土灌注充盈系数和护壁泥浆的使用量，从而有效节省了材料成本。

4. 环保效果好

本工艺长螺旋、旋挖钻进取土，钻进过程使用静态泥浆护壁，泥浆使用量大大减少，有利于施工现场的环保工作与场地布置。

1.8.5 施工工艺流程

深厚软弱地层长螺旋跟管、旋挖钻成孔灌注桩施工工艺流程见图 1.8-2。

1.8.6 工序操作要点

1. 长螺旋钻机跟管钻进

（1）长螺旋钻机采用上海金泰生产的型号 SZ80 长螺旋钻机，长螺旋跟管钻机见图 1.8-3，长螺旋钻机技术参数见表 1.8-1。

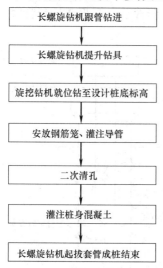

图 1.8-2 深厚软弱地层长螺旋跟管、
旋挖钻成孔灌注桩施工工序流程图

图 1.8-3 SZ80 长螺旋跟管钻机

金泰 SZ80 长螺旋钻机主要技术参数　　　　　　　　　　　表 1.8-1

性　能	单　位	技术参数
施工最大直径 d	m	1.2
施工最大深度 L	m	30
套管动力头最大扭矩	kN·m	600
螺旋动力头最大扭矩	kN·m	360
电动机功率	kW	4×110
设备总重	t	185

（2）长螺旋钻机配置的套管采用 16mm 厚钢板卷制而成，一般护筒为一节，当需要多节护筒则采用专用节头和螺栓连接固定。

（3）为便于套管沉入，在套管底部设有专门的管靴，管靴上镶嵌的合金刀块在套管回转时切削地层有助于下沉。

护壁长套管见图 1.8-4，套管节头连接见图 1.8-5。

图 1.8-4　护壁长套管结构（左：长套管；中：管靴的合金刀块；右：护筒连接节头）

（4）长螺旋跟管钻进系统主要由长螺旋钻机的螺旋动力头、套管动力头、螺旋钻具和长套管组成。在螺旋动力头驱动螺旋钻具钻进取土的同时，套管动力头驱动长套管跟管护壁。长螺旋跟管钻进系统见图 1.8-6。

图 1.8-5　跟管套管间连接

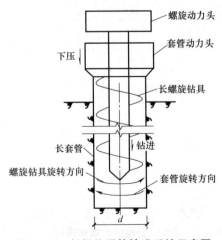

图 1.8-6　长螺旋跟管钻进系统示意图

（5）在软弱地层段施工时，由于长螺旋钻机重量大，为保证旋挖钻机和长螺旋钻机的安全，在施工前需先填筑一层 30～50cm 厚碎石或砖渣层以提高地基承载力。场地填筑见图 1.8-7。

（6）施工桩位经校核后，长螺旋钻机便可开始钻进施工；施工过程中，为了保证钻孔的垂直度，在两个垂直方向上分别吊垂线控制套管垂直度。

（7）长螺旋钻具向下钻进过程中，孔内的渣土随长螺旋的螺旋通道向上排出，钻机在孔口位置专门设有专用的排土口，排出的渣土堆积在钻孔附

图 1.8-7 场地填筑

近，由专人用铲车或挖机将堆积的渣土及时清离至指定位置。长螺旋钻机钻进排渣见图 1.8-8。

（8）长螺旋钻具钻进取土的同时，套管动力头驱动长套管一边旋转一边下压，完成跟管钻进并形成对孔壁的支护；在软弱地层钻进时，钻进过程保持超前套管护壁，通过控制长螺旋钻机螺旋动力头将套管下沉超出螺旋钻头深度 S 不少于 100cm，具体见图 1.8-9。

图 1.8-8 长螺旋钻进排渣

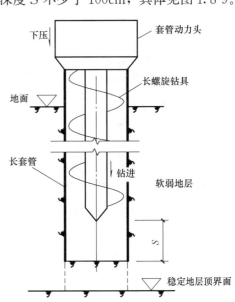

图 1.8-9 长套管超前深度示意图

2. 长螺旋钻具提升

（1）当长螺旋钻进穿过软弱地层后，将套管与套管动力头分离，使长套管留在孔内继续护壁。

（2）利用螺旋动力头提升长螺旋钻具，将钻具从孔内全部提升出来后，整机移至下一桩位。

3. 旋挖机钻进

(1) 旋挖钻机使用扭矩 360kN·m 可满足钻进要求。

(2) 旋挖钻机对准桩位后,在护壁长套管的保护下继续完成软弱地层以下桩孔的钻进。

(3) 旋挖钻机在一般地层中采用双开门截齿钻斗钻进,如需钻进硬岩则采用截齿钻筒钻进;在完成钻孔钻进至桩底标高后,更换捞渣钻头将孔底沉渣捞出,完成第一次清孔。

旋挖钻进见图 1.8-10。

4. 钢筋笼制安与导管安放

(1) 钢筋笼按设计图纸在加工场制作,经验收合格后直接吊放入孔,并在孔口位置固定,防止其下沉或上浮。

(2) 灌注混凝土用的导管安装前,通过计算确定好配管长度,确保导管安放完毕后导管底部距离孔底 30～50cm;导管使用前,在地面进行泌水性压力试验;入孔连接时,安放密封圈并丝扣上紧,确保灌注时不渗漏。

5. 二次清孔

(1) 在灌注混凝土前,测量孔底沉渣厚度,如超出设计要求则进行二次清孔。

(2) 清孔方式可采用正循环或反循环清孔方式,通过优质泥浆循环的方式将孔底沉渣转换清出,直至清孔验收各项指标合格。正循环现场清孔见图 1.8-11。

图 1.8-10 旋挖机钻进   图 1.8-11 桩孔正循环二次清孔

6. 灌注桩身混凝土

(1) 为了确保初灌质量,灌注混凝土采用压球法开灌,即在灌注前将隔水用的橡胶球胆放入导管内,安装好初灌料斗后盖好密封板;然后开始往斗内放混凝土,当料斗即将满时打开密封板,同时加快放料速度,确保首灌混凝土量能够将导管埋深 1m 以上。

(2) 灌注过程中,不断测量混凝土面上升高度,以控制导管埋深在 2～6m,防止发生堵管或导管底拔出混凝土面。

(3) 为了保证桩顶混凝土强度,灌注过程中保持混凝土超灌高度 1m 左右。

桩身混凝土灌注见图 1.8-12。

图 1.8-12 桩身混凝土灌注

图 1.8-13 长套管起拔

7. 长套管起拔

（1）灌注桩灌注完成后，通常在 4 小时左右安排长螺旋钻机在混凝土终凝前起拔套管。

（2）待套管全部起拔完成后，长螺旋钻机可以整机移至新桩位开始施工。

长套管起拔见图 1.8-13。

1.8.7 主要机械设备

本工艺所采用的主要设备有：长螺旋钻机、旋挖机、吊车、泥浆泵、电焊机等，详见表 1.8-2。

1.8.8 质量控制

1. 灌注桩成孔

（1）严格控制孔位的测量放线精度，每个孔位均需经过校核后方可施工。

主要施工机械设备配置表 表 1.8-2

序号	设备名称	型号	备　注
1	长螺旋钻机	SZ80	软弱地层跟管钻进
2	旋挖机	XCMG360	地层钻进
3	泥浆泵	3PN	泥浆循环
4	电焊机	ZX7-400T	焊接作业
5	吊车	50t	吊装作业

（2）在施工过程中为了保证钻孔的垂直度，随时注意观察长螺旋钻机的水平仪，出现

偏差时及时调整钻机平整度；同时在两个垂直方向上分别吊垂线控制套管垂直度。

（3）长螺旋钻机在软弱地层中跟管钻进时，将套管下沉深度超出螺旋钻头不少于1m。

（4）在长螺旋钻机钻至稳定地层后，多次上下活动套管以便灌注混凝土后起拔，然后再整体移机至下一孔位。

（5）旋挖钻机在稳定地层钻至设计终孔深度后，采用捞渣钻头将孔底沉渣捞出，完成第一次清孔。

2. 灌注桩身混凝土成桩

（1）在钢筋笼和灌注导管安放完毕后，测量孔底沉渣厚度，如超出设计要求则进行二次清孔，通过优质泥浆循环的方式将孔底沉渣转换清出，直至清孔验收各项指标合格。

（2）严格控制混凝土坍落度在 $180\sim220mm$ 范围内，同时确保导管埋深在 $2\sim6m$ 之间，防止发生堵管或导管底拔出混凝土面。

（3）为了确保桩顶混凝土强度，控制混凝土超灌高度。

（4）灌注桩完成灌注后，在4h左右安排长螺旋钻机在混凝土终凝前起拔套管，起拔套管时可根据起拔力大小控制起拔速度。

1.8.9 安全措施

1. 钻机安全

（1）在软弱地层上施工时，在施工前先填筑一层50cm厚碎石或砖渣层，部分坑洞或淤泥地带需做换填、压实处理，防止机械下陷倾倒。

（2）旋挖钻机在孔口钻进时，履带处铺垫钢板，确保孔口稳定。

（3）灌注成桩后，对空孔及时回填。

2. 吊装作业

（1）吊车在进行起重作业时，现场需专业的司索工指挥吊装作业，闲杂人员撤至安全地带。

（2）根据现场制作钢筋笼的重量与长度，配备适合的吊车作业，保证起吊作业的安全。

第 2 章　预应力管桩施工新技术

2.1　密实砂层预应力管桩气举反循环引孔沉桩施工技术

2.1.1　引言

在城市建筑桩基施工中，预应力管桩因其无污染、噪声小、施工速度快等优点，得到越来越普遍的应用。但桩长约 50m 的超长预应力管桩，在地层中遇到深厚密实的砂层时，其施工的主要问题是穿越深厚密实的砂层时沉桩困难，难以达到设计桩长要求。在传统预应力管桩施工工艺中，遇较深厚密实砂层时一般先采用长螺旋钻机或钻孔桩机引孔穿过密实砂层，再采用静压桩机沉桩；而长螺旋钻机引孔深度约 28m，无法满足超深引孔；钻孔桩引孔最小钻孔直径 600mm，成孔时需使用泥浆，孔壁泥皮对管桩产生负摩擦，传统的引孔工艺难以符合设计要求。因此，解决超长预应力管桩在穿越深厚密实砂层，成为一个亟待解决的技术难题。

近年来，针对地层中深厚密实砂层导致的沉桩困难等难题，结合项目现场条件、设计要求，通过实际工程项目摸索实践，项目课题组开展了"密实砂层预应力管桩高压冲刷气举反循环引孔沉桩施工技术"研究，先采用静压沉桩、逐节接桩施工至密实砂层面，再在桩管内安置高压气液混合射流冲击砂层，通过在管内形成气举反循环携带上返砂粒，直至穿透密实砂层，最后采用静压将管桩沉至设计标高，达到了垂直度控制效果好、施工效率高的效果，经过一系列现场试验、工艺完善、现场总结、工艺优化，形成了密实砂层预应力管桩高压冲刷气举反循环引孔沉桩施工技术。

2.1.2　工艺特点

1. 高压气液一体化，装运便捷

本工艺将空压机、离心泵和高压水储水箱三个装置一体化集成在一个集装箱内，便于装运，只需排空储水箱，即可直接装车运输，避免了砂层穿透工艺装置之间的反复拆装，同时优化了平面布置，达到了便利且节地的施工效果。

2. 施工质量安全、可靠度高

本工艺通过采用高压水气混合射流切割密实砂层，使砂粒间胶结力减弱，从而使砂土松动并随反循环液排出，达到管桩快速穿过砂层的施工效果；同时，引孔在桩管内进行，不会减弱管桩外壁与土层间的摩阻力，沉桩质量制好。

3. 综合成本低

本工艺采用高压水气混合射流穿透砂层，使管桩沉桩迅速有效，解决了深厚密实砂层地区因不能使用管桩基础而换用其他桩型而导致的成本增加问题；此外，相比传统引孔技

术，本项工艺无须进场钻机进行引孔，进一步地减少了管桩的施工成本。

2.1.3　适用范围

本工艺适用于桩深不大于 50m 预应力管桩施工，以及地层有密实砂层的预应力管桩施工。

2.1.4　工艺原理

本工艺关键技术主要由高压气液集成混合技术、桩管内高压冲刷引孔穿透技术和桩管内气举反循环排砂技术三部分组成，形成一套全新的预应力管桩引孔施工技术。工艺原理见图 2.1-1。

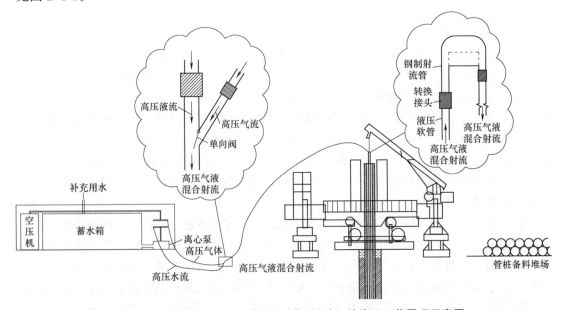

图 2.1-1　密实砂层高压冲刷气举反循环引孔沉桩施工工艺原理示意图

1. 高压气液集成混合技术

本工艺通过将空压机、储水箱、离心泵安装在一个集装箱内形成高压气液输出集成系统，高压液体和气体通过特制的气液混合接头形成高压气液混合射流。高压气液输出集成系统见图 2.1-2，高压气液混合接头结构见图 2.1-3。

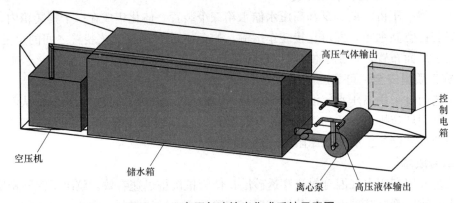

图 2.1-2　高压气液输出集成系统示意图

2. 桩管内高压冲刷引孔穿透技术

本工艺采用开口型桩尖，当沉桩至密实砂层面后，通过采用在管桩内安装钢质高压射流管至桩尖附近，对砂层进行冲击、扰动，并通过气举反循环随喷射出的气液携带出桩管至地面，直至穿透密实砂层。开口桩尖设计图见图 2.1-4。

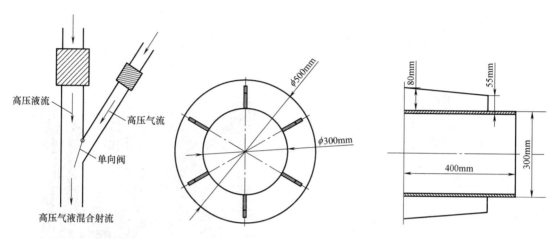

图 2.1-3 高压气液混合
接头结构示意

图 2.1-4 开口型桩尖结构示意图

3. 桩管内气举反循环排砂技术

本工艺中高压气液混合射流在桩管内产生局部负压，高压水气体通过射流管和管桩内壁的间隙上返，在液流上返的过程中将扰动冲散的砂粒携带至地面，直至穿透密实砂层。安置在桩管内的混合射流管为 5 寸钢管，其通过丝扣逐节加长，在反循环形成过程中可以通过起吊装置上下提动，或插入砂层内，增强扰动、排砂效果。具体见图 2.1-5。

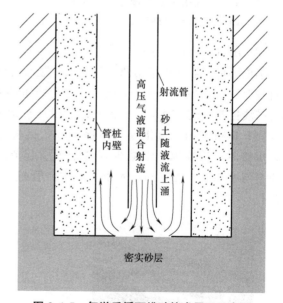

图 2.1-5 气举反循环排砂技术原理示意图

2.1.5 施工工艺流程

密实砂层预应力管桩高压冲刷气举反循环引孔沉桩施工工艺流程见图 2.1-6。

2.1.6 工序操作要点

1. 静压沉桩作业

（1）桩机就位

桩机施工场地预先进行平整、压实，桩机按设计要求进行配重，满足静压承载力要求；桩机安装完成后，进行试运行，具体见图 2.1-7。

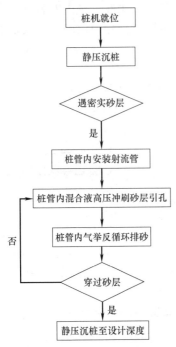

图 2.1-6 密实砂层预应力管桩高压冲刷
气举反循环引孔沉桩施工工艺流程图

图 2.1-7 桩机平整场地后就位、调试

（2）吊桩、喂桩、接桩

单根管桩吊运时可采用两头勾吊法，竖起时可采用单点法；采用开口钢桩尖，使桩尖垂直对准桩位中心，缓慢放下插入土中，将桩插入土中 0.5～1.0m 的深度后，采用双方向的吊线控制桩的垂直度；压桩开始阶段压桩速度不宜过快，一般以 2.0～3.0m/min 速度为宜；接桩采用二氧化碳气体保护焊，接桩时上下桩节间的缝隙应用铁垫片垫密焊牢，焊接时对称施焊，以减少焊缝变形引起节点弯曲；焊缝连续、饱满。接桩处的焊缝应自然冷却 10～15min，才压入土中。管桩开口型钢桩尖见图 2.1-8，桩管吊桩见图 2.1-9。

图 2.1-8 采用开口型桩尖

图 2.1-9 桩机吊桩

2. 桩管内高压射流引孔

（1）安装高压气液混合集成输出系统

选择 9m×2.5m×2.5m 的集装箱作为集成系统，将空压机、储水箱、离心泵分别固定安装在集装箱内。

1）空压机作为本工艺的高压气体输出装置，安装在集装箱的一端，固定在与集装箱形成稳固连接的基座上。选用 DSR-100A 型空压机，气体输出压力为 0.68MPa。

2）离心泵和储水箱为本工艺的高压液体输出装置，与集装箱箱身形成稳固的可靠连接，储水箱存储的水经过离心泵的抽吸输出高压水。

3）高压气体和高压液体分别从空压机和离心泵中输出，其中高压气体采用 2" 液压软管（A1、A2）输出，高压水流采用 3" 液压软管（B1、B2）输出；在通过气液混合接头时，形成高压气液混合射流。见图 2.1-10。

4）空压机安装在集装箱的一端，储水箱置于中部，集装箱另外一端安装离心泵和输出管道形成高压气液混合装置的输出端。见图 2.1-11、图 2.1-12。

图 2.1-10　高压气体和液体输出端口

图 2.1-11　高压气液集成系统安装位置示意图

(a)

(b)

图 2.1-12　空压机和离心泵设置于集成系统两端

（2）安装高压气液混合射流管

1）将输出端的高压气管和高压液管连接在气液混合接头装置上，形成气液混合液流，具体见图 2.1-13。

2）在管桩孔内的高压气液射流冲击管为钢制管道，管径 100mm，每节 6m，采用梯形丝扣连接；安装射流管前提前根据引孔面深度计算射流冲击管安装长度，具体见图 2.1-14、图 2.1-15。

图 2.1-13　高压气液混合特制接头

图 2.1-14　钢制射流管和气液混合管连接处

（3）高压射流引孔穿透砂层

1）采用静压桩机起吊射流管放入桩孔内，当遇阻碍时，即可开始高压气液冲击，在冲击的同时下放射流管，直接穿透砂层。

2）高压气液混合射流冲击砂层采用高压气液混合射流冲击砂层，使密实砂层变得松散。

3）高压气液混合射流在桩管底部产生局部负压，高压水气体通过射流管和管桩内壁的间隙上返，在液流上返的过程中将扰动冲散的砂粒携带至地面。高压气液混合射流引孔施工携带砂土上返情况见图 2.1-16、图 2.1-17。

图 2.1-15　安装高压气液射流冲击管

图 2.1-16　引孔施工携带砂土上返

3. 管桩沉桩施工

穿过砂层后,拆除高压气液混合射流管,继续沉桩施工,直至设计深度,具体见图 2.1-18。

图 2.1-17 气举反循环返出至地面的砂土

图 2.1-18 引孔施工完成后继续沉桩施工

2.1.7 主机机械设备

本工艺所涉及设备主要有静压桩机、空压机等,详见表 2.1-1。

<table>
<tr><td colspan="4" align="center">主要机械、设备配置表</td><td>表 2.1-1</td></tr>
</table>

设备名称	型　号	数　量	备　注
静压桩机	ZYC600B-B	1台	沉桩
空压机	DSR-100A	1台	高压气体输出
全站仪	ES-600G	1台	桩位放样、垂直度观测
电焊机	NBC-250	1台	焊接
离心泵	Y180M-4	1台	高压液体输出
气割机	CG1-30	1台	钢管和混合接头加工

2.1.8 质量控制

1. 沉桩质量控制

(1)沉桩前,清除周边和地下障碍物,平整场地,桩机移动范围内场地的地基承载力应满足桩机运行和机架垂直度的要求。

(2)桩插入土中定位时的垂直度偏差不得超过 0.5%。

(3)压桩过程中,不能随意中止,如因操作必须,停歇时间要短。中途停歇时间不得超过 2h,严禁中途停压造成沉桩困难。静压施工时,当沉桩至密实砂层后,及时安排引孔,避免长时间停滞;引孔穿透砂层后,及时完成沉桩。

(4)管桩进场提供合格证,并逐节严格按规范及设计要求进行验收,发现不符合要求者，坚决不准进场。

（5）管桩的吊装：管桩吊装时宜采用两支点法，也可采用勾吊法，吊钩钩于管桩两端板处，绳索与桩身水平交角应大于 45°；管桩在起吊、装卸、运输过程中，必须做到平稳，轻起轻放，严禁抛掷、碰撞、滚落；预制管桩施打前管桩吊立吊点位置距一端为 0.293L，距另一端为 0.707L。

（6）桩位定位采用二次经纬仪校正复核，测放精度≤2cm。

2. 沉桩垂直度保证措施

（1）桩机的场地稳固，安装周正、水平，压桩时，导向压桩架、送桩器和桩身在同一条中心线上。

（2）采用双向经纬仪校正桩身垂直，经纬仪放在距桩机约 20m 处，成 90°方向设置；如发现垂直度超标（0.5%），及时调整、重新压桩。

（3）压桩过程中必须使管桩轴心受压，若有偏移及时调整，确保垂直度偏差不大于 0.5%。电焊接桩前要校正好上下桩管的垂直度，上下节桩中心线偏差小于 5mm。

（4）在引孔施工过程中，加强压桩垂直度的观测，若有偏差及时调整。在边引孔边压桩的过程中，压桩采取慢压的方式，控制沉桩垂直度。

3. 引孔质量控制措施

（1）在沉桩施工至砂层受阻时，才能开启离心泵和空气压缩机进行引孔，采取边压桩边引孔的引孔方式，以减少引孔施工对桩周的摩阻力的影响。

（2）气体和液体压力应以满足适当施工效率即可，压力值不易过高，水体压力一般不宜超过 0.9MPa，气体压力不宜超过 0.8MPa，以避免引孔施工影响半径超过管桩桩径。

（3）需随时判断引孔是否穿过密实砂层，若已穿过则立即停止。

2.1.9　安全措施

1. 引孔

（1）施工现场操作人员在桩孔口安装钢制射流管时为登高作业，须做好个人安全防护，系好安全带，在配重周边做好临边防护；在吊装射流管时，需有持证上岗的司索工现场进行指挥和检查吊点，设置吊装作业区域，禁止无关人员进入作业区内。

（2）在加工高压射流管和气液混合接头时，由专业电焊工操作，正确佩戴安全防护罩。

（3）离心泵和空压机操作人员提前 30min 交接班，认真做好开机前的准备工作，携带齐工具，检查机器各部位性能是否良好及各种零部件是否完好，检查电压、电流是否正常。

（4）高压气管和液体管安装过程中不要扭曲胶管，胶管受到轻微扭转就有可能使其强度降低和松脱接头，装配时将接头拧紧在胶管上。

（5）日常使用过程中要采取良好的防护措施，防止高压软管受到挤压和砸碰。

（6）施工现场雷电情况时，立即停止钢制射流管安装作业。

2. 空压机操作

（1）开机准备工作：首先关闭空压机的进气阀和压风管道的闸阀，然后启动机器；此时注意听机器运转的声音是否正常，若发现异常应立即停机检查；若无异常，此时慢慢打开空压机的进气阀让机器正常工作。

（2）空压机启动后，听机器声音是否正常；机器压力表的上升情况；机油的观察孔是否上油；机器的安全阀和储气罐的安全阀是否正常工作。若上述四点都无异常方可打开压风管道的闸阀送风。

3. 离心泵操作

（1）开机前检查水泵地脚有无松动、联轴器护罩、电机风叶罩是否完好，以保证设备安全与人身安全。

（2）检查进口阀门是否打开，并尽可能全部打开。出口阀门是否关闭，打开放气阀进行排气到无空气为止，关闭放气阀。再有底阀的管路中要将泵腔内灌满水。

（3）启动水泵，待转速达到正常转速后，缓慢打开出口阀门，同时观察电流表，将电流控制在电机额定电流范围内运行。

（4）运行中要求水泵运行平稳，无异常噪声，无压力大幅度波动。发现异常情况要及时停机。停机前要先逐渐关闭出口阀门，然后关闭电源。

4. 预应力管桩沉桩

（1）在进行吊桩作业时，需持有特种作业操作证的司索工在场指挥，司索工对其吊点位置，吊点是否牢固，吊点设置是否符合专项方案要求等进行复核，吊桩作业半径范围内不允许无关人员进入。

（2）静压桩机和吊车操作手听从司索工指挥，在确认区域内无关人员全部退场后，由司索工发出信号，开始管桩吊装和沉入作业。

（3）现场用电由专业电工操作，持证上岗；电器必须严格接地、接零和使用漏电保护器。现场用电电缆驾空 2.0m 以上，严禁拖地和埋压土中，电缆、电线必须有防磨损、防潮、防断等保护措施；电工有权制止违反用电安全的行为，严禁违章指挥和违章作业。

（4）暴雨时，停止现场施工；台风来临时，做好现场安全防护措施，将桩架固定或放下，确保现场安全。

2.2 超深超厚密实砂层预应力管桩综合引孔施工技术

2.2.1 引言

当预应力管桩设计桩长大于 50m，在地面以下约 40m 的超深位置遇到 8～10m 的超厚密实砂层时，预应力管桩施工将难以贯入，通常需采取引孔措施穿透砂层来解决上述难题。目前，常用的穿透密实砂层的引孔方法有旋挖引孔和长螺旋引孔。旋挖引孔具有适用性强、引孔高效、垂直度可自动控制、引孔深度不受限制的优点；但旋挖引孔直径一般不小于 600mm，且为取土式引孔，将大大减小桩侧壁摩阻，对发挥管桩侧摩擦力不利；另外，旋挖成孔综合成本较高，加之采用泥浆护壁，泥浆成孔亦不利于场地文明施工。长螺旋引孔适用于砂性地层的引孔，施工成本较低，对现场环境影响小，但通常使用的长螺旋钻机机身高度受限制，引孔深度最大约 30m 左右，无法实现砂层埋深大于 50m 的超深引孔。如何安全、高效、低成本地解决超深超厚密实砂层预应力管桩引孔问题，成了一个亟待解决的施工难题。

近些年来，针对超深超厚砂层管桩无法贯入的困难，结合项目现场条件、设计要求，项目课题组开展了"超深超厚密实砂层预应力管桩综合引孔施工技术"研究，通过采用新型的旋挖长螺旋钻机引孔，实现了超深超厚密实砂层预应力管桩引孔，并形成了施工新技术。

2.2.2 工艺特点

1. 成孔深度不受限制

传统长螺旋钻机其钻杆为单节配置，其成孔深度有限，本工艺采用旋挖钻机回转动力系统，钻杆可根据成孔深度需要任意接长钻杆；钻杆采用双壁设计、六方接头连接，钻进时扭矩大，可满足超长桩孔的施工。

2. 引孔工效高

本工艺通过改造旋挖机动力头与长螺旋钻杆，旋挖机动力头扭矩大，长螺旋钻进出土排渣快，大大提高成孔效率；同时钻机履带式行走设计移位速度快，所占用的辅助作业时间少，可有效提高机械利用率，引孔功效高。

3. 机械设备操作简便、安全可靠

本工艺综合了旋挖钻机和长螺旋钻机的特点，施工过程机械全自动操作，六方接头钻杆连接快捷，钻机前后端配置有液压支撑，操作简便、安全可靠。

4. 超深引孔质量控制好

本工艺实施过程中，通过垂直度监测仪器，可自动控制 1% 以内的引孔垂直度偏差，通过实时监控垂直度偏差，以保证超深引孔垂直度，有效保证管桩施工质量。

5. 综合成本低

本工艺采用旋挖动力钻进、长螺旋自动排渣，无须使用泥浆成孔，施工效率高，引孔时间短，综合成本低。

2.2.3 适用范围

适用不大于 60m 桩长的预应力管桩遇密实砂层、卵石层、硬质夹层的引孔。

2.2.4 工艺原理

本工艺所使用的引孔机械为旋挖长螺旋钻机，该机械主要利用旋挖钻机的动力系统、垂直度自动监控装置及履带式行走功能，通过安装分节双壁长螺旋钻杆，实现超深超厚密室砂层的引孔施工。旋挖钻机的回转动力系统，可以为大于 50m 的超深引孔提供足够的回转动力，同时将大动力系统与长螺旋钻杆钻进自动排渣的功能有效结合，以提高引孔工效；将长螺旋钻杆分节设计，通过钻杆的接长，以完成超深引孔工作；将钻杆设计为双壁结构，以提高钻杆整体的刚度，同时可以保证回转动力的有效传递；将钻杆接头处设计为六方套接式，进一步保证扭矩的传递。

1. 旋挖机动力系统与长螺旋钻杆的结合

旋挖机动力系统能为超深引孔提供可靠的回转动力，长螺旋钻杆则有钻进自动排渣的功能。将长螺旋钻杆与旋挖机动力头相结合，利用大回转动力钻进速度快的优势，再配合钻杆自动排渣，减少取土占用的作业时间，以实现引孔高效的目的。具体见图 2.2-1、图

2.2-2。

图 2.2-1　新型钻孔机械实例

图 2.2-2　长螺旋钻杆钻进自动排渣实例

2. 钻杆及钻杆接头的改进技术

（1）将长螺旋钻杆设计成 8m 一节的标准钻杆，通过钻杆接长可以实现引孔深度不受限制。

（2）长螺旋钻杆设计为双壁结构，其外围为 275mm，钻芯为 150mm 钢柱，可保证钻杆具备足够的刚度，同时为超深孔提供足够的钻进扭矩。

（3）钻杆接头采用六方子母套接接头，辅以 2 根固定插销完成接长。套接完成后基本不留缝隙，可有效减少接头处磨损；接头最薄处不小于 5mm，保证其具有足够的刚度，有效传递钻进扭矩。见图 2.2-3。

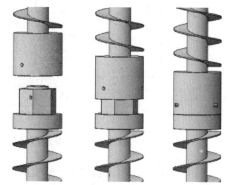

图 2.2-3　长螺旋钻杆结构示意图

2.2.5　施工工艺流程

超深超厚密实砂层预应力管桩综合引孔施工工艺流程见图 2.2-4。

2.2.6　工序操作要点

1. 场地平整、钻杆配备

（1）桩机就位前对场地进行平整、压实，或铺垫钢板，以便桩机就位，具体见图 2.2-5。

（2）每节标准钻杆长度为 8m，根据引孔深度调整配备相应数量钻杆。

（3）为保证引孔作业流水施工，现场配备两根带有钻头的钻杆。

2. 定位放线及钻机就位

（1）采用全站仪对预引孔桩位进行放样；

（2）钻机就位，完成钻杆垂直度校正和钻头中心对中；

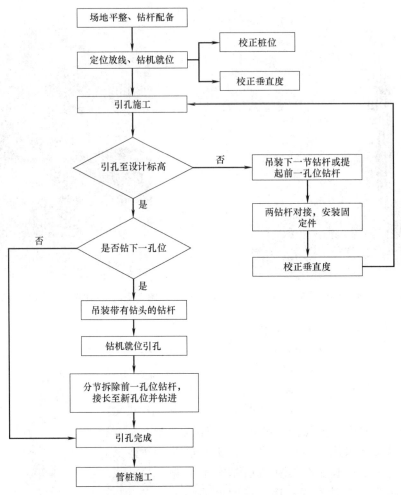

图 2.2-4　超深超厚密实砂层预应力管桩综合引孔施工工艺流程

（3）定位后，下放钻机前端桅杆下部单个及机身尾部的两个支撑油缸，其与双履带共同承担机身重量及施工过程的荷载，见图 2.2-6；

（4）复测对中点，检查有无偏差。

图 2.2-5　施工场地平整

图 2.2-6　钻机前端安全支撑油缸

3. 引孔施工

（1）引孔采用长螺旋钻进，钻进过程中自动将渣土排至地面，现场配备一台小型挖掘机和一台铲车及时收转渣土。钻进引孔时孔口小型挖掘机清淤见图 2.2-7，铲车转场见图 2.2-8。

图 2.2-7　长螺旋引孔孔口挖机清渣

图 2.2-8　铲车转运渣土至堆场位置

（2）在第一节钻杆最后一片螺旋叶接近地平面时暂停钻进，将 U 形固定垫叉件固定钻入的钻杆，防止钻杆接头松开后其下沉；松开钻杆接头的叉梢，移开钻机、吊起第二节钻杆，钻杆间子母六方接头完成套接，插入双向固定插销完成钻杆接长，移除 U 形垫叉后继续钻进。具体见图 2.2-9～图 2.2-11。

图 2.2-9　长螺旋钻杆 U 形固定垫插

图 2.2-10　长螺旋钻杆 U 形
固定垫插示意图

（3）引孔过程中，机械操作人员时实观测驾驶室内配置的成孔垂直度监测仪，发现偏差超标及时进行纠偏。

（4）机身外部设置垂直两个方向的铅锤仪，辅以专人实时监测钻杆垂直度。

（5）引孔达到设计深度后，即进行反转提升钻杆，单节钻杆至孔口时，采用孔口垫叉固定，并松开钻杆连接定位梢完成钻杆拆卸。实际施工过程中，配置两根底部带长螺旋钻头的钻杆，当完成一根引孔时，移机至临近下一根桩孔位置，把底部钻杆钻进完成后，可移位至上根引孔处将钻杆提升至地面，再移位至下一根对接，这样可减少一次钻杆的拆卸，加快施工进度。具体见图 2.2-12。

图 2.2-11 拆除接头处固定插销

图 2.2-12 先后顺序施工钻杆拆卸法

4. 预应力管桩沉桩施工

（1）当引孔区域完成引孔施工后，尽快完成预应力管桩沉桩施工。

图 2.2-13 引孔后静压预应力管桩施工

（2）预应力管桩采用静压法施工。

（3）静压施工时，先将管桩对准桩位，调平后缓慢下压；接桩采用二氧化碳气体保护焊，要求焊缝饱满，冷却 8min 后再进行压桩。

（4）沉桩过程中，采用两个方向吊垂直线校核垂直度，保证沉桩垂直度满足要求。

（5）旋挖长螺旋钻机引孔后，静压预应力管桩施工，见图 2.2-13。

2.2.7 主要机械设备

本工艺所涉及的机械、设备主要有引孔钻机、挖掘机、铲车、静压桩机、电焊机、流动式起重机等，具体详见表 2.2-1。

主要机械、设备配套表 表 2.2-1

设备名称	型 号	数 量	备 注
旋挖长螺旋钻机	220 型	1 台	预先引孔施工
挖掘机	PC200 型	1 台	平整场地、收集渣土
铲车	XG951	1 台	转运渣土
静压桩机	ZYC600	1 台	预应力管桩沉桩施工
电焊机	NBC-270	1 台	管桩焊接接长
吊车	25T	2 台	装卸管桩、钻杆

2.2.8 质量控制

1. 引孔

（1）钻机就位下放完成前后支撑油缸后，此时复测对中点，检查偏差。

（2）引孔过程中，实施观测垂直度监控仪，机身外部应设置垂直两个方向的铅锤仪，以保证随时纠偏。

（3）由于桩孔较深，对每节钻杆接头处进行平整度检查，保持钻杆连接的垂直度。

（4）引孔时，保持低速钻进，平稳加压。

2. 预应力管桩沉桩

（1）引孔完成后，尽早组织管桩施工。

（2）预应力管桩施工时，静压施桩机调整垂直度，并适时调节。

（3）沉桩过程中，派专人采用两个方向吊垂直线校核垂直度，保证沉桩垂直度满足要求。

（4）接桩采用二氧化碳气体保护焊，保持焊缝饱满，冷却 8min 后再进行压桩。

2.2.9 安全措施

1. 引孔

（1）施工现场所有机械设备（桩机、起重机、气割机、电焊机等）操作人员经过专业培训，熟练机械操作性能。

（2）引孔钻机就位前做好场地平整，有必要时可在履带下铺设钢板。

（3）引孔接长钻杆时，采用钻机副卷扬时注意缓慢提升，并派专人现场指挥。

（4）引孔完成后，在孔口做好标识。

2. 预应力管桩沉桩

（1）管桩接桩时吊车起吊安排专人指挥作业，严禁随意拖桩。

（2）管桩接长焊接由专业电焊工操作，正确佩戴安全防护罩。

（3）现场人员爬高作业时佩戴专门的防护用具。

（4）已完成施工的管桩做好孔品防护。

2.3 混凝土内支撑基坑坑底预应力管桩施工技术

2.3.1 引言

预应力管桩以施工速度快、现场管理简便、质量控制好、工程造价低的优点成为越来越多桩基础的首选方案。但对于含地下室的建（构）筑物且深基坑采用混凝土支撑支护时，如果地下室结构基础设计采用预应力管桩时，受支撑梁、柱结构的影响，预应力管桩机无法进入混凝土支撑之间狭小的空间内施工，目前多采用从地面开始施工的方法，即在基坑开挖之前，从地面开始打桩，采用送桩技术将管桩沉入设计深度，然后再开挖基坑、凿桩头，进行基础底板施工。这种预应力管桩的施工工序安排，存在送桩深度过大，当基坑开挖深度过大时，大幅增加了管桩的施工难度，同时也增加了工程造价。

针对深基坑支撑结构对基坑底预应力管桩施工的限制问题，项目组开展了"混凝土内支撑基坑坑底预应力管桩施工技术"的研究，首次采用新型履带行走、可调桩架的预应力管桩机，经过一系列现场试验、机具调整和工艺优化总结，最终形成了完整的施工工艺流程、技术标准和操作规程，顺利解决了内支撑支护基坑底预应力管桩无法施工的难题，取得显著成效，实现了施工安全、质量可靠、便捷经济的目标。

2.3.2　工程概况

1. 基坑预应力管桩设计

2015 年 8 月，前海双界河路市政工程一标工程的软基处理施工，其基坑开挖深度 6～12m，基坑采用冲孔灌注桩＋一道或二道混凝土支撑支护形式，设旋喷桩止水帷幕；基坑底结构采用预应力管桩，管桩桩径 400mm，管桩穿透淤泥层进入黏土层。

2. 预应力管桩施工方案选择

由于场地为堆填而成，上部基坑开挖段分布大量的建筑垃圾和块石（见图 2.3-1），预应力管桩难以在地面进行施工，设计在基坑开挖至底面标高后再实施预应力管桩软基处理施工。基坑底施工情况见图 2.3-2。

图 2.3-1　基坑开挖出露的大量块石

图 2.3-2　基坑采用内支撑支护，
坑底为管桩基础

3. 预应力管桩施工

基坑支护采用一至二道桩撑形式，由于基坑底预应力管桩为满堂均布，在混凝土支撑梁下分布大量的管桩。前期普通的锤击预应力管桩机进场施工，只能施工支撑大开间段的管桩（见图 2.3-3），在支撑小间距梁间其受立柱桩和梁间距离的影响，无法移动就位，只有拆除架重新安装才能实施。

为满足施工要求，公司研制的新型预应力管桩机进场施工，既可在支撑梁大开间段施工，也可快速移位，满足支撑梁小开间距离段处的施工，具体见图 2.3-4、图 2.3-5。

图 2.3-3　普通锤击预应力管桩机
在大开间支撑梁间施工

图 2.3-4　新型管桩机在基坑
二道支撑下施工管桩

图 2.3-5　新型管桩机在基坑一道支撑下施工管桩

2.3.3　工艺特点

1. 施工机械灵便

新型管桩机长约 8m、宽约 2.5m，机身体积小，占地面积小，采用履带行走，移动便利，施工作业和场内移动时不受基坑底内支撑梁或立柱的影响。

2. 桩架自由转动升降、折叠调整

桩架由液压控制，绕管桩机前端可自由转动，工作时为竖立状态（90°），移动时为放平状态（0°）。桩架放平时，管桩机整体高度减小至 2.5m 左右，在内支撑梁下自由行走可不受支撑梁的影响；桩架顶部折叠设计，可减小桩架平放时的长度，桩架底部液压滑块控制，可进一步调整桩架放平后的整体桩身长度，方便管桩机在立柱和支撑梁之间移动。

3. 操作便捷高效

新型管桩机施工操作便捷，移动自由，可以在基坑开挖至坑底时施工管桩，避免了拆除内支撑后才能施工或者必须在基坑内支撑施工前施工的问题，大大优化了工期。

4. 综合施工成本低

新型管桩机将桩架放平即可移动转场，无需人工拆装桩架，也无需辅助机械吊运转场，节省了大量的劳动力和大型机械使用成本。其次，新型管桩机采用液压数控技术，施工时只需操作机师 1 名，辅助工人 2 名即可，节省人力资源。新型管桩机可在基坑开挖到底时施工管桩，避免基坑开挖之前就必须施工管桩，大幅降低施工成本。

2.3.4　适用范围

本工艺适用于在内支撑支护的深基坑底施工预应力管桩的桩基础工程或地基处理工程，尤其是预应力管桩施工空间较为狭小的基坑底施工。

2.3.5　工艺原理

普通的预应力管桩机无法在采用小间距内支撑支护形式下的深基坑底进行预应力管桩施工，而多采用从地面开始施工的方法。采用工勘集团所研发的新型预应力管桩施工机具和施工技术，可先进行基坑开挖与支护施工，当开挖至基坑底标高时，再施工管桩基础。

要在采用内支撑支护的深基坑底施工预应力管桩施工，本工艺主要需要解决管桩机具施工和移位时容易受内支撑结构约束和限制影响的问题，其施工工艺原理主要体现在预应力管桩的机体移动功能、机架角度调节功能、桩位定位调节功能、机架折叠功能、组合交叉操作功能等方面。

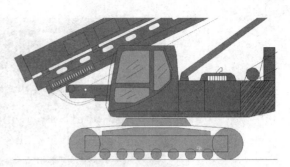

图 2.3-6　预应力管桩机械示意图

1. 机体移动功能

新型管桩机采用履带式行走机构，并且管桩机本身体积比常规管桩机小、占地面积小，可在内支撑立柱间和支撑梁之间的狭小空间内完成自由移动行走，无需其他机械辅助搬运转场。机体履带机构见图 2.3-6、图 2.3-7。

2. 机架角度调节功能

预应力管桩机的桩架由液压控制起落，可完成桩架在放倒（0°）至直立（90°）范围内的任意转换操作。具体见图 2.3-8～图 2.3-10。

图 2.3-7　预应力管桩机在基坑底

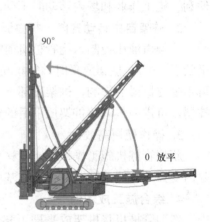

图 2.3-8　机架由液压控制在 0°～ 90°范围任意转换

图 2.3-9　机架 0°平放状态

图 2.3-10　机架 90°作业状态

3. 桩位定位调节功能

桩机上专门设置液压控制滑槽，可在一定范围内伸缩调整桩架位置，可实现管桩快速定位。具体见图2.3-11。

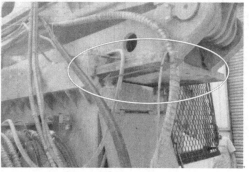

图 2.3-11 桩机上的液压控制可伸缩定位滑槽

图 2.3-12 桩架折叠可缩短桩架长度

4. 机架折叠功能

预应力管桩桩架采用可折叠设计，必要时可大幅缩小桩架长度，更方便新型管桩机在立柱桩与内支撑梁之间移动。具体见图2.3-12。

5. 组合、交叉操作功能

新型管桩机利用履带行走、桩架放倒和直立起落转换的角度控制，再配合桩架可折叠设计，以及桩架底部液压滑槽就位控制，通过以上这些桩机和桩架的转换、联动、交叉反复操作，可保证管桩机在内支撑结构下自由行走、就位，顺利施工预应力管桩。

一般施工原理图见图2.3-13、图2.3-14。

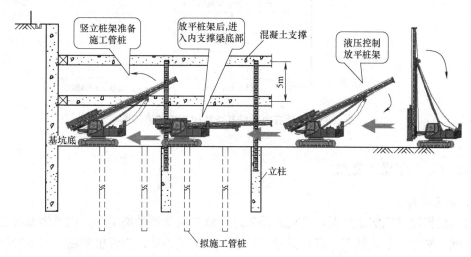

图 2.3-13 管桩机联动控制、反复操作进入内支撑梁下区域

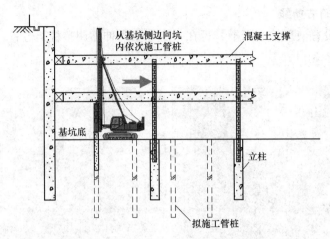

图 2.3-14　管桩机在内支撑梁下重新升起桩架依次施工管桩

2.3.6　施工工艺流程

预应力管桩基坑底施工工艺流程见图 2.3 -15。

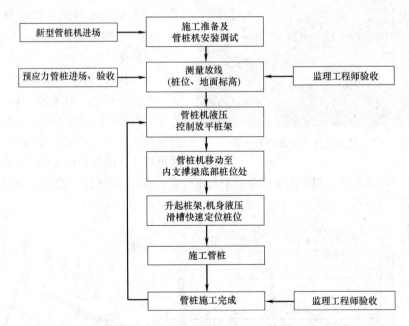

图 2.3-15　预应力管桩基坑底施工工艺流程图

2.3.7　工序操作要点

1. 施工准备

（1）根据基坑底实地情况，进场后首先进行施工场地的平整工作，主要为基坑底交工面的清理、平整、硬地处理。满足运输车辆通行和机械移位，为管桩到场后的吊装堆放及桩机进场后的就位做好充分准备。

（2）场地硬地处理主要铺垫砖渣，厚度约30cm；对局部较松软部位则进行换填、压实处理。同时准备若干厚钢板，用于打桩时垫于管桩机底部，防止打桩过程出现桩架倾斜。场地压实、铺设钢板见图2.3-16。

（3）场地平整及清理采用机械配合人工进行。

（4）新型管桩机由专门的大型平板车运输进场，可由吊车卸车，专人指挥。

（5）新型管桩机桩架等主要部件无需组装，进场后，放倒桩架，通过履带行走，自行开动到指定作业区域内进行桩锤等其他辅助配件组装，可按照相关程序或说明书快速完成安装工作。

（6）桩机安装完毕后，进行安装验收后使用。

(a)　　　　　　　　　　　　　　　　　(b)

图 2.3-16　基坑底工作面压实、铺垫钢板施工

2. 管桩、桩尖进场及验收

（1）管桩按业主规定的供应商择优采购。

（2）管桩进场后，对照产品合格证、运货单及管桩外壁的标志，对其规格、型号及种类逐条进行检查；桩尖需提供桩尖钢材化学成分和力学性能测试报告，并对桩尖的规格、构造进行检查验收。

（3）对检查不符合要求的，严禁用于本工程施工，按退场处理。

（4）运到施工现场的桩体，按照统一编号的原则，每根桩统一编号，便于做施工记录，并确保施工过程中每根桩的使用部位清楚。

3. 管桩的吊运及堆放

（1）管桩吊运采用专用吊钩起吊，轻吊轻放，避免剧烈碰撞。

（2）管桩堆放场地要求平整、坚实；不同规格、不同长度的管桩按顺序分别堆放。

（3）叠层堆放管桩时，在垂直于管桩长度方向的地面上设置2道耐压的长木枋或枕木，叠层层数不宜超过3层。具体见图2.3-17。

4. 焊接桩尖

（1）采用封底十字刃桩尖，焊接连接。

（2）桩尖与管桩围焊封闭，焊缝厚度6mm，焊缝

图 2.3-17　管桩堆放

79

连续饱满。

（3）焊好后的桩接头自然冷却后才可以继续施压，焊头自然冷却时间不小于 8min，严禁用水冷却或焊好后即压，以免焊缝接口变脆而被打裂。

5. 桩位测量定位

（1）根据桩位平面图、业主提供的坐标基准点及高程点，在基坑底按照桩位进行测量放样。

（2）现场测量时，先确定桩位轴线，并经业主代表、现场监理等验收复核，然后开始测量放出桩孔位置，并将拴有桩号的红布条标志钉打入标明。

（3）桩位确定后，请监理工程师验收签字后，提供现场施工使用。

（4）每日打桩前须复测桩位，发现问题立即纠正。

图 2.3-18　预应力管桩机
基坑底移位

6. 管桩机在内支撑支护结构中移动

（1）管桩机在基坑底移动设专人指挥。

（2）管桩机行走至基坑底内支撑支护区域，液压控制放下桩架，使桩架顶点低于内支撑梁底部即可。

（3）若内支撑立桩间距小，影响管桩机移动、转弯等，可折叠桩架上部，进一步缩短桩架长度，方便管桩机在立柱间移动。

（4）为快速移动至桩位点，管桩机移动时，可反复调整桩架角度，微调桩机前端液压控制滑槽和桩架上的液压滑槽，确保桩机在不受内支撑梁和立柱的影响下，快速移动至指定桩位处。

（5）管桩机移位时，派专人负责指挥，并随时观察桩机行走情况，严禁碰撞支撑梁。

预应力管桩机基坑底移位见图 2.3-18。

7. 管桩机就位

（1）管桩机移动至指定桩位附近时，可先控制升起桩架，同时确保桩架抬升过程中，不受内支撑结构的限制和影响；如桩架已折叠，此时可重新复原桩架。

（2）待管桩机立起桩架后，可移动至桩位点，通过液压控制滑槽，快速定位桩位。

8. 吊桩及对中

（1）新型管桩机就位后进行调整使桩架垂直，按照吊点位置用压桩机吊臂将桩喂入压桩机内。

（2）当预制管桩被插入钳口中后，将桩徐徐下降直到桩尖离地面 100mm 左右，然后夹紧桩身，微调压桩机使桩对准桩位，通过调节桩机支撑四脚的升降将机身精确调平和将桩身精确调垂直，并通过预先所做的控制标记复核桩位（误差小于 0.5%）。

（3）将桩入土中 0.5m 时，暂停下压，从桩的正交侧面校正桩身垂直度，保证桩身垂直度控制在 0.5% 以内，使管桩机处于稳定状态时正式开始锤击作业。

预应力管桩管桩吊桩、对中见图 2.3-19。

9. 锤击沉桩

（1）沉桩前，确认起重机的吊钩已脱离吊桩工具，桩身准确对中。

图 2.3-19　预应力管桩管桩吊桩、对中

（2）沉桩过程中，采用重锤低击，保持桩锤、桩帽和桩身的中心线在同一直线上，并随时检查桩身垂直度；当打桩过程中遇到贯入度突变、桩头桩身砼破裂、桩身突然倾斜跑位以及地面明显隆起、邻桩上浮等情况时，则停止打桩，并及时与设计、监理等共同分析原因，采取相应措施。

（3）沉桩保持连续进行，同一根桩的中间间歇时间不超过半小时。

（4）沉桩时，从两个互成 90°角的方向设立吊锤线，派专人校核桩身垂直度，以防止沉桩时桩尖遇到地下障碍物或其他原因发生桩身倾斜。

预应力管桩锤击沉桩见图 2.3-20，锤击沉桩过程中校核垂直度见图 2.3-21。

（a）　　　　　　　　（b）

图 2.3-20　新型管桩机在内支撑梁之间进锤桩作业

图 2.3-21　锤击沉桩过程中吊垂直校核桩管垂直度

10. 机械接桩

（1）下节桩沉至离地面 80～100cm 时，吊上节桩，对准后用经纬仪校正上节桩的垂直度，符合要求以后接桩。

（2）接桩采用焊接接桩，其预制桩表面上的预埋件清洁干净，上下节之间的间隙用铁片垫实焊牢；焊接时，采取措施减少焊缝变形，焊缝连续焊满。

（3）接桩时，上下节桩的中心线偏差不大于 5mm。

图 2.3-22　预应力管桩接桩后继续施工

（4）焊接时先在坡口圆周上对称点焊 4～6 点，待上下桩节固定后拆除导向箍再分层施焊，施焊由两个焊工对称进行。

（5）焊接层数不少于二层，内层焊渣清理干净后方能施焊外一层，焊缝饱满连续。

（6）焊接完成后，自然冷却 8min 后进行沉桩施工。

预应力管桩接桩见图 2.3-22。

11. 收锤和送桩

（1）对于桩顶标高处于打桩面以下的桩位，采用专门的送桩器送桩就位。

（2）当桩长达到设计桩长或最后连续 3 阵贯入度逐次减少且最后贯入度小于 25mm/10 击时，即可收锤。

收锤与送桩见图 2.3-23。

(a) 　　　　　　　　　　　　　(b)

图 2.3-23　收锤与送桩

12. 管桩机移动至下一根桩位置

（1）根据需要将桩架放平，或放至任意小角度使桩架顶端低于内支撑梁即可。

（2）如支撑梁和立柱间距较小，可将桩架顶部折叠，以进一步减小放平后管桩机的长度尺寸，然后再驾驶管桩机行走至下一桩位处。

（3）根据需要通过桩架上的液压滑块进一步调整桩架位置，以方便平后管桩机在内支撑梁之间移动。

已施工完成的管桩现场情况图 2.3-24。

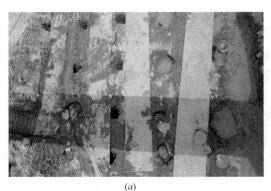

(a)   (b)

图 2.3-24　已施工的预应力管桩

2.3.8　主要机械设备

本工艺现场施工所用主要施工机械、设备配置见表 2.3-1。

施工主要机械、设备配置表　　　　　　　　　　　表 2.3-1

序号	机械设备名称	型号/规格	产地	额定功率（kW）	备注
1	新型管桩机	LH50	自行改制	140	压桩
2	挖掘机	PC200	日本	99	挖运
3	电动锯桩器	—	广东	7.5	截桩

2.3.9　质量控制

1. 管桩质量保证措施

（1）管桩由专业生产厂家提供，具有出厂质量合格证。

（2）对进场管桩进行桩身尺寸抽检，尺寸误差在规范允许范围内。

2. 管桩进场堆放

（1）堆放场地平整、坚实；不同规格、不同长度的管桩按顺序分别堆放。

（2）叠层堆放管桩时，最底层用耐压的木枋或枕木垫平，叠层层数不宜超过 3 层。

3. 防止挤土效应措施

（1）掌握地质变化情况，避免大块石把桩挤偏。

（2）在较密集的五桩或五桩以上承台群桩施工时，注意施工顺序，按设计要求进行跳打，原则上由一侧向另一侧推进施工，尽量减少先打入桩的挤土叠加，防止相邻桩上浮或后打入桩沉桩困难。

4. 桩焊接连接质量保证措施

（1）焊接时速度均匀，焊脚宽度及焊缝符合设计及有关施工规范要求。

（2）焊缝连续饱满，没有咬边、夹渣、气孔等缺陷。

（3）焊接后待焊缝自然冷却后，进行刷涂沥青防腐处理，待再施压。

2.3.10　安全措施

1. 管桩施工

（1）施工现场所有机械、设备、线路、安全装置、工具配件以及个人劳动保护用品须经常检查，保持其良好的使用状态，确保完好和使用安全。

（2）吊装作业专人指挥，起吊时下方严禁站人，定期检查钢丝绳。

（3）管桩吊桩时，注意避开基坑支撑结构，防止碰撞发生意外。

（4）打好的管桩孔口及时回盖袋装中砂或袋装碎石。

2. 管桩机移位

（1）管桩机在内支撑梁下移动时，由专人指挥，避免因移动过程中因桩架撞击内支撑梁而引发的安全事故。

（2）管桩机移位时，需重复工序操作，听从安全人员的指挥。

第3章 基坑支护咬合桩施工新技术

3.1 深厚松散填石层咬合桩—荤二素组合式成桩施工技术

3.1.1 引言

咬合桩是在桩与桩之间形成相互咬合排列的一种基坑围护结构，通常咬合桩施工时，一般先施工两根 A 桩（素混凝土桩），再在两根 A 桩之间相嵌咬合施工 B 桩（荤桩或有筋桩），形成具有良好的整体防水、挡土性能的支护形式。对于咬合桩成孔施工通常有以下几种工艺方法，一是采用搓管机钻进，二是使用全回转钻机钻进，三是旋挖钻机硬咬合施工。

2019 年初，深圳前海"微众银行大厦土石方、基坑支护、桩基础工程"项目，基坑支护采用直径 ϕ1400 的 B 桩与 ϕ1000 的 A 桩相互咬合设计，由于桩径大且深，搓管机能力有限，无法满足施工要求。场地分布较厚的填石层，全回转全套管钻进困难，因此设计采用旋挖硬咬合施工。实际钻进过程中，由于回填石厚度深、块度大，且结构松散，旋挖钻进速度慢、钻头磨损严重；同时，钻头受块石的影响产生偏斜，咬合成桩后在底部容易出现分叉渗漏；另外，孔内填石层底面交界位置地下水具有流动性，孔内出现严重漏浆，造成孔内水头下降，导致上部填土段出现塌孔，造成成孔困难、进度慢、成本高。针对施工现场出现的问题，结合实际工程实践，通过实施"松散填石层基坑支护咬合桩—荤二素组合式成桩施工技术"研究和现场摸索实践，探索了一种适合深厚松散填石层咬合桩的钻（旋挖钻进）、冲（冲击穿越填石并堵漏）、填（回填黏土）综合钻进工艺，采用一荤（B桩）二素（A桩）共三根桩同时灌注混凝土成桩的组合式施工技术，取得了显著成效，加快了施工进度，保证了施工质量，降低了施工成本。

3.1.2 工程实例

1. 工程概况

深圳前海微众银行基坑项目支护设计采用咬合桩，基坑西侧 4-4、5-5 剖面设计采用 ϕ1400 的 B 桩与 ϕ1000 的 A 桩咬合，A、B 桩相互咬合 350mm，A 桩桩长 22～26m，B 桩桩长 30～35m，设计要求采用旋挖硬咬合。所处位置主要地层为填土、填石、淤泥、粉质黏土、残积砾质黏性土、全—强风化花岗岩，其中：上部填土层为进场后堆填，厚约 6～9m；下部填石层为填筑的块石，块度 30～80cm，无粘结，厚约 9.1～11.6m。

基坑支护平面、剖面见图 3.1-1、图 3.1-2。

现场旋挖硬咬合钻进受填石层的影响，出现严重的漏浆，造成无法成孔。现场孔内捞取的填石情况见图 3.1-3、图 3.1-4。

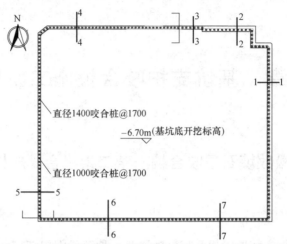

图 3.1-1 深圳前海微众银行基坑支护咬合桩平面布置图

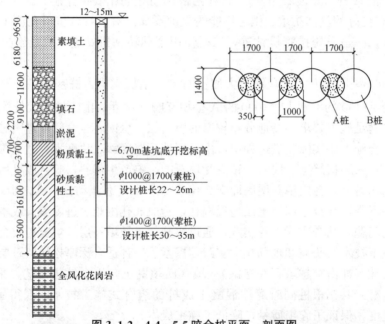

图 3.1-2 4-4、5-5 咬合桩平面、剖面图

图 3.1-3 旋挖成孔漏浆情况

图 3.1-4 孔内取出的填石

2. 施工方案选择

对于深厚松散填石层基坑支护咬合桩钻进工艺的选择，需综合考虑多方面的影响因素，一是填石层采用单一的旋挖钻进工艺，难以克服松散地层严重漏浆和填石层穿越的困难，需要采取钻、冲、填综合措施，做到既穿越填石，又能有效防止填石层的漏浆；二是B桩咬合A桩时，由于B桩直径1400mm远大于直径1000mm的A桩，咬合嵌入界面相对较小，咬合钻进时容易出现偏斜，尤其在填石层段咬合钻进块石层更易引起偏孔，需要进一步采取有效措施确保咬合质量和止水效果是关键。

图3.1-5 一荤二素成孔及孔口安放钢筋笼

为此，通过现场摸索实践，探索了一种适合深厚松散填石层咬合桩的钻（旋挖钻进）、冲（冲击穿越填石并堵漏）、填（回填黏土）综合钻进工艺，采用一荤（B桩）二素（A桩）共三根桩同时灌注混凝土成桩的组合式施工工艺，取得了显著成效。成桩施工及基坑开挖情况见图3.1-5～图3.1-7。

图3.1-6 一荤二素成桩咬合桩桩顶冠开挖情况

图3.1-7 一荤二素成桩咬合桩开挖情况

3.1.3 工艺原理

以深圳前海"微众银行大厦土石方、基坑支护、桩基础工程"项目为例，基坑西侧咬

合桩设计采用 $\phi1400$ 的荤桩（B桩）与 $\phi1000$ 的素桩（A桩）咬合，A、B桩相互咬合 350mm。

本工艺关键技术主要采用钻、冲、填综合钻进工艺和一荤二素组合式成桩工艺两部分组成。

1. 钻、冲、填综合钻进工艺

本工艺通过采用旋挖机旋挖钻进咬合桩的上部填土层，以加快施工速度；后采用冲孔桩机对B桩填石段进行冲击钻进，既便利穿越填石，同时在冲击填石时对孔壁进行有效挤密填充，以减小地层漏浆量，有效防止塌孔；在填石层穿越后，及时将孔段回填，在完成相邻桩工序后再采用旋挖钻机钻进土层；通过前期综合施工工艺施工B桩后，A桩由于桩孔直径小于B桩，且A桩在B桩填石段穿越后续再施工，A桩断面仅为300mm，其断面填石数量相对较少，因此采用旋挖钻机直接开孔钻进。

松散填石层基坑支护咬合桩一荤二素组合式成桩施工工法钻、冲、填综合钻进工艺原理见图3.1-8。

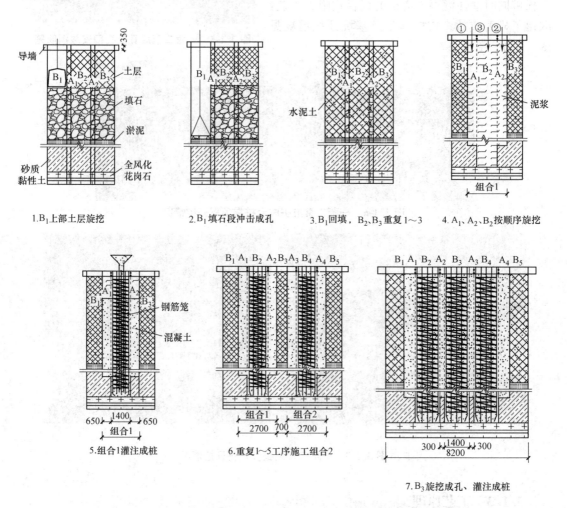

图3.1-8 松散填石层基坑支护咬合桩一荤二素组合式成桩施工工法原理示意图

2. 一荤二素组合式成桩工艺

本工程支护咬合桩 B 桩咬合 A 桩时，由于 B 桩直径 1400mm 大于直径 1000mm 的 A 桩，咬合嵌入界面相对较小，咬合钻进时容易出现偏斜，尤其在填石层段咬合钻进块石层更易引起偏孔，因此，除采取钻、冲、填综合钻进工艺外，我们探索出采取一荤二素共三桩一次性组合灌注成桩工艺，避免了咬合时垂直度控制难的弊病，有效加快了施工速度。

本工艺采用一荤二素共三桩的组合式施工，先采用钻、冲工艺对 $B_1 \rightarrow B_2 \rightarrow B_3$ 先后进行施工至填石层以下后，再回填至导墙底标高；之后旋挖机就位，按照 $A_1 \rightarrow A_2 \rightarrow B_2$ 的施工顺序对组合 1 进行施工成桩。采用上述相同的施工顺序对组合 2 进行作业，最后采用旋挖机对 B_3 进行切割成孔、清孔、下放钢筋笼、灌注混凝土等作业。咬合桩平面组合式布置见图 3.1-9，其平面施工顺序见图 3.1-10。

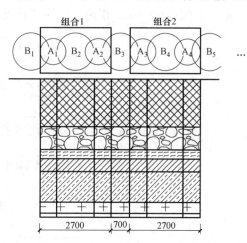

图 3.1-9 咬合桩平面组合式施工顺序平面图

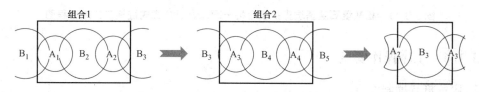

图 3.1-10 咬合桩平面组合式施工顺序示意图

3.1.4 工艺特点

1. 采用钻、冲、填多工艺组合施工

本工艺根据场地松散填石层咬合桩成孔穿越困难、漏浆严重等关键技术难点，采用钻、冲、填多工艺组合，发挥出旋挖钻机在土层中的钻进优势，以及冲击钻进对填石的钻进效率，避免了松散填石层的漏浆，实现顺利成孔、成桩。

2. 施工效率高

本工艺调整了咬合桩平面上先后施工顺序，形成一荤二素共三桩同时成桩的组合，节省了桩与桩之间等待混凝土凝固时间；同时，采用一荤二素组合式成桩大大减少了咬合桩之间的咬合次数，减少了硬旋挖切割素桩混凝土时间，施工效率大大提高。

3. 提高成桩质量

采用本工艺可有效减少桩间咬合次数，降低了咬合桩偏斜以及开叉的概率，提升了咬合桩支护结构的止水效果及咬合质量。

4. 综合成本降低

本工艺在桩身填石段采用冲孔钻冲孔，既便利穿越填石，同时在冲击填石时对孔壁进行有效挤密填充，以减小地层漏浆量；同时，采用三桩同时浇灌，可减少桩位之间咬合部位混凝土量，降低施工用混凝土成本，总体综合成本大大降低。

3.1.5　工艺流程

组合式咬合桩一荤二素施工工序流程见图 3.1-11。

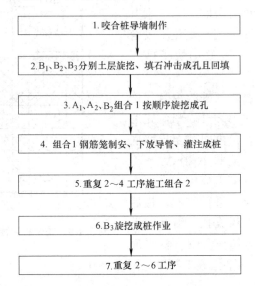

图 3.1-11　松散填石层基坑支护咬合桩一荤二素组合式成桩施工工序流程图

3.1.6　工序操作要点

1. 咬合桩导墙制作

（1）平整场地：清除地表杂物，填平碾压且放置钢板，用于旋挖机承重，防止施工过程中因机身重量或振动造成机身倾斜，确保成桩的垂直度。

（2）测量放点：根据设计图纸提供的坐标计算桩中心线坐标，采用全站仪根据地面导线控制点进行实地放样，并保证其位置的精准度。

（3）导墙采用机械辅以人工开挖，开挖结束后将中线引入沟槽下，以控制底模及模板施工，确保导墙中心线的准确无误。

（4）按设计要求绑扎钢筋，导墙钢筋设计用 $\phi16$ 螺纹钢，采用双层双向布置，钢筋间距按 $200mm \times 200mm$ 布置。

（5）使用专门制作的钢模板支模并固定，用 C30 混凝土浇筑。导墙的制作见图 3.1-12。

2. B_1、B_2、B_3 分别土层旋挖、填石冲击成孔且回填

（1）导墙有足够强度后，拆除模板，重新定位复核桩中心位置，确保旋挖位置和设计孔位中心一致，桩位偏差不大于 10mm。

图 3.1-12　咬合桩导墙制作

（2）旋挖机就位，对 B_1、B_2、B_3 按先后顺序分别施工，旋挖机主要施工桩位填石层上部土层，以此缩短施工时间，现场采用 SR365 型旋挖机钻进，B_1 上部土层旋挖过程见图 3.1-13。

（3）旋挖至填石层面钻机移位，采用冲孔桩机就位接力对下部填石层冲击成孔。冲击时采用慢击，加大泥浆比重，冲孔钻机施工作业见图 3.1-14。

（4）待冲孔钻冲破填石层后，采用素土拌水泥的方式进行孔段回填，回填至导墙底标高，现场回填施工见图 3.1-15。

（5）采用与 B_1 相同旋挖、冲击、回填工艺，分别对 B_2、B_3 荤桩进行施工作业。

图 3.1-13　旋挖钻机土层钻进

图 3.1-14　冲孔钻机冲击填石层

3. A_1、A_2、B_2 组合 1 按顺序旋挖成孔

（1）由于组合桩中部 B_2 荤桩桩径大，为了防止旋挖过程中出现塌孔现象，安排先旋挖 A_1、A_2 素桩，再施工 B_2 桩。

（2）由于荤桩深厚松散填石层已穿越，素桩中剩余填石层截面尺寸较小，截面尺寸为原来的 1/3，因此所含的填石量较小，因此采用旋挖机直接开孔施工，见图 3.1-16。

（3）钻机就位时，保持平整、稳固、不发生倾斜，为准确控制孔深，在施工过程中经常检查钻杆垂直，确保孔壁垂直。

（4）钻进成孔的过程中，根据地层、孔深变化合理选择钻进参数，及时调制泥浆，保证成孔质量，保持孔内泥浆的浆面高程，确保孔壁稳定。

图 3.1-15　水泥土回填

（5）组合桩 A_1、A_2、B_2 共三桩成孔完成后，采用旋挖钻斗进行捞渣清底，清孔完成后下放测绳测量孔深及垂直度，检验无误后再进行下一道施工工序。

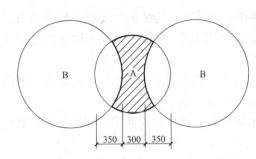

图 3.1-16 中部素桩旋挖尺寸

4. 组合 1 钢筋笼制安、下放灌注导管、灌注成桩

（1）B_2 桩钢筋笼按照设计要求完成加工制作，并进行隐蔽工程验收，合格后吊入孔内。钢筋笼制作见图 3.1-17。

（2）设计荤桩钢筋笼长度最长 35m 左右，重约 9.5t，主筋采用直螺旋机械连接，一次性整体吊装工艺，钢筋笼起吊扶直过程中使用两台 75t 履带吊用"六点式"吊装方法起吊，见图 3.1-18；当钢筋笼起吊垂直摆放后，拆除多余钢丝绳，改用一台履带吊将其吊放入孔，见图 3.1-19。

（3）钢筋笼孔口就位后吊直扶稳，对准孔位缓慢下沉，严禁高起猛落，不得摇晃碰撞孔壁和强行入孔，通过控制钢筋笼顶标高来确定它的下放深度；安装完毕后，采用钢筋条将钢筋笼固定于孔洞中，见图 3.1-20。

图 3.1-17 钢筋笼制作

图 3.1-18 钢筋笼起吊

图 3.1-19 钢筋笼吊放

图 3.1-20 孔口固定钢筋笼

5. 组合 1 下放灌注导管、灌注成桩

（1）笼顶标高核对无误后，安放导管，导管下放于荤桩钢筋笼中，导管全部下入孔内后放至孔底，以便核对导管长度及孔深，然后提起 30～50mm。

（2）灌注混凝土前检查孔底沉渣厚度，如果超过设计要求则采用正循环工艺进行二次清孔，确保孔底沉渣厚度不大于 200mm；清孔时，采用优质泥浆调整孔内泥浆性能，保持泥浆比重约 1.05 左右；清孔完毕后，及时安装灌注料斗。

（3）水下灌注混凝土采用商品混凝土，为了方便后期 B_3 施工，需在混凝土中加缓凝剂；灌注混凝土时，初灌导管一次埋入混凝土灌注面以下不少于 0.8m，灌注过程中导管埋入混凝土深度保持 2～6m，灌注示意见图 3.1-21。

（4）采用一荤二素组合式成桩施工，A、B 桩型单边重复咬合面积约为 $0.2m^2$。即每组组合式咬合桩减少混凝土量约为 $9.6m^3$，有效降低了施工用混凝土成本，见图 3.1-22。

$$V=0.2\times L\times 2=0.2\times 24\times 2=9.6m^3$$；式中，V 为组合式咬合桩咬合截面混凝土方量，L 为 A 桩桩长。

图 3.1-21　一荤二素组合式灌注混凝土成桩

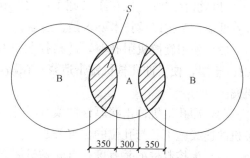

图 3.1-22　A、B 桩咬合重叠面积

6. 重复 2～4 的工序施工组合 2

待组合 1 三桩施工完毕后，采用相同于组合 1 的工法，对组合 2 进行一荤二素咬合桩进行组合式施工作业。

7. B_3 旋挖成桩作业

由于区域 1 和区域 2 均施工完毕后剩余中部 B_3 荤桩，其回填石层截面尺寸较小为 700mm，采用旋挖机进行硬旋挖成孔。

3.1.7　主要机械设备

本工艺所涉及的设备主要有起重机、旋挖机、冲孔桩机等，详见表 3.1-1。

3.1.8　质量控制

1. 咬合桩导墙制作

（1）导墙制作前将场地进行平整、压实。

（2）导墙采用定制的钢模施工。

（3）严格控制导墙施工质量，重点检查导墙中心轴线、宽度和内侧模板的垂直度。

（4）拆模后定期进行养护。

基坑支护咬合桩一荤二素组合式成桩施工工艺主要机械、设备配置表　　表 3.1-1

设备名称	型号	备注
旋挖机	SR365	旋挖成孔施工
冲孔桩机	ZK6	冲击填石层
履带吊起重机	75T	吊放钢筋笼、吊装混凝土导管
全站仪	ES-600G	桩位放样、垂直度观测
挖掘机	HD820	回填桩位土层

2. 泥浆质量控制

（1）旋挖过程中选用优质膨润土针对地层确定性能指标配制泥浆，保证护壁效果。

（2）在旋挖过程中保证泥浆液面高度，调整好泥浆指标及性能，钻具提离孔口前及时向孔内补浆，确保孔壁稳定。

3. 成孔阶段质量控制

（1）组合式咬合桩在正式施工前进行试成孔（数量不小于 2 个），以核对地质资料、检验设备、工艺以及技术要求是否适当。

（2）采用旋挖机引孔时，严格控制桩身垂直度，并且根据地质勘察资料，提前预留 20cm 土层，便于冲孔桩机锤击造浆；在钻进过程倘若发生偏差，及时采取相应措施进行纠偏。

（3）冲孔桩机冲击深厚松散填石层时，需根据冲孔位置校正冲孔桩机位置，注意冲孔桩机的连续施工及与孔位的位置关系。

（4）为控制桩的垂直度，首先钻机架立平整、稳固，钻杆中心与设计位置偏差控制在 1cm 以内，旋挖钻进过程中，随时观察旋挖机机上的监测系统，分析和了解钻杆的垂直度及钻进位置。

（5）在灌注槽身混凝土前，保持泥浆比重 1.05～1.15，确保槽段稳定。

（6）在灌注组合式咬合桩混凝土时，需加入缓凝型减水剂以使被切割的 A 序桩强度有较长的等待时间。

3.1.9　安全措施

1. 咬合钻进

（1）旋挖机、冲孔桩机操作人员经过专业培训，熟练机械操作性能，经专业管理部门考核取得操作证后上机操作。

（2）桩机工操作人员严格遵守安全操作技术规程，工作时集中精力，谨慎工作，不擅离职守，严禁酒后操作。

（3）旋挖钻机、冲孔桩机替换作业时，听从现场施工员的指挥。

（4）旋挖钻机的工作面需进行平整压实，防止桩机出现下陷导致倾覆事故发生。

2. 吊装作业

（1）起吊钢筋笼时，其总重量不得超过起重机相应幅度下规定的起重量，并根据笼重和提升高度，调整起重臂长度和仰角，还应估计吊索和笼体本身的高度，留出适当空间。

（2）起吊钢筋笼作水平移动时，高出其跨越的障碍物 0.5m 以上。

（3）起吊钢筋笼时，起重臂和笼体下方严禁人员工作或通过。

（4）吊装设备发生故障后及时进行检修，严禁带故障运行和违规操作，杜绝机械事故。

3. 焊接作业

（1）钢筋笼制作的电焊工持证上岗，正确佩戴专门的防护用具。

（2）氧气、乙炔罐分开摆放，切割作业由持证专业人员进行。

4. 临时用电及安全防护

（1）现场用电由专业电工操作，持证上岗；电器严格接地、接零和使用漏电保护器；现场用电电缆驾空 2.0m 以上，严禁拖地和埋压土中，电缆、电线必须有防磨损、防潮、防断等保护措施；电工有权制止违反用电安全的行为，严禁违章指挥和违章作业。

（2）施工现场所有设备、设施、安全装置、工具配件及个人劳动保护用品必须经常检查，保持良好的使用状态，确保完好和使用安全。

（3）在日常安全巡查中，对冲孔桩机钢丝绳以及用电回路进行重点检查。

（4）暴雨天气停止现场施工，台风来临时做好现场安全防护措施，将旋挖钻机放下。

3.2　基坑全荤咬合桩液压抓斗五桩组合式成桩施工技术

3.2.1　引言

在基坑围护结构中，全套管咬合桩相较于普通支护桩具有质量可靠、地层适应性强、施工环保、成桩工效高等优势，在地铁附近、管线密集分布区、浅基础建（构）筑物等复杂周边环境条件下的深基坑工程中广泛使用。

对于有的全套管咬合桩设计为全钢筋笼咬合桩形式，即荤桩设计为圆形钢筋笼，素桩为方形钢筋笼，施工时要求先施工一序圆形钢筋笼桩，二序再咬合施工方形钢筋笼桩。实际施工中，受地层条件、桩长过深等因素的影响，在二序桩咬合成孔过程中，在底部段容易出现全套管咬合切割时遇上一序桩的圆形钢筋笼，下入的钢筋笼被切断，对咬合桩支护体系整体受力不利。

3.2.2　工程实例

1. 工程简介

深圳地铁 13 号线深圳湾口岸站深登明挖区间项目中，基坑支护设计采用直径 1200@900 全荤套管咬合桩＋五道混凝土支撑，咬合桩桩长均为 32.11m，基坑支护剖面图见图 3.2-1。咬合桩设计为全钢筋笼咬合桩同，一序桩、二序桩均配置桩身钢筋笼，一序桩为方形钢筋笼，具体见图 3.2-2；二序桩为圆形钢筋笼，具体布置见图 3.2-3；全荤咬合桩平面布置见图 3.2-4、图 3.2-5。

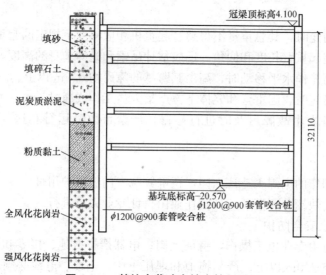

图 3.2-1 基坑全荤咬合桩支护剖面图

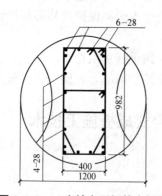

图 3.2-2 一序桩方形钢筋大样图

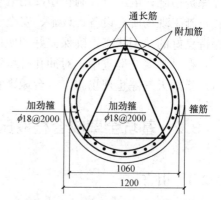

图 3.2-3 二序桩圆形钢筋笼大样图

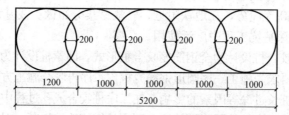

图 3.2-4 全荤咬合桩平面布置及钢筋笼配筋图

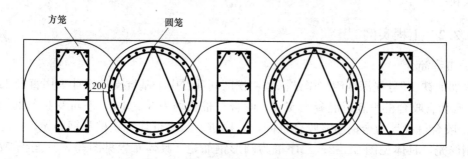

图 3.2-5 全荤咬合桩平面布置及钢筋笼配筋图

2. 施工存在问题

本项目全套管咬合桩设计钢筋保护层厚度 70mm，相邻桩咬合 200mm，咬合桩成桩允许偏差为纵向±20mm、横向 0～＋50mm、垂直度 5‰；设计要求先施工两根一序桩，在达到初凝后，再切割咬合一序桩完成二序桩。在实际施工中，受上部碎石填土、淤泥层的影响，加之定位、成孔操作等因素影响，产生一定的垂直度偏差，常发生二序桩咬合施工时切断一序桩钢筋笼的钢筋。针对此问题，经过与设计、监理商讨，提出了将一序桩方型钢筋笼变更为异形钢筋笼（见图 3.2-6、图 3.2-7），即钢筋笼侧面咬合切割面筋为弧形，但依旧没有解决切断钢筋笼的问题。另外，由于本项目处于填海区，地下水丰富且水位过高，导致全回转钻机施工过程中冲抓锥抓土困难。

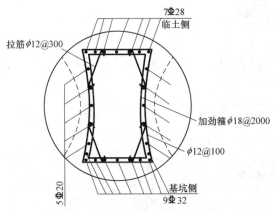

图 3.2-6　一序桩钢筋变更后异形设计大样图

图 3.2-7　制作完成的一序桩异形钢筋笼

3. 咬合桩施工方案选择

为了解决二序桩咬合钻进切断相邻桩钢筋笼的问题，通过现场试验、总结、优化，提出了一种新的全荤咬合桩液压抓斗五桩组合成桩的施工方法，即改变了原设计先施工二根一序桩、再在一序桩之间咬合施工二序桩的施工顺序，利用地下连续墙抓斗分幅一次性完成五根组合桩的成孔，然后分别依次下入五根桩的钢筋笼，在二次清孔完成后灌注水下混凝土成桩。

3.2.3　工艺原理

本工艺主要施工方法，即采用地下连续墙抓斗进行五根咬合桩的成槽，施工至设计桩底标高位置后，依次将一序桩、二序桩钢筋笼下放至槽内并准确定位，与相邻段咬合桩接头处采用工字钢绑扎泡沫，下入二套灌注导管，完成清孔后浇灌混凝土成桩，一次性完成五根咬合桩的施工。

3.2.4　工艺特点

1. 加快了施工进度

由五根咬合桩作为一个组合，采用地下连续墙抓斗一次性成孔，大大减少咬合次数，施工进度得到有效提升。

2. 保证了咬合质量

一次性安放五根桩的钢筋笼，避免了全钢筋笼咬合桩咬合切割时损坏钢筋笼的发生，保证了咬合桩质量；同时，五根桩一次性成桩，减小了咬合切割次数，避免了咬合桩切割出现桩底部位容易开叉漏水发生的概率。

3.2.5　工艺流程

基坑支护咬合桩五桩组合式成桩施工工序流程见图 3.2-8。

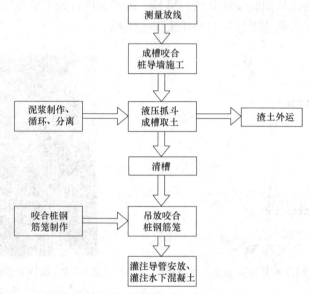

图 3.2-8　全荤咬合桩液压抓斗五桩组合式成桩施工工序流程图

3.2.6　工序操作要点

1. 导墙施工

图 3.2-9　咬合桩成槽导墙施工

（1）由于本项目咬合桩成孔采用成槽机成槽，因此导墙由原咬合桩导墙变更为地连墙施工导墙，具体见图 3.2-9。

（2）导墙工艺流程为：平整场地→测量位置→挖槽及处理弃土→绑扎钢筋→支立导墙模板→浇注导墙混凝土并养护→拆除模板并设置横撑。

（3）导墙的轴线需在原设计的基础上外放 10cm，为保证成槽机顺利下放抓斗开挖槽段，导墙内墙面净尺寸比设计尺寸大 4~6cm；导墙垂直度控制直接关系到成槽质量，误差不大于 5%。

2. 液压抓斗成槽取土

（1）泥浆制作、储备、循环、分离：泥浆采用现场配置新鲜泥浆。根据现场的土质情况，在成槽的过程中能够形成部分泥浆。在清槽的过程中泥浆经沉淀池沉淀后能够留下一部分优质泥浆。水下混凝土灌注以后，经混凝土置换有一部分泥浆通过机械处理和重力沉淀后，能够有部分符合要求的泥浆留置。

（2）成槽机挖槽槽段划分：本项目将 5 根咬合桩分为一个槽段，槽段长度（幅）为 5.2m，采用"二抓"成槽，具体见图 3.2-10。

（3）成槽机挖槽：先后开挖两端，每抓开挖宽度 2.8m，使抓斗两侧受力均匀，确保成槽垂直度；在抓土过程中，通过液压抓斗导向杆调整抓斗的位置，对准导墙中心抓挖。现场抓斗成槽见图 3.2-11。

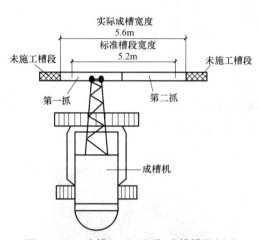

图 3.2-10　成槽机"二抓"成槽槽段划分

图 3.2-11　咬合桩成槽施工

（4）在成槽机挖土时，悬吊机具的钢索需呈垂直张紧状态，保证挖槽垂直精度；同时通过成槽机上的垂直度检测仪表显示的成槽垂直度情况，及时调整抓斗的垂直度，做到随挖随纠，确保垂直精度在 5/1000 以内。

（5）成槽时，派专人负责泥浆管理，视槽内泥浆液面高度情况，随时补充槽内泥浆，确保泥浆液面高出地下水位 0.5m 以上，同时不低于导墙顶面 0.3m，杜绝泥浆供应不足的情况发生。

（6）成槽深度满足咬合桩设计桩底标高后终孔。

3. 清槽

（1）成槽完成后，采用抓斗直接把孔底残留的淤积物抓出孔外，清孔快速且效果好。

（2）第一次清槽后，检查泥浆各项指标，槽底以 0.2～1m 处的泥浆比重小于 1.15，含砂率不大于 5%，黏度 20～28s，槽底沉渣厚度不大于 100mm。

4. 咬合桩钢筋笼制作

（1）钢筋笼的制作按设计配筋图制作。

（2）根据划分的五根咬合桩为一个槽段，接头处均为一序桩的方形笼，将工字钢与方形笼进行焊接，焊缝饱满。

（3）由于本项目咬合桩设计孔深 32m 左右，采用泡沫填充接头处工字钢，防止混凝土绕流。在钢筋笼上下两处每隔 2m 设置两道钢筋弯钩分别与工字钢及钢筋笼进行焊接，并绑扎好泡沫板,泡沫绑扎牢固,在工字钢的腹板处预留穿丝孔,并用竹竿压紧泡沫表面,每隔一段距离设置一道钢筋固定泡沫板并与工字钢焊接牢固,防止因浮力过大,铁丝拉断泡沫而造成泡沫的脱落。

工字钢与一序桩钢筋笼设计、制作、泡沫板连接示意图见图 3.2-12～图 3.2-14。

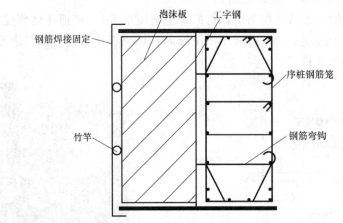

图 3.2-12　工字钢与钢筋笼及泡沫板连接大样图

图 3.2-13　钢筋笼现场制作　　　　　图 3.2-14　工字钢填充泡沫

5. 吊放咬合桩钢筋笼

(1) 钢筋笼制作、桩孔完成后,使用 50t 履带吊进行吊放。

(2) 钢筋笼起吊时,吊点焊接牢固,钢筋笼有足够的刚度。

(3) 吊放按五桩顺序进行,由于首开幅和闭合幅的钢筋笼存在差异,五个钢筋笼依次起吊下放顺序见图 3.2-15、图 3.2-16,钢筋笼安放见图 3.2-17、图 3.2-18。

6. 灌注混凝土成桩

(1) 混凝土灌注采用水下导管回顶法施工,导管选用直径 200mm 钢管,采用圆形螺旋快速接头,确保导管接头处螺丝口良好,便于拆装;连接时要求牢固,并设橡皮圈,以防止接头处漏浆。

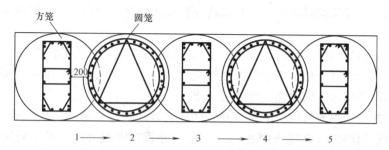

图 3.2-15 首开幅钢筋笼下放顺序（方→圆→方→圆→方）

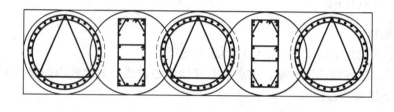

图 3.2-16 闭合幅钢筋笼下放顺序（圆→方→圆→方→圆）

图 3.2-17 闭合幅钢筋笼下放过程中

(a)   (b)

图 3.2-18 闭合幅五条钢筋笼下放完成及固定

（2）采用二套导管同时灌注，首开幅将导管放入圆笼，闭合幅将导管放入方笼。导管距槽段端部不大于 1.5m。

（3）为保证做好初始灌注达到 0.8～1.0m 的埋管深度，开始灌注前在导管内放置隔水球，并漏斗底设置隔水栓，当漏斗内混凝土放满时，打开隔水栓，通过混凝土自重和隔水球将导管内泥浆排净，同时连续灌注混凝土。

（4）灌注时，两根导管同时下料，并保证导管处的混凝土表面高差不大于 0.3m；灌注过程中，导管始终埋入混凝土中 2～6m；每次导管拆除提升前，采用测绳测量混凝土面高度，确保导管在混凝土的最小埋深不小于 2m。

3.2.7　质量控制

1. 导墙制作

（1）导墙采用地下连续墙导墙设计图进行施工。

（2）严格控制导墙施工质量，重点检查导墙中心轴线、宽度和内侧模板的垂直度。

2. 成槽及泥浆质量控制

（1）成槽至槽底后及时清底。

（2）建立成槽泥浆循环后台系统。

（3）泥浆经净化器进行处理，始终保持泥浆性能。

（4）成槽期间，除正在施工的槽段可以拆除圆木支撑外，其余槽段不得将圆木支撑拆除。

3. 钢筋笼制安

（1）钢筋笼制作按设计图纸加工，焊接满足设计和规范要求。

（2）钢筋笼采用一次性吊装，安放时按顺序下入。

（3）指派专人监控钢筋笼下放的垂直度，为确保居中到位，可在钢筋笼侧设置保护块。

（4）五桩之间采用工字钢接头，并及时对接缝进行处理，防止绕渗混凝土的影响。

4. 灌注混凝土

（1）下放二套灌注导管同时灌注桩身混凝土，并保持混凝土上升面基本同步。

（2）桩身混凝土采用商品混凝土，保持良好的和易性和坍落度，控制好埋管深度，确保灌注质量。

3.2.8　安全措施

1. 五桩成槽

（1）五桩成槽采用地下连续墙抓斗施工，操作人员持证上岗。

（2）抓斗履带下铺设钢板，防止对导槽产生挤压而变形。

2. 吊装作业

（1）吊装前，编制吊装专项方案，经审批后实施。

（2）钢筋笼体吊装期间，吊装区域内设置警戒区域，并安排专人负责看守及管理，同时禁止人员出现在吊装区域内。

（3）钢筋笼吊装点的布置合理、适当，保证钢筋笼起吊后受力均匀。

（4）吊装时设司索工全过程指挥作业。

（5）钢筋吊装需人员扶持时，人员相互配合，尤其是在吊入槽段口时，除注意钢筋笼牵带外，还需要注意槽段口的安全。

3.3 基坑支护咬合桩长螺旋钻素桩、旋挖钻荤桩施工技术

3.3.1 引言

咬合桩是在相邻素混凝土桩间置入有筋桩（以下称"荤桩"），使素混凝土桩与荤桩间部分圆周咬合相嵌，形成具有良好防渗作用的、整体连续挡土止水的基坑围护结构形式。目前，常规咬合桩成孔多采用旋挖桩机硬咬合、搓管桩机全护筒钻进、全套管全回转钻进等三种方法。旋挖桩机硬咬合施工采用旋挖钻机、泥浆护壁成孔，遇孔口不良地层时需下入长护筒护壁，综合成本高、现场文明施工管理难度大，且当桩长超过16m时容易出现桩底部咬合不紧密、开叉的情况，使开挖后基坑出现漏水问题。搓管桩机、全套管全回转钻机成孔需全护筒护壁钻进，孔壁稳定性好，成桩质量有保证，但施工过程中由于护筒的下入和起拔需占用较长的辅助作业时间，随着孔深加大，总体施工速度慢、综合造价成本高，同时在灌注成桩过程中容易出现钢筋笼上浮的质量通病和护筒起拔困难等问题。

近年来，针对咬合桩施工过程中存在的相关问题，项目课题组开展了"基坑支护咬合桩长螺旋钻素桩、旋挖钻荤桩施工技术"研究，对钻进工艺和钻具的进行优化，采用长螺旋钻机施工素混凝土桩，改用旋挖钻荤桩，达到了成孔效率高、成桩质量好、安全可靠、综合成本低的效果，取得了显著成效。

3.3.2 工艺特点

1. 施工效率高

本工艺素桩采用长螺旋钻机施工，成孔时边钻进边出渣，钻进工效高、速度快，一般2小时可完成 $\phi1000$mm、深25m支护桩的排土成孔；灌注混凝土时直接从钻杆内泵入，边提拔钻杆边灌注，成桩效率高；荤桩采用旋挖机咬合硬切割施工，施工时间大大缩减。

2. 现场文明条件好

长螺旋钻机施工技术无需泥浆护壁，钻进和成桩过程中不会造成周边场地泥泞，便于后续场地清理，提升了现场文明施工形象。

3. 成桩质量好

素桩桩身混凝土灌注与提升长螺旋钻杆同步进行，使成桩过程连续完整，桩底沉渣控制好，可完全避免混凝土浇灌时孔壁坍塌、孔口泥土掉落等质量隐患的发生，桩身质量得到保证。

4. 施工成本低

长螺旋钻机施工无需泥浆外运，无需钢护筒全套管跟进，土方干燥外运方便，综合施工成本降低。

3.3.3　适用范围

适用于黏性土、砂性土、淤泥质土、强风化等地层，适用于桩径不大于 1.2m 的基坑支护灌注桩施工。

3.3.4　工艺原理

1. 素桩长螺旋钻进、泵送混凝土成桩

素桩采用长螺旋钻机钻进施工，通过螺旋钻头、长螺旋钻杆及螺旋通道，边钻进边直接排土的方式成孔，钻至设计深度后采用泵送混凝土的方式，直接从钻杆中心内腔通道将混凝土泵压进入孔底，然后边提钻边压灌混凝土，提钻与灌注同步进行，直至浇灌到设计桩顶位置。

长螺旋钻素桩成桩原理见图 3.3-1～图 3.3-3。

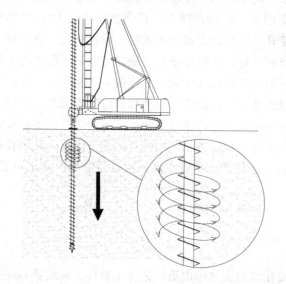

图 3.3-1　素桩长螺旋钻进取土

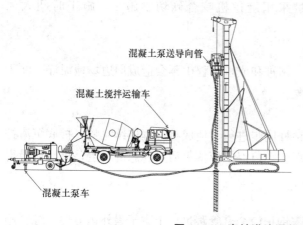

混凝土泵送导向管

混凝土搅拌运输车

混凝土泵车

图 3.3-2　素桩灌注混凝土管路系统图

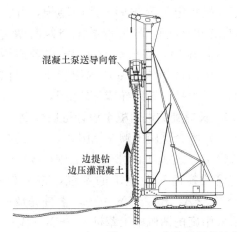

图 3.3-3 素桩长螺旋边提钻边泵压混凝土同步成桩

2. 荤桩旋挖钻机筒钻斗切削、捞渣钻进

荤桩采用旋挖钻机施工，先采用筒钻钻头切割素桩两侧混凝土（旋挖筒钻钻头见图 3.3-4），再采用带阀门的截齿捞渣钻斗捞取孔内土体和切削下来的素桩混凝体块体（旋挖截齿捞渣钻斗见图 3.3-5）。

图 3.3-4 旋挖钻筒切削素桩示意图

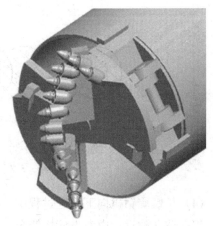

图 3.3-5 旋挖截齿渣钻斗示意图

3.3.5 施工工艺流程

基坑支护咬合桩长螺旋钻素桩、旋挖钻荤桩施工工艺流程见图 3.3-6。

3.3.6 工序操作要点

1. 施工准备

（1）施工前对场地进行平整处理，局部地段压实，确保桩机架设稳固，并清除场地内的地下障碍物。

（2）测量场地标高，对打设桩点进行现场全站仪测放定位并复核，做好定位轴线。

（3）咬合桩导墙预留定位孔直径比桩径扩大 4cm，外围采用木模板，内圆采用定型钢

105

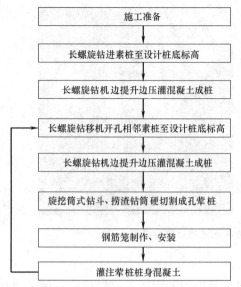

图 3.3-6　基坑支护咬合桩长螺旋钻素桩、
旋挖钻荤桩施工流程图

模板；模板定位要牢固，严防跑模，并保证轴线和孔径的准确；导墙混凝土浇筑时两边对称均匀布料振捣，完成后约每 4h 在表面洒水养护；导墙内回填饱满基坑内原状土，以防机械施工时重力挤压导致导墙开裂变形。

2. 长螺旋钻进素桩至设计桩底标高

（1）咬合桩施工顺序见图 3.3-7，其中 A 桩为长螺旋钻进施工的素混凝土桩，B 桩为新型旋挖筒式捞渣钻斗施工的荤桩，施工顺序为：$A_1 \rightarrow A_2 \rightarrow A_3 \rightarrow A_4 \rightarrow A_5 \cdots\cdots$，素桩完成一定数量后采用旋挖钻机施工荤桩 $B_1 \rightarrow B_2 \rightarrow B_3 \cdots\cdots$。

（2）长螺旋钻机可采用山河智能 SWDP120 型（120 指桩机所配钻杆直径），或选用 CFG30-1000 型钻机（30 指桩机可打桩的最大深度，1000 指桩机所配钻杆直径）。

（3）长螺旋钻机准确调平就位，确保桩机垂直度和钻头对中桩位。

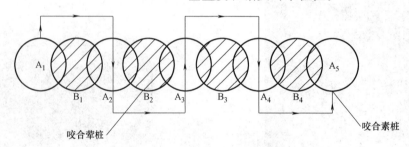

图 3.3-7　咬合桩施工顺序示意图

（4）长螺旋钻机向下钻进过程中，孔内的渣土随着螺旋通道向上直接排出，排出的渣土堆积在钻孔附近，由专人使用铲车或挖机将其及时清离至指定位置。

（5）长螺旋钻机钻进过程中，全站仪随时校正长螺旋钻杆的垂直度，确保钻孔垂直度满足设计及规范要求。

（6）长螺旋钻引孔至设计深度后，由质检员检查孔深及孔底地层性质。

现场长螺旋钻机开孔钻进素桩见图 3.3-8、图 3.3-9。

3. 长螺旋钻机边提升边压灌混凝土成桩

（1）长螺旋钻机钻进素桩成孔前准备好与设计要求相符的商品混凝土，地泵输送管安装到位并与长螺旋钻机相连接，见图 3.3-10。

（2）混凝土浇灌需检查泵送导管连接的密封性并固定好位置，防止泵送时摆动导致导管脱落或断裂。

（3）启动泵车输送混凝土至钻杆充满混凝土后，一边压灌混凝土，一边缓慢旋转提升长螺旋钻杆直至到达设计桩顶标高。素桩桩身混凝土压灌见图 3.3-11～图 3.3-13。

图 3.3-8　长螺旋钻机开孔施工素桩

图 3.3-9　长螺旋钻至设计深度

图 3.3-10　泵车、长螺旋钻机连接输送混凝土

图 3.3-11　长螺旋钻机压灌混凝土提升

图 3.3-12　混凝土泵送压灌结束提出钻头

图 3.3-13　泵送压灌完成的素桩

4. 旋挖钻机硬切割成孔荤桩

（1）咬合施工采用旋挖钻机，上部土层采用旋挖钻斗边钻进边捞渣，开始时轻压慢速钻进，随时校正钻孔垂直度。

图 3.3-14　旋挖筒式捞渣钻斗施工荤桩

（2）当咬合需要入硬岩时，采用旋挖筒钻切割钻进，岩层破碎时采用旋挖斗钻捞渣；岩层坚硬时，可采用筒钻直接取芯并提出孔。

旋挖钻机咬合钻进施工荤桩见图 3.3-14。

5. 钢筋笼制作、安装

（1）钢筋在现场加工成型，加工时先在定位模具上安放主筋，然后点焊加入加强筋及箍筋，需确保焊缝长度和质量符合设计及相关规范要求，钢筋笼制作见图 3.3-15。

（2）钢筋笼安装前进行除锈处理，在孔口定位复测，完成对中位置调整后采用起重吊车缓慢下放入桩孔，钢筋笼吊装见图 3.3-16。

图 3.3-15　钢筋笼制作

图 3.3-16　钢筋笼吊装

6. 灌注荤桩桩身混凝土

（1）连续不断地进行荤桩桩身混凝土浇灌，及时测量孔内混凝土面高度，以便导管的提升和拆除。

（2）提升导管时采用测绳测量，严格控制其埋深和提升速度，严禁将导管拔出混凝土面，防止断桩和缺陷桩情况的发生。

（3）严格控制超灌高度，确保有效桩长和保证桩头的高度。

3.3.7　机械设备配置

本工艺现场施工主要机械设备按单机配置见表 3.3-1。

主要机械设备配置表 表 3.3-1

名称	型号	技术参数	备注
长螺旋钻机	CFG30-1000	最大钻孔深度 30m,最大钻孔直径 1000mm	咬合桩成孔
旋挖钻机	BG30	最大扭矩 294kN·m,有效挤压/起拔力 330kN	
空压机	W2.85/5	排气量 2.85m³/min,排气压力 0.5MPa	混凝土浇灌
混凝土输送泵	HBTS40	混凝土理论输送量 40m³/h,出料口直径 150mm	
钢筋弯曲机	GW40A	电机功率 3kW,圆盘转速 5~10 转/min	钢筋笼制作
交流电焊机	BX6-330	输入电压 1PH220V/3PH380V,电流调节范围 60~300A	
履带起重机	SCC550E	最大额定起重量 55t,额定功率 132kW	钢筋笼吊装

3.3.8 质量控制

1. 长螺旋钻机成孔浇灌素桩

(1) 长螺旋钻机施工时需匀速下钻,不宜过快和过慢。

(2) 素桩桩长必须做好相应的刻度以便计量。

(3) 混凝土输送泵泵管安装时尽量减少弯道,管道长度控制不超过 60m,且保持地面水平放置。

(4) 混凝土浇灌时严格控制长螺旋机提钻与混凝土泵送速度相一致,避免因急切提钻导致断桩情况的发生。

(5) 混凝土浇灌过程中需随时保持出料斗内混凝土面高度,以防泵入空气造成堵管。

(6) 注意跟进控制混凝土面标高,及时停止灌注并做好记录,分析桩的充盈情况。

2. 旋挖筒式捞渣钻斗硬切割成孔荤桩

(1) 孔内护壁泥浆比重控制在 1.0~1.20,黏度 18~20s,含砂率 4%~6%,pH 值 8~10。

(2) 成桩时需注意钻机动力不宜过大,严格控制咬合桩桩位偏差不大于 10mm,孔径偏差不大于 10mm,桩身垂直度误差小于 3‰。

(3) 钢筋原材进场复验合格后方可使用,钢筋接头进行抗拉强度试验。

(4) 钢筋笼置入安放完毕后进行二次清孔,孔底沉渣需满足设计及相关规范要求。

3. 荤桩桩身混凝土灌注

(1) 混凝土坍落度应符合要求,混凝土无离析现象,运输过程中严禁任意加水;

(2) 灌注导管连接处严格密封,初次下放导管时管口与孔底距离控制在 0.3~0.5m;

(3) 混凝土初灌量保证导管底部一次性埋入混凝土内 1m 以上;

(4) 每桩浇灌混凝土 50m³ 以内制作检测试块,一桩不少于 1 组,以检查混凝土的抗压强度。

3.3.9 安全措施

1. 长螺旋钻进

(1) 长螺旋钻机行走时保证地面平整,以防钻机倾斜。

（2）钻进时注意调整钻机立柱垂直度，并使支脚与履靴同时接地。

（3）钻机在六级以上风力时严禁工作。

（4）素桩施工时采用地泵高压浇筑混凝土，注意输送导管连接，防止爆管。

2. 旋挖钻进成桩

（1）旋挖钻机施工荤桩时，清除素桩渣土。

（2）旋挖钻机履带下铺垫钢板，防止钻机重压孔口造成导墙变形。

（3）钢筋笼吊装时，指派专人负责，起重臂和笼体下方严禁有人停留、工作或通过。

（4）灌注成桩后及时回填桩洞，做好防护和安全标志。

3.4　基坑支护旋挖硬咬合灌注桩钻进综合施工技术

3.4.1　引言

基坑支护咬合桩是由素桩（混凝土桩）、荤桩（钢筋笼桩或有筋桩）相互咬合搭接所形成的具有挡土、止水作用的连续桩墙围护结构，其具有良好的支护效果。为进一步规范咬合桩的施工，确保支护质量和安全，在《咬合式排桩技术标准》JGJ/T 396—2018 中明确规定，咬合桩硬切割应采用全套管全回转钻机施工；而在实际支护设计与施工过程中，旋挖硬咬合施工工艺已越来越被广泛采用。

通常旋挖硬咬合施工有筋桩的方法为：土层段采用旋挖截齿钻筒切割咬合处素桩混凝土，单次切割咬合钻进后，更换旋挖截齿捞渣钻斗捞取渣土；钻进过程的缺点一是频繁更换钻进钻头，辅助作业时间增加，影响钻进工效；二是由于普通的旋挖钻头的钻体长度有限，咬合钻进时受素桩定位和均匀性偏差影响，其导向性差，咬合钻进过程中容易引起偏斜，影响咬合效果，严重时容易出现支护桩渗漏。而对于硬岩段，目前多采用传统的截齿或牙轮钻头钻进，钻筒整体偏短，取芯较破碎或岩柱长度短，造成反复钻进、重复破碎，捞渣耗费时间长。硬岩钻进截齿捞渣斗见图 3.4-1，旋挖截齿钻筒见图 3.4-2，旋挖牙轮钻筒见图 3.4-3。

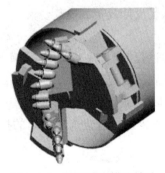  

图 3.4-1　旋挖截齿捞渣钻斗　　　　图 3.4-2　旋挖截齿钻筒　　　　图 3.4-3　旋挖牙轮钻筒

综上所述，旋挖硬咬合桩由于旋挖钻机钻进速度快的特性，已在基坑支护咬合桩施工中得到广泛使用，但也存在硬咬合钻进过程中辅助作业时间长，咬合切割钻进时容易偏位，在基坑开挖后出现基坑底部开叉、渗漏的通病，严重时威胁基坑的安全；而对于咬合有筋桩入岩施工如何提升取芯率和施工工效，也需要施工工艺的调整和钻进机具的优化。为此，项目组专题开展技术研发，摸索出基坑支护旋挖硬咬合灌注桩钻进综合施工工艺，即在土层段利用新型的旋挖筒式捞渣钻斗，切割咬合处素桩混凝土的同时捞渣，硬岩段采用加长牙轮筒钻切割孔内最外圈岩层形成环槽，再将硬质岩芯整块取出，达到了成孔效率高、咬合质量好、综合成本低的效果。

3.4.2 工法特点

1. 成孔效率高

旋挖筒式捞渣钻斗集硬切割素混凝土功能和捞渣取土功能于一体，避免了成孔过程多次反复更换钻头进行切割、捞渣作业，降低了辅助作业用时，提高有筋桩土层段成孔效率；硬岩段钻进取芯工艺利用加长牙轮筒钻，单次切割深度大，岩周环槽切割岩量少，超长完整岩芯可整体提出，可以有效提高岩层段成孔效率。

2. 成桩质量有保证

一般的旋挖筒钻和斗钻的钻具长度约 1.5m，而旋挖筒式捞渣钻斗长度为 2.2m，相比传统钻具导向更好，在切割成孔过程中可以有效保障成孔垂直度，确保咬合桩的止水效果和施工质量。

3. 综合成本低

旋挖钻机相比入岩全回转钻机综合单价低，对施工成本控制有利；硬岩段钻进取芯工艺环槽切割岩量少，岩芯整块取出，可有效降低设备磨损。

3.4.3 适用范围

适用于基坑支护旋挖硬咬合桩的钻进成孔施工，适用于直径 1200mm 工程桩旋挖钻进成孔施工。

3.4.4 工艺原理

本工艺在有筋桩旋挖硬咬合土层段时，利用新型的旋挖筒式捞渣钻斗，切割咬合处素桩混凝土的同时捞渣取土；硬岩段咬合时，先采用加长牙轮筒钻切割孔内最外圈岩层形成环槽，更换专用的旋挖取芯筒钻，将硬质岩芯整块取出，完成成孔后下放钢筋笼并灌注成桩。

1. 土层段素桩混凝土硬切割钻进

（1）保持普通使用的旋挖捞渣钻斗的钻头结构不变，将旋挖筒钻钻头钻齿结构置于捞渣钻齿的下方，捞渣钻斗的挡土板、钻头钻齿结构和筒钻钻头钻齿结构自上而下焊接形成新型的筒式捞渣钻头。

（2）捞渣钻斗长度约 1.5m，在捞渣钻斗结构底盖外圈通过焊接，与 0.5m 长的筒钻结构连接为一体（图 3.4-4、图 3.4-5）；筒钻钻齿的顶部与捞渣钻头截齿的距离为 10～20cm，见图 3.4-6。

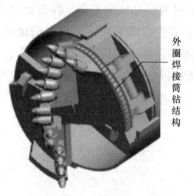

图 3.4-4　焊接部位示意图

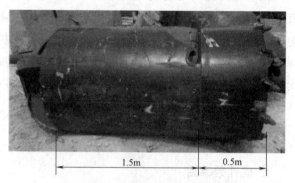

图 3.4-5　旋挖筒式捞渣钻斗实例

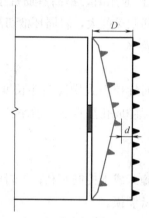

图 3.4-6　筒钻钻齿与捞渣钻齿位置示意图（$D=50cm$，$10cm \leqslant d \leqslant 20cm$）

（3）在有筋桩咬合施工两侧的素桩混凝土钻进时，采用上述改进的"旋挖筒式捞渣钻斗"进行成孔施工，该钻头下部的筒体结构可以破碎两侧素桩的桩身混凝土，已破碎的混凝土块和渣土在钻进过程中可以直接进入上部的捞渣钻斗内，具体操作原理见图 3.4-7。

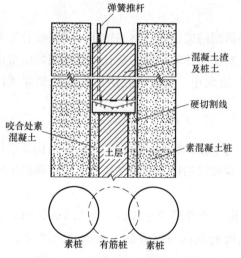

图 3.4-7　有筋桩土层段成孔原理图

2. 硬岩段钻进取芯

（1）在硬咬合钻进施工至中、微风化等硬质地层时，先采用加长牙轮筒钻对孔底岩周进行破碎（加长牙轮筒钻钻具高度为 1.8m），最大单次破碎深度可达 1.7m，此时孔内形成最外圈破碎，中部为完好的超长硬质岩芯，具体原理见图 3.4-8。

（2）采用与牙轮筒钻高度相匹配的平底筒钻，在其内部约 1/3 高度处，三等分焊接下薄上厚的钢板月牙片（月牙片长度约 150mm，最薄处约 20mm 厚，最厚处约 90mm 厚），形成新型的取岩芯筒钻，见图 3.4-9～图 3.4-11。

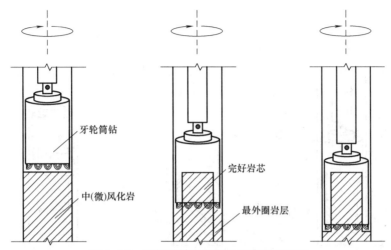

图 3.4-8　牙轮筒钻切割最外圈岩层原理图

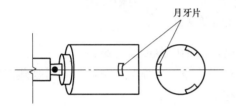

图 3.4-9　新型取芯筒钻示意图

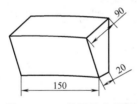

图 3.4-10　月牙片大样图

图 3.4-11　新型取芯筒钻实例

（3）旋挖钻机更换取芯筒钻套住孔底岩芯，利用筒钻内下薄上厚的月牙片卡紧岩芯，通过钻头旋转并将岩芯卡住固定在筒钻内，慢速回转对岩芯产生一定的扭矩，在岩芯底部薄弱处扭断，再将断裂的岩芯整体提出，完成咬合成孔。咬合取芯见图 3.4-12。

3.4.5　施工工艺流程

基坑支护旋挖硬咬合灌注桩钻进综合施工工艺流程见图 3.4-13。

3.4.6　工序操作要点

1. 施工准备

（1）场地平整，定位放线。

（2）施工设备及机具进场，包括旋挖钻机、起重机、挖掘机、钢筋加工机械、导墙钢模板、灌注导管等。

2. 导槽施工

（1）导墙沟槽开挖：在桩位放样及相关资料符合要求后进行沟槽开挖，采用人工开挖

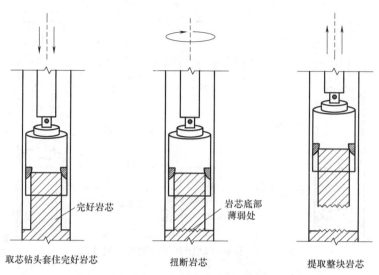

完好岩芯

岩芯底部
薄弱处

取芯钻头套住完好岩芯　　　　扭断岩芯　　　　提取整块岩芯

图 3.4-12　咬合钻进取芯原理图

施工；开挖结束后进行垫层浇筑，浇筑过程中严格控制垫层厚度及标高；

（2）钢筋绑扎：导槽钢筋按设计图纸加工、布置，经"三检"合格后，填写隐蔽工程验收单，报甲方、监理验收合格后进行下道工序施工；

（3）模板施工：模板采用自制整体钢模板，模板加固采用钢管支撑，支撑间距不大于 1m，确保加固牢固，严防跑模，安装完毕进行三检及隐蔽验收；

（4）混凝土浇筑：导槽混凝土浇筑时两边对称交替进行，严防走模，见图 3.4-14。

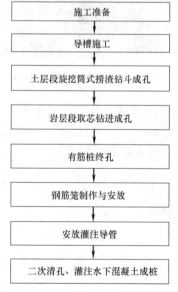

施工准备

导槽施工

土层段旋挖筒式捞渣钻斗成孔

岩层段取芯钻进成孔

有筋桩终孔

钢筋笼制作与安放

安放灌注导管

二次清孔、灌注水下混凝土成桩

**图 3.4-13　基坑支护旋挖硬咬合灌注
桩钻进综合施工工艺流程图**

图 3.4-14　咬合桩导槽施工

3. 土层段旋挖筒式捞渣钻斗成孔

（1）有筋桩成孔前，确保其两侧相邻的素混凝土桩终凝，且两桩混凝土强度差值不大于 3MPa，按施工经验，一般在成桩后 24h 左右进行。

（2）钻机安装旋挖筒式捞渣钻斗，按指定位置就位后，在技术人员指导下调整桅杆及钻机的角度，采用十字交叉法对中孔位。

（3）土层段利用旋挖筒式捞渣钻斗切割相邻咬合处素混凝土，随着钻具钻进，钻渣土及破碎的混凝土渣块一并进入捞渣钻斗上部结构内，一般单次切割深度 1.5～1.8m，见图 3.4-15、图 3.4-16。

（4）钻进成孔全过程采用泥浆护壁，泥浆比重控制在 1.08～1.20、黏度 18～20s、含砂率 4%～6%、pH 值 8～10。

（5）素混凝土硬切割时，注意严格控制钻进速度，一般控制在 12～15 转/min；旋挖钻机司机严密监控操作室的垂直度控制仪表，随时调整垂直度；同时，安排专人吊垂直线监控成孔垂直度，防止出现偏孔。

（6）钻进单个回次切割完毕，缓慢上提钻具；钻具提出孔口前，及时向孔内回补泥浆，保护孔壁稳定。

图 3.4-15　旋挖筒式捞渣钻斗实例

图 3.4-16　土层段成孔施工

4. 岩层段取芯钻进成孔

（1）有筋桩岩层段采用"硬岩段钻进取芯工艺"成孔，预先配备"加长牙轮筒式钻头"和"新型取岩芯筒钻"。

（2）当钻进成孔至中、微风化岩层时，旋挖钻机更换加长牙轮筒式钻头，钻进孔底岩层形成环槽；钻进过程中，控制钻岩转速，避免转速过快形成增压过大导致钻孔位置偏移；同时，监控钻岩深度，根据经验钻至筒钻上顶位置开始提钻，防止岩芯顶坏筒钻上方加固横梁，一般最大进尺深度 1.7m。

（3）岩周环槽切割完毕后，更换新型取芯筒钻；筒钻钻头入孔前重新对中定位，根据事先记录的岩面标高及钻头内月牙片位置，初步确定钻头下放深度；同时，钻机操作人员根据现场实际经验进行微调回转，保证平底筒钻套住并卡紧岩芯，更换平底取芯筒钻见图 3.4-17。

（4）取芯筒钻卡紧岩芯后，旋挖钻机慢速回转钻头，使岩芯在底部薄弱处断裂，再缓慢提钻将整块岩芯取出，完整岩芯高度 1.70m 左右，芯样见图 3.4-18。

（5）连续施工的素混凝土桩和有筋桩，在入岩钻进过程中，分别钻取的岩层芯样排列出相互咬合状，见图 3.4-19、图 3.4-20。从图中可以显示，硬岩间咬合紧密，咬合尺寸符合设计要求，效果满意度极高。

图 3.4-17　更换平底取芯钻筒钻头

图 3.4-18　平底取芯钻筒钻头取出的岩芯样

图 3.4-19　咬合桩连续入岩钻进取芯排列俯视效果

图 3.4-20　咬合桩连续入岩钻进取芯排列（图中人员身高 1.70m）

5. 有筋桩终孔

（1）若岩层过厚则分段取芯，直至成孔至设计标高；特别注意最后一次取芯的长度，避免少打或超打。

（2）终孔后测量钻孔深度，并进行第一次清孔。

6. 钢筋笼制作与安放

（1）钢筋笼按设计图纸加工制作，长度在30m范围内时，一次性制作、吊装。

（2）钢筋笼主筋混凝土保护层允许偏差为±20mm；钢筋笼上设保护层垫块，各组垫块之间的间距不大于5m，每组垫块数量不少于3块，且均匀分布在同一截面的主筋上。

（3）钢筋笼的顺直度小于1/300，钢筋笼底端应做收口。

（4）钢筋笼设置吊筋，吊筋采用HPB300级钢筋，吊筋直径应符合设计要求，一般不小于20mm。

（5）钢筋笼在起吊、运输和安装中防止变形。

（6）钢筋笼安放时保证桩顶的设计标高，允许误差控制在±100mm。

（7）钢筋笼全部安装入孔后检查安装位置，确认符合要求后，对钢筋笼吊筋进行固定。

安放钢筋笼见图3.4-21。

图3.4-21 有筋桩钢筋笼安放

7. 安放灌注导管

（1）根据桩径选用直径255mm的灌注导管，下导管前对每节导管进行密封性检查，第一次使用时需做密封水压试验。

（2）根据孔深确定配管长度，导管底部距离孔底30～50cm。

（3）导管连接时，安放密封圈，上紧拧牢，保证导管连接的密封性，防止渗漏。

8. 二次清孔、灌注水下混凝土成桩

（1）在浇灌混凝土之前，测量孔底沉渣，如不满足要求则进行二次清孔。

（2）二次清孔可采用流量为120m³/h的3PN泥浆泵将孔底沉渣清出，置换泥浆及时补充新泥浆，直至各项指标合格；

图3.4-22 咬合桩水下混凝土灌注成桩

（3）二次清孔满足要求后，将隔水球胆放入导管内，安装初灌料斗，盖好密封挡板；为保证混凝土初灌导管埋深在0.8～1.0m，根据桩径选用合适方量的初灌料斗。

（4）灌注过程中，经常用测锤监测混凝土上升高度，适时提升拆卸导管，导管埋深控制在4～6m，严禁将导管底端提出混凝土面；灌注连续进行，以免发生堵管，造成灌注质量事故。

咬合桩桩身混凝土灌注见图3.4-22。

3.4.7 机械设备配置

本工艺所涉及的机械、设备主要有旋挖钻机、流动式起重机、挖掘机等,详细参数见表 3.4-1。

主要机械设备配置表　　　　　　　　　　　　　　　　　表 3.4-1

机械、设备名称	型号	数量	功用
旋挖钻机	SR365	1 台	硬咬合成孔
起重机	QUY75	1 台	钢筋笼及配件吊运
挖掘机	PC220	1 台	场地平整
泥浆净化器	SHP-250	1 台	泥浆净化
电焊机	NBC-270	2 台	钢筋笼焊接
泥浆泵	7.5kW	2 台	抽排泥浆

3.4.8　质量控制

1. 旋挖硬咬合钻进

(1) 导墙浇筑完毕至少养护 7d 方可进行旋挖硬咬合施工,导墙平面位置允许偏差不大于 10mm,顶标高允许偏差不大于 20mm。

(2) 有筋桩咬合成孔施工前,保证其相邻两侧的素混凝土桩终凝,且成桩不超过 24h。

(3) 钻机就位对中定位,更换各钻具后重新进行对中定位。

(4) 严格控制成孔转速,避免转速过快增压过大造成孔位偏斜。

(5) 旋挖硬咬合桩位偏差不大于 10mm,孔径允许偏差不大于 10mm,桩的垂直度误差小于 3‰。

(6) 护壁泥浆比重控制在 1.08~1.20,黏度 18~20s,含砂率 4%~6%,pH 值 8~10。

2. 咬合灌注成桩

(1) 钢筋原材进场复验合格后使用,钢筋接头进行抗拉强度试验。

(2) 钢筋笼主筋间距允许偏差 ±10mm,长度允许偏差 ±100mm,箍筋间距允许偏差 ±20mm,钢筋笼主筋保护层不小于 50mm。

(3) 钢筋笼安放完毕后进行二次清孔,孔底沉渣满足规范及设计要求。

(4) 混凝土到达现场及施工过程中进行坍落度检测,坍落度控制在 180~220mm,并按规范要求留置混凝土试件。

3.4.9　安全措施

1. 旋挖硬切割成孔

(1) 施工场地坚实平整,旋挖钻机下铺设钢板,以防止机械倾倒。

(2) 旋挖钻机操作人员经过培训,熟悉机械操作性能,并经过有关专业管理部门考核取证。

(3) 钻机成孔时如遇卡钻,立即停止下钻,未查明原因前,不得强行启动。

(4) 旋挖桩施工时正在操作的桩位附近严禁非操作人员靠近。

(5) 机械设备及时检修,绝不带故障运行,绝不违规操作。

2. 钢筋笼焊接

（1）焊接工作开始前，检查焊机和工具是否完好和安全可靠，如：焊钳和焊接电缆的绝缘是否有损坏的地方、焊机的外壳接地和焊机的各线点触是否良好，不允许未进行安全检查就开始操作。

（2）为防止触电，必须穿绝缘鞋，脚下垫有橡胶板或其他绝缘衬垫；焊接过程需有监护人员，随时注意操作人的安全情况，遇有危险情况，立即切断电源。

（3）工作地点潮湿时，地面铺橡胶板或其他绝缘材料。

（4）在带电情况下，焊钳不得夹在腋下去移动被焊工件，或将焊接电缆挂在脖颈上。

（5）操作前，检查所有工具、电焊机、电源开关及线路是否良好，金属外壳设安全可靠接地，进出级有完整的防护罩，进出端应用铜接头焊牢。

（6）电气焊的弧火花点必须与氧气瓶、电石桶、乙炔瓶、木材、油类等危险物品的距离不少于10m，与易爆物品的距离不少于20m。

3. 钢筋笼吊放

（1）起重机械操作人员必须经过培训，经有关专业管理部门考核取证。

（2）吊运前仔细检查钢筋笼各吊点，检查钢筋笼的焊接质量是否可靠，吊索具是否符合规范，严禁使用非标、不合格吊索具。

（3）启动前重点检查各安全装置是否齐全可靠，钢丝绳及连接部件是否符合规定。

（4）钢筋笼起吊作业时，指派有专人指挥，现场设立警戒线，无关人员一律不得进入起吊作业现场。

（5）起重作业时，重物下方不得有人员停留或通过。严禁用起重机吊运人员。

第4章　基坑支护施工新技术

4.1　基坑支护预应力锚索钻进、下锚、注浆同步施工技术

4.1.1　引言

随着城市建设的快速发展，深基坑支护工程相继增多，支护结构体系也有多种形式，其中"支护桩＋预应力锚索"作为支护形式之一，因其施工简单、经济等特点已被广泛采用。

目前，常规的深基坑支护预应力锚索施工的工艺流程为：钻机就位→成孔钻进至设计深度→逐节退出拆卸钻杆→下放预应力锚索→第一次常压注浆→间歇养护→第二次高压注浆→养护至龄期后张拉锁定；施工过程中的成孔、下放锚索、注浆等一系列工序均需按先后次序逐步操作完成，而且注浆在一次注浆完成后需要间歇4～6h，待浆体初凝后再进行第二次注浆，从而导致施工时间相对较长。

本技术在原有常规锚索施工的基础上，对施工工序和机械设备进行优化改进，目的在于解决其施工工序不连续、作业时间较长的不足。本技术将目前常规锚索施工过程中的成孔、锚索安放、注浆等工序步骤"三合一"同步完成，即：采用高压旋喷锚固钻机，以自带喷嘴的无翼钻头钻进，并在钻杆的前端位置设置固定预应力锚索的圆盘钢垫板和垫板顶推环，实现旋喷、钻进、下锚同步一次性完成；钻进、下锚过程中，前端钻头喷嘴喷射清水并旋喷切割土体，钻进至设计孔深位置停钻；然后，反转钻杆并同步改用高压喷射水泥浆，并逐节回转退出钻杆至锚固段与自由段交界位置，此时形成大于设计孔径的锚固段扩大头；在自由段退钻时，改用常压水泥浆注浆压力，维持锚索满足设计直径，直至旋喷钻头拔出钻孔。本技术经过数个项目的现场实践和总结，形成了快捷高效、质量可靠、经济合理的施工工法，达到提升施工效率、提高施工质量、降低施工成本的目的，取得了显著成效。

4.1.2　工程实例

1. 工程概况

本技术在2018年承建的"西安国际文化中心土方开挖及基坑支护工程"得到应用，该工程占地面积约2.9万 m^2，基坑开挖深度22.8～27.3m，采用桩锚支护形式（西侧地铁保护区范围采用内支撑支护形式）。

2. 基坑支护设计

支护桩设计为旋挖灌注桩，桩径 $\phi900$mm；预应力旋喷锚索主要分布于基坑东侧及南北侧，见平面图4.1-1中的3-3剖面、4-4剖面、5-5剖面。预应力锚索设计采用7根直径为15.2mm钢绞线制作，成孔直径自由段150mm、扩大头锚固段450mm，成孔角度15°，

设计锚固力为 1280kN，设计抗拔力为 1305kN。基坑支护平面布置和典型剖面见图 4.1-1、图 4.1-2，锚索相关设计参数见表 4.1-1。

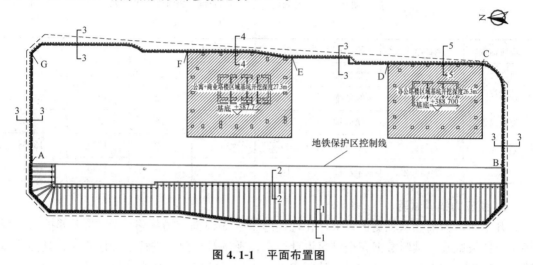

图 4.1-1　平面布置图

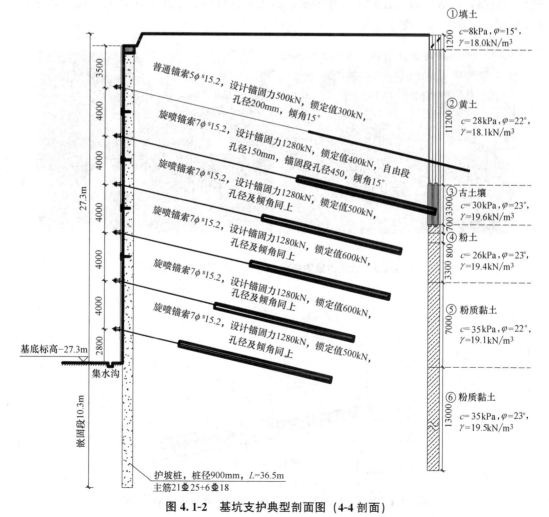

图 4.1-2　基坑支护典型剖面图（4-4 剖面）

基坑支护预应力锚索设计参数表　　　　　　　表 4.1-1

锚索类别	锚索规格	排数 （由上至下）	总长度 （m）	自由段长度 （m）	锚固段长度 （m）	设计锚固力 （kN）	设计抗拔力 （kN）
普通锚索	5ϕ^s15.2	第一排	30	16	14	500	510
旋喷锚索	7ϕ^s15.2	第二排	27	15	12	1280	1305
	7ϕ^s15.2	第三排	25	13	12	1280	1305
	7ϕ^s15.2	第四排	23	11	12	1280	1305
	7ϕ^s15.2	第五排	20	8	12	1280	1305
	7ϕ^s15.2	第六排	18	6	12	1280	1305

3. 预应力锚索试验

开工前，为确保基坑支护效果，在现场施工了 6 根预应力锚索。经 28 天养护后，现场实施抗拔试验，试验数据完全满足设计要求；现场对局部段进行了开挖验证，其锚固体连续、完整，扩大头段直径满足设计要求，施工质量可靠。本技术基坑支护施工现场及开挖效果图见图 4.1-3～图 4.1-5。

图 4.1-3　预应力锚索钻进、下锚、注浆同步施工现场

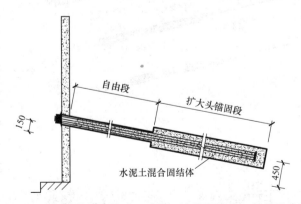

图 4.1-4　预应力锚索钻进、下锚、注浆同步施工效果示意图

扩大头锚固体

图 4.1-5 锚索钻进、下锚、注浆同步施工基本试验开挖效果（俯视）

4.1.3 适用范围

本工艺适用于黏性土地层的锚索施工，成孔直径 150～600mm（包括锚固"扩大头"段），如遇填石可采用引孔辅助；对基岩和碎石土中的卵石、块石、漂石呈骨架结构的地层，或地下水流速过大和已涌水的地基工程，或在地下水具有侵蚀性时慎重使用。

4.1.4 工艺特点

1. 施工速度快

本工艺将锚索施工过程中的钻孔、下放锚索、注浆等工序同时、同步施工，即：成孔完成的同时完成锚索下放和注浆，无工序搭接及闲置等待情况，将原常规锚索施工时间缩短三分之一以上，具有施工效率高、施工速度快等特点。

2. 锚固拉力强

本工艺锚索注浆采用高压旋喷扩大头形式，在锚固段通过超高压旋喷施加的切割与注浆力（水泥浆旋喷压力值 25～30MPa），将此段孔径扩大（直径达 450mm），水泥浆与土结合形成水泥土"扩大头"，现场测试其抗拔承载力是常规锚索的 2.17 倍，锚固效果显著提高。

3. 综合施工成本低

本工艺采用工序三合一施工，钻进速度快，工效大大提升；同时凭借锚固拉力强的优势，在相同地质条件，相对于常规锚索可加大锚索间距，减少设计用量，进而降低费用成本。

4.1.5 工艺原理

本工艺将目前常规锚索施工过程中的成孔、锚索安放、注浆等工序步骤"三合一"同步完成，即：采用高压旋喷锚固钻机，以自带喷嘴的无翼钻头钻进，并在钻杆的前端位置设置固定预应力锚索的圆盘钢垫板和垫板顶推环，实现旋喷、钻进、下锚同步一次性完成；钻进、下锚过程中，前端钻头喷嘴喷射清水并旋喷切割土体，钻进至设计孔深位置停钻；然后，反转钻杆并同步改用高压喷射水泥浆，并逐节回转退出钻杆至锚固段与自由段交界位置，此时形成大于设计孔径的锚固段扩大头；在自由段退钻时，改用常压水泥浆注浆压力，维持锚索满足设计直径，直至旋喷钻头拔出钻孔。

其施工过程主要包括预应力锚索钻进、同步跟锚、扩大头锚索注浆等关键技术。

1. 预应力锚索钻进原理

预应力锚索钻进采用液压履带式锚固钻机驱动，与钻具、高压旋喷泵组成设备体系。钻进时，通过钻机输出的动力，钻头、钻杆以一定的扭矩向前推进；同时，由高压注浆泵同步注入高压水对钻进土体进行高压旋喷切割，以实现钻进成孔。

（1）锚固钻机

采用液压履带式多功能深基坑锚固钻机驱动成孔，设备型号及参数见表4.1-2，锚固钻机见图4.1-6。

钻机型号及参数表   表 4.1-2

型号	电机功率 （kW）	扭矩 （N·m）	动力提升速度 （m/min）	加压速度 （m/min）	钻孔深度 （m）	钻孔倾角 （°）
MDL-135D	55	6800	0～2.8	0～1.4	100	0～90

图 4.1-6 液压履带式多功能深基坑锚
固钻机（MDL-135D型）

（2）钻具

钻具由钻杆、垫板顶推环、平面轴承、圆盘钢垫板、钻头等五部分组成，具体结构示意图见图4.1-7。

钻头、垫板顶推环和钻杆为连接成整体的固定组合，其通过钻头先后套入平面轴承、圆盘钢垫板而形成整体钻具，平面轴承、圆盘钢垫板为独立的构件，其通过卡位分别承担相应的功能和作用，具体连接实物图见图4.1-8。

1）钻杆：由无缝钢管制成，钻杆直径50mm，单节标准钻杆长度分为2m、4.9m、3m，可根据成孔深度自由搭配选择，钻杆采用螺纹丝扣牢固连接；钻机末端钻杆端尾处设置接驳口，用于连接高压注浆（水）管，见图4.1-9。

2）垫板顶推环：起到顶推轴承和圆盘钢垫板的作用，两端分别与钻杆和钻头通过螺纹丝扣紧密牢固连接成固定部分，顶推环厚70mm、直径80mm、环壁厚20mm，见图4.1-10。

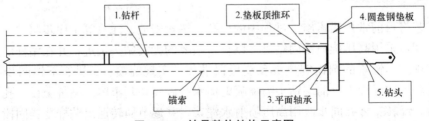

图 4.1-7 钻具整体结构示意图

图 4.1-8 钻具整体结构连接实物图

图 4.1-9 高压注浆（水）管接驳口

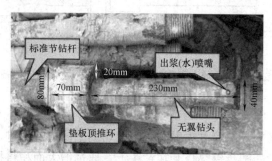

图 4.1-10 喷嘴钻头、顶推环、钻杆组合钻具结构

3）平面轴承：起到防止和消除钻进过程中垫板顶推环与圆盘钢垫板接触面之间因摩擦阻力导致锚索跟随转动缠绕钻杆的作用，保持圆盘钢垫板和锚索始终水平方向；平面轴承直接套入钻头，顶到垫板顶推环前端。

4）圆盘钢垫板：起到携带锚索与钻杆同步钻进的作用，圆盘钢垫板直接套入钻头，顶到平面轴承前端。

5）钻头：为自带喷嘴口的无翼钻头，即通常的高压旋喷钻头，钻头长度约 230mm、直径 40mm，双向设置出浆（水）喷嘴，用于喷射水泥浆液或清水。

（3）高压旋喷注浆泵

采用高压旋喷注浆泵通过输送管连接至锚固钻机，注浆泵设备型号及参数见表 4.1-3，高压旋喷泵可喷清水或喷水泥浆，具体见图 4.1-11。

高压旋喷注浆泵型号及参数表   表 4.1-3

型号	功率（kW）	最大压力（MPa）	流量（L/min）
XPB-90D	90	50	116

图 4.1-11 高压旋喷注浆泵（XPB-90D 型）

2. 钻进同步跟锚原理

（1）钻进系统

钻进同步跟锚是依托钻头、钻杆钻进，钻进过程中垫板顶推环、平面轴承及固定携带锚索的圆盘钢垫板依次顶推作用将锚索实现同步携带跟进。钻进前，对钻进用的组合钻具进行安装，其安装次序和钻进方向见图 4.1-12。

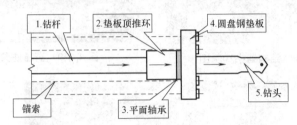

图 4.1-12　钻杆、顶推环、平面轴承、圆盘钢垫板之间依次沿箭头方向顶推

（2）垫板顶推环

钻进过程中，高压旋喷的喷嘴喷射高压水并切割土体向前钻进，为达到使锚索同步跟进的目的，将携带锚索的圆盘钢垫板套在钻头上，通过增大面积将携带锚索的圆盘钢垫板定向顶推，以起到钻杆、垫板顶推环、平面轴承、圆盘钢垫板之间的相互依次顶推作用，确保钻杆与钢垫板固定的锚索同步钻进、下锚。

（3）平面轴承

因在旋喷钻进顶推过程中，垫板顶推环与钻头、钻杆为固定组合，其将同步旋转，为防止垫板顶推环与圆盘钢垫板接触面之间因惯性产生的摩擦阻力，会导致锚索跟随转动而缠绕钻杆，因此在垫板顶推环与圆盘钢垫板之间套入一独立的平面轴承，轴承的自由旋转起到消除垫板顶推环与圆盘钢垫板因接触而引起的旋转，以实现钻进过程中携带锚索的圆盘钢垫板不跟随转动，保持锚索始终平顺钻进，保障锚索不会缠绕钻杆的目的；如果无此轴承将垫板顶推环与圆盘钢垫板接触面进行隔离，会发生锚索缠绕钻杆的情况进而导致无法继续施工。

平面轴承外环直径 65mm、内环直径 45mm、环壁厚 10mm、厚 15mm。平面轴承实物见图 4.1-13。

(a)　　　　　　　　　　　　　　　*(b)*

图 4.1-13　平面轴承平面、剖面图

（4）圆盘钢垫板

1）圆盘钢垫板用于固定锚索，其由厚度15mm的钢板制成，直径与锚索设计成孔直径相同，一般为150mm。在钢垫板中心设置直径50mm预留孔，便于套入钻头。圆盘钢垫板实物见图4.1-14。

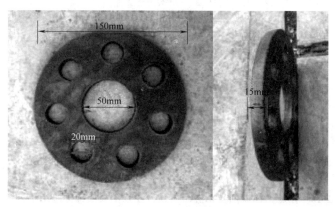

图 4.1-14　圆盘钢垫板

2）在钢垫板环状面上，钻凿对称分布的预留孔（预留孔数量可根据下放锚索数量确定），孔径20mm，用于穿越锚索，为实现同步跟锚钻进并防止锚索滑脱，在其端部采用焊接方式固定螺帽与圆盘钢垫板进行定向防滑脱固定连接，其目的是在钻进过程中圆盘钢垫板与锚索能同步跟进并在退钻过程中两者不会被携带出。圆盘钢垫板与锚索连接见图4.1-15。

3. 锚索注浆扩大头形成原理

预应力锚索钻进过程中，在非锚固段和锚固段均采用高压旋喷注清水钻进，目的是通过高压旋喷对钻进土体进行充分、有效切割，此时压力值控制在15MPa（压力的大小由基本试验确定，需保证成孔直径满足设计孔径要求）；而在钻进至设计孔深后反钻退钻杆时，此时

图 4.1-15　锚索与钢垫板连接

下入孔内的锚索和平面轴承留在孔内，在退钻杆的同时采用同步高压旋喷射水泥浆，退钻阶段高压注浆压力值为25～30MPa，其压力值大大超出钻进时的清水压力值，在锚固段利用其超高压旋喷力再次切割土体，旋喷出的水泥浆体与土体结合形成水泥土锚固体，并在锚固段形成扩大头。在退钻至非锚固段界面时，采用常压喷射水泥浆，直到全部钻杆退出。

4.1.6　施工工艺流程

1. 施工工序流程

本技术施工工序流程见图4.1-16。

2. 施工工序操作流程图

本技术工序操作流程见图4.1-17。

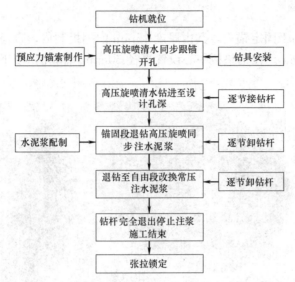

图 4.1-16　预应力锚索同步钻进、下锚、注浆扩大头锚固施工工艺流程图

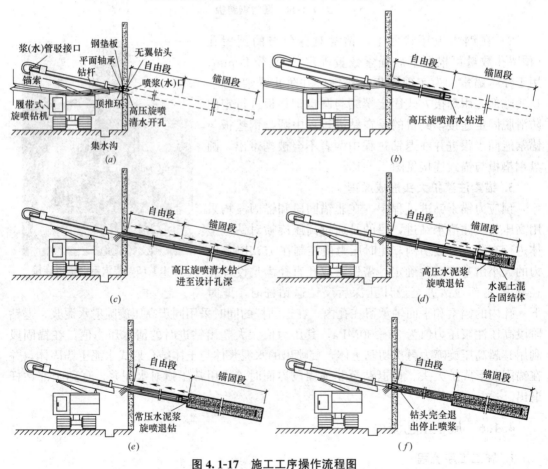

图 4.1-17　施工工序操作流程图

（a）锚索高压旋喷注清孔开孔钻进；（b）锚索清水旋喷同步跟锚钻进；（c）清水跟锚钻进至设计孔深；

（d）反向退钻杆、同步锚固段超高压旋喷注水泥浆形成扩大头；

（e）自由段换常压注水泥浆至钻杆完全退出；（f）钻杆完全退出停止注浆施工结束

4.1.7 工序操作要点

1. 钻机就位

(1) 钻机就位前需将场地进行平整、压实,以确保行走和施工安全,开挖集水沟收集成孔过程中产生的泥浆水,以防其四处溢流。

(2) 场地等条件满足要求后钻机就位,根据锚索孔位调整机身高度及倾角,反复调试无误后开始钻进施工。

2. 预应力锚索制作

(1) 预应力锚索严格按设计图纸制作,锚索制作时采用切割机机械切割,严禁电焊烧断;锚索截断时至少预留 800mm 长钢绞线,以备后期张拉。

(2) 锚索穿过圆盘钢垫板焊接固定螺帽时采用电弧焊,为确保焊接质量及避免焊接时对锚索和螺帽造成损伤,选用 502 型焊条,焊接电流控制在 160~200A 范围,焊接部位残留的焊渣及时敲掉处理。

(3) 制作好的预应力锚索整齐排列摆放,避免堆叠,以便于取用。

预应力锚索制作及堆放见图 4.1-18、图 4.1-19。

图 4.1-18 预应力锚索现场加工制作

图 4.1-19 预应力锚索现场堆放

3. 高压旋喷清水同步跟锚开孔

(1) 开孔前,需对同步跟锚的组合钻具进行安装,先将顶推环端部与钻头尾部通过螺纹丝扣进行紧密固定连接,后将钻杆固定在钻机钻进旋转驱动轴上,借助驱动轴旋转力将钻杆与顶推环尾部同样通过螺纹丝扣紧密固定连接,此时钻杆、钻头、顶推环三者形成整体的独立体系。

(2) 将平面轴承直接套入钻头,活动顶推在顶推环的前端。

(3) 将携带锚索的圆盘钢垫板直接套入钻头,活动顶推在之前套入的平面轴承前端,此时,平面轴承与携带锚索的圆盘钢垫板形成独立体系,该体系最后将留在孔内。

具体安装顺序见图 4.1-20~图 4.1-22。

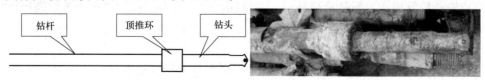

图 4.1-20 钻杆、顶推环、钻头固定组合连接

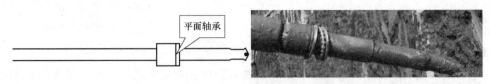

图 4.1-21 钻杆、顶推环、钻头固定组合前端套入平面轴承

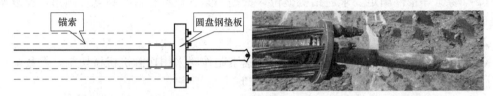

图 4.1-22 钻杆、顶推环、钻头、平面轴承前端套入携锚索的圆盘钢垫板

4. 高压旋喷清水钻进至设计孔深

（1）钻进时，采用清水辅助旋喷钻进，清水通过高压变频注浆泵加压后经高压输送胶管输送至履带旋喷钻机，高压输送胶管与履带旋喷钻机末端钻杆端尾处注浆（水）管接驳口相连，水压控制在 15MPa，转速控制在 20r/min，钻进速度控制在 0.3m/min，水流量控制在 30~60L/min，钻进至设计孔深后停钻。

（2）钻进过程中，保持好钻进角度并控制好钻进速度，同时观察锚索跟进情况，如发现卡钻或锚索有缠绕钻杆的迹象立即停止钻进并采取相应调整措施，必要时将钻杆、锚索全部退出重新安放钻进。

清水钻进见图 4.1-23、图 4.1-24。

图 4.1-23 清水开孔

图 4.1-24 携钢绞线清水同步钻进

5. 锚固段退钻高压旋喷同步注水泥浆

（1）钻孔清水钻至设计孔深后停止钻进，反转钻杆逐节退出并拆卸钻杆。

（2）反转退钻的同时，关闭清水改换水泥浆，水泥浆通过高压变频注浆泵加压后经同一条高压输送胶管输送至履带旋喷钻机，在锚固段实现边退出拆卸钻杆边进行高压旋喷注浆。见图 4.1-25。

（3）水泥浆配制

1）水泥浆在后台配制，采用 P.O44.9R 早强型普通硅酸盐水泥，见图 4.1-26。

2）制备水泥浆时，严格控制水灰比，水灰比为 1：0.7，水泥浆采用高速搅浆机制浆，搅拌时间不小于 30S，见图 4.1-27。

3）水泥浆拌好再放置到储浆桶前过筛，防止杂物进入浆管堵塞喷嘴；为使水泥浆不发生离析，储浆桶内设慢速搅动装置，且水泥浆液存置不得超过 4h，否则作为废浆处理。

4）为确保注浆效果，水泥制作后台距离锚索施工作业区域小于 50m，以确保注浆压力。

图 4.1-25　锚固段高压旋喷注水泥浆

图 4.1-26　水泥浆制作后台

（4）旋喷水泥浆喷浆压力控制在超高压 25～30MPa，以达到旋喷时更强的切割、注浆效果。为保障锚固段孔径尺寸和锚固强度，转速和后退速度与钻进时相比均适当降低，其转速控制在 15r/min，退钻速度控制在 0.25m/min，水泥浆流量控制在 50～70L/min，以依靠高压喷射的水泥浆对土体进行切割将锚固段孔径扩大，完成注浆的同时形成"扩大头"加大锚固力，现场完成注浆作业的预应力锚索见图 4.1-28，锚索扩大头段示意及开挖段情况见图 4.1-29、图 4.1-30。

图 4.1-27　水泥搅拌制浆

图 4.1-28　完成注浆的预应力锚

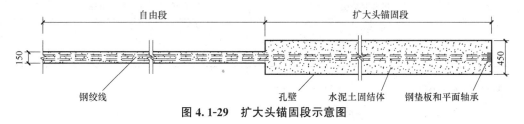

图 4.1-29　扩大头锚固段示意图

6. 自由段常压注水泥浆

（1）退钻至锚固段与自由段界面位置时，改换常压 1.0～1.2MPa 进行补浆，退钻速度控制在 0.5m/min，直至钻杆完全退出，严禁喷水以免稀释浆液。

（2）注浆过程中泛出的浆液应及时处理，避免凝固后再处理而发生额外费用，待钻杆完全退出后停止注浆，至此完成该条锚索施工。

7. 张拉锁定

待锚固段浆体强度达到设计强度的 75％或 15MPa 后进行预应力张拉锁定工作，张拉到设计值的 110％～115％后锁定荷载。具体张拉、锁定见图 4.1-31。

图 4.1-30 扩大头锚固段实际开挖现场

图 4.1-31 预应力锚索张拉锁定

4.1.8 材料与设备

1. 材料

本工艺所使用材料主要为：预应力钢绞线、圆盘钢垫板、平面轴承、PVC 管等。各材料到达现场，其品种、级别和规格应符合设计要求，并附有产品合格证、材质报告单或检查报告，现场质检员按要求进行外观检查。

原材按要求进行见证取样送检，送检合格后方可使用。

本工艺所需主要材料见表 4.1-4。

主要材料表 表 4.1-4

序号	名　称	规　格
1	预应力钢绞线	1860MPa，$\phi^s15.2$
2	圆盘钢垫板	直径 150mm，厚 15mm
3	平面轴承	外径 65mm，内径 45mm，厚 15mm
4	PVC 管	$\phi20$

2. 主要机械设备

本工艺现场施工所用具体施工机械、设备配置见表 4.1-5。

主要施工机械、设备配置表 表 4.1-5

序号	机械设备名称	型号规格	额定功率（kW）	用途
一、主要机械设备、大型工具、生产工艺设备				
1	液压履带式多功能深基坑锚固钻机	MDL-135D	55	锚索成孔
2	高压旋喷注浆泵	XPB-90D	90	锚索喷浆（水）
3	搅浆机	JW900	3	拌制水泥浆
二、辅助设备				
4	电焊机	WS300	—	钢绞线与圆盘垫板焊接固定
5	砂轮切割机	HQP-150	4.2	钢绞线下料截断
三、测量仪器				
6	水准仪	DS3	—	钻孔孔位定位
7	卷尺	5m	—	钻孔孔位定位

4.1.9 质量控制

1. 锚索制作

（1）所有材料选用正规厂家品牌，要求厂家重信誉、守信用，并具有出厂合格证。

（2）对进场钢绞线进行外观检查并见证送检，检验合格后方可使用。

（3）钢绞线按设计长度下料时，预留足够的张拉长度；钢绞线原材截断时，用切割机进行截断，不得使用电焊机烧断。

（4）钢绞线穿过圆盘钢垫板，其端头与螺帽焊接固定时满焊焊接，防止焊接不牢导致脱落；合理控制焊接电流大小，防止焊伤钢绞线和螺帽。

（5）在锚索自由段套装 PVC 管隔离前对自由段钢绞线进行防腐处理，刷防锈漆或涂抹黄油，PVC 管两端做好密封并绑扎牢固，防止水泥浆体流入自由段。

（6）妥善存放未使用的锚索成品，并做好保护、遮盖、防锈等措施，防止损坏、沾污和锈蚀。

2. 锚索跟锚钻进

（1）由专业测量人员负责锚索的定位、放线等工作。

（2）开孔前，用相关测量工具对孔位、倾角等进行检查校核，发现偏差及时进行调整。

（3）跟锚钻进时，严格控制钻进速度和喷水压力，以保证成孔质量。

3. 锚索退钻注浆

（1）水泥浆制备严格控制水灰比，根据施工需求合理制备水泥浆液量，随制随用。

（2）退钻旋喷注浆时，严格控制退钻速度和旋喷压力，以保证注浆质量。

（3）注浆结束钻杆全部退出前，孔口返出的泥浆水全部变为水泥浆液后，方可停止注水泥浆并将钻杆全部退出。

（4）锚索施工结束后，及时对孔口进行封堵，防止水泥浆液从孔口流失。

4. 试验锚索检测

（1）正式锚索施工前，先选取代表部位施工试验锚索并进行实体测量和质量检验。

（2）根据试验结果，确定相关施工技术参数并实施。

4.1.10　安全措施

1. 锚索钻进、跟锚

（1）施工现场特殊工种及机械操作人员持证上岗。

（2）锚索制作焊接作业时，焊工佩戴护目镜和防护手套，执行动火审批制度，焊接作业区配备灭火器等消防器材。

（3）钢绞线截断切割作业前，检查砂轮切割机砂轮片的安装牢固情况，防护罩的完好情况；切割作业时，操作人员与砂轮切割机保持一定安全距离。

（4）锚固钻机移机行走前，对行走路线场地进行平整压实；移机时驾驶操作人员注意观察钻机周围是否有人或其他障碍，缓慢起步。

（5）钻进、跟锚、注浆作业时将锚固钻机四个支腿完全伸展打开，支腿下垫放枕木，确保钻机稳固。

（6）进场钢绞线等原材料进场吊装卸货时安排专人指挥，并做好安全警戒。

2. 环保措施

（1）钻孔作业区设置截排水沟、沉淀池，对成孔过程中产生的废水浆体等集中汇聚，经沉淀过滤后排入地下污水井内，严禁废水浆体随雨水流失或擅自向城市雨水、污水管道排放。

（2）钻孔作业区及水泥浆制作后台等易起尘区域设置雾炮设备，采用湿法作业；对现场裸露土体进行防尘覆盖。

（3）注浆用水泥在室外存放时进行严密遮盖，防止扬尘。

（4）现场设置车辆冲洗台，所有车辆冲洗干净后方可离场上路行驶，装运材料、机械设备的运输车辆，采取遮盖措施，保证行驶途中不污染道路和环境。

4.2　地下连续墙钻孔埋嘴高压灌浆堵漏施工技术

4.2.1　引言

基坑地下连续墙支护形式已越来越普遍被采用，其施工工艺是按槽段分幅施工，接头处多采用工字钢接头相连接，相邻两幅槽段接头部位往往是渗漏水的薄弱点，在基坑后期开挖施工过程中，经常会遇到地下连续墙接头处渗漏水的问题。为避免地下连续墙接头处渗漏水的质量通病，通常会在接头处预埋高压注浆管，在成槽后进行注浆，但实际操作中受地层的影响，或施工操作失误，难以避免接头部位的渗漏。此外，由于混凝土灌注不当等其他原因也会出现墙体其他部位的渗漏水问题。

尤其当地下连续墙设计为"两墙合一"，作为基坑支护结构的地下连续墙也是主体结构地下室的外墙，因此对于地下连续墙渗漏水的问题必须及时采取有效的措施进行处理。

针对此类问题项目现场条件、设计要求，结合实际工程项目实践，采用在地下连续墙渗漏范围内进行全断面钻孔，然后埋设注浆嘴，再利用专门的高压灌注机提供的高压动力将混合的聚氨酯化学灌浆液通过注浆嘴压浆灌入渗漏的地下连续墙结构内，聚氨酯遇水快速反应形成具有良好止水性能的发泡固结体，达到止水堵漏的目的，最终形成了一种快速有效的堵漏方法，并取得了显著成效，实现了质量可靠、施工安全、文明环保、高效经济的效果。

4.2.2　工程实例

1. 工程概况

科技工业园 28 栋城市更新单元（普联技术有限公司全球研发中心）基坑支护及土石方工程场地位于深圳市南山区高新技术产业园，科苑路以西、翠溪路以东、科宏路以北，该工程场地呈矩形，总用地面积约为 5152m²，总建筑面积约 76320.65m²。场地内拟建一幢办公楼，设有 4 层地下室。

2. 地下连续墙设计简述

本工程基坑支护长度 295m，支护深度约为 18.4m。基坑开挖边线为场地用地红线。基坑支护采用地下连续墙＋两道内支撑的支护形式，地下连续墙厚 1.0m，地下连续墙共 51 幅，设计墙长 29m，标准幅宽 6.0m，异形槽段 6 幅。典型剖面图见图 4.2-1。

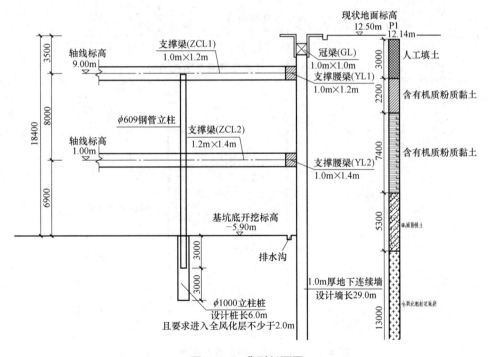

图 4.2-1　典型剖面图

3. 施工情况

项目于 2016 年 5 月进场施工，在基坑开挖施工到最后一层时，出现有数处地下连续墙结构渗漏水情况，采用了渗漏钻孔埋嘴高压灌浆堵漏施工方案，采用全断面钻孔埋嘴高压灌浆堵漏技术，有效解决了地下连续墙渗漏的难题。

4.2.3 工艺原理

本工艺利用高压灌注机所产生的压力，将混合的双液膨胀聚氨酯通过埋设在墙体内的埋嘴灌入地下连续墙渗漏水部位，聚氨酯在高压下以裂缝中间部位为中心向四周扩散，渗透至墙体混凝土缝隙，顺着裂缝其与水接触后迅速发生膨胀并硬化，最终形成具有良好止水性能的发泡固结体，将混凝土缝隙、裂缝永久性堵住，达到止水堵渗漏的效果。地下连续墙渗漏情况及堵漏原理见图 4.2-2、图 4.2-3。

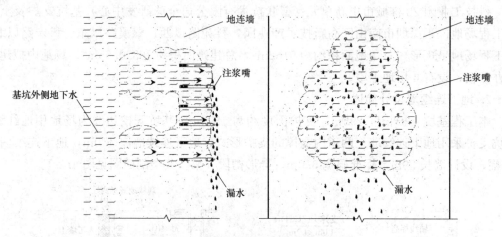

图 4.2-2 地下连续墙渗漏及钻孔埋嘴

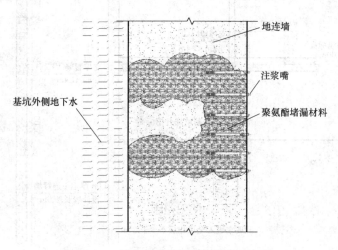

图 4.2-3 钻孔埋嘴高压灌浆堵漏原理图

4.2.4 工艺特点

1. 操作简单

本工艺施工主要设备为电锤和高压灌注机，这些设备操作简单、轻便，易于现场操作。

2. 堵漏速度快、效果好

本工艺采用高压注浆机灌注压力高、流量大，聚氨酯堵漏材料与水反应速度快，可快速止水，堵漏效果明显，而且具有良好的耐腐蚀等性能。

3. 综合施工成本低

本工艺采用钻孔埋嘴高压灌注工艺堵漏，所需设备简单、材料经济、施工高效、整体综合成本较低。

4. 安全、绿色环保无污染

本工艺聚氨酯堵漏材料属于安全、无毒的环保材料，对环境无任何不良影响，且具有良好的耐久性，符合绿色环保施工要求。

4.2.5 施工工艺流程

深基坑地下连续墙渗漏钻孔埋嘴高压灌浆堵漏施工工艺流程见图 4.2-4。

4.2.6 工序操作要点

1. 清理渗漏面

采用人工凿开渗漏或潮湿部位，详细检查、分析渗漏情况，确定渗水点位置和影响范围；清理干净需要堵漏的区域，凿除混凝土表面松散杂物，确保表面干净。现场清理渗漏面见图 4.2-5。

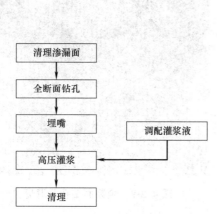

图 4.2-4 深基坑地下连续墙渗漏钻孔埋嘴
高压灌浆堵漏施工工艺流程图

图 4.2-5 清理渗漏面

2. 全断面钻孔

（1）在渗漏面范围内进行全断面钻孔，根据渗漏水的大小和位置，合理布设钻孔数量和范围。

（2）以渗漏水的主要部位为中心在渗漏范围内按梅花形布设钻孔，然后用电钻在渗漏水部位钻孔。

（3）钻孔直径 14mm，钻孔间距一般 10～20cm（有渗水滴漏处间距取小值，潮湿面间距取大值），钻孔深度 17cm（比埋嘴止水针头短 2cm）。

3. 埋嘴

（1）在钻好的钻孔内埋设注浆嘴（即止水针头）。

（2）注浆埋嘴采用 TT-A10 型止水针头，埋嘴直径 13mm，埋嘴长度 19cm。

（3）用专用的内六角套筒扳手拧入拧紧，使注浆嘴周围与钻孔之间无空隙、不漏水。

（4）埋嘴设计为具有单向流动性，针头拧紧后密封性好，可防止灌注时不漏浆、不回流，以保证灌入效果。

地下连续墙渗漏点全断面钻孔及埋嘴见图 4.2-6～图 4.2-9。

图 4.2-6　手动电锤墙面钻孔

图 4.2-7　埋设注浆嘴

图 4.2-8　注浆嘴紧固

图 4.2-9　全断面钻孔及埋嘴

4. 高压灌浆

（1）灌浆材料：本工艺采用聚氨酯作为止水灌浆材料，分为水溶性和油溶性两种，具体见图 4.2-10、图 4.2-11。水溶性聚氨酯渗透半径大，其固结体弹性好，适合于动水层的堵漏。油溶性聚氨酯防渗透性好，材料弹性小，但固结体强度大。经现场试验确定油溶性和水溶性按 1∶2 比例进行混合，可达到最佳堵漏效果。

（2）高压灌注机：该设备体积小、重量轻、携带方便、操作简单。单机重约 7.5kg，流量 0.74L/min，最大输出压 10000psi（约 68.95MPa），高压灌注机可在数秒内快速达到 4500psi（约 31MPa）以上工作压力，提供持续的高压进行连续灌注，满足将灌浆液压入混凝土结构内微隙、微缝和毛细孔填充结构内部。高压灌注机见图 4.2-12。

图 4.2-10 聚氨酯堵漏材料

图 4.2-11 油溶性和水溶性聚氨酯材料混合

（3）高压注浆：将油性聚氨酯和水性聚氨酯混合液，倒入高压灌注机料杯内，使用高压灌浆机通过钻孔埋设的注浆嘴向钻孔内灌注；灌注从漏水较大的中心部位开始向四周进行，立面上灌注顺序为由下而上，当浆液从裂缝处冒出，则立即停止，移入临近注浆嘴继续灌注，依次进行。高压注浆见图 4.2-13。

5. 清理

灌浆完毕，确认不漏即可清理干净已固化的溢漏灌浆材料。经注浆处理的地下连续墙面见图 4.2-14。

图 4.2-12 高压灌注机

图 4.2-13 高压注浆

图 4.2-14 经注浆堵漏处理后的地下连续墙面效果

4.2.7 主要材料及机械设备配置

1. 材料

本工艺所使用材料主要包括：电钻、止水针头、油溶性聚氨酯、水溶性聚氨酯灌浆材料等。

2. 设备

本工艺施工主要机械设备表见表4.2-1。

主要施工机械设备配置 表4.2-1

机械、设备名称	规格型号	备　注
高压堵漏灌注机	TT-999	提供高压动力源
手电钻	Z1C-FF03-26	钻孔

4.2.8 质量控制

1. 质量控制措施

（1）堵漏施工前做好作业人员的质量技术交底工作，明确工艺流程、操作要点和注意事项。

（2）项目部指派技术人员负责堵漏钻孔的布设，钻孔注意避开地连墙钢筋。

（3）根据漏水部位估测流水方向，钻孔以尽量少开孔为原则。

（4）合理选择钻头，优化注浆工艺措施，减少注浆液的浪费。

（5）安放止水针头后注意检查针头与钻孔的严密性，必要时对钻孔缝隙用土工布等材料进行封堵，以避免或减少漏浆情况。

（6）油溶性聚氨酯和水溶性聚氨酯灌浆堵漏材料按1：2比例进行混合，现场可根据渗漏水量的大小进行适当调整，渗漏量大时应适当增加油溶性聚氨酯的比例。但两种堵漏材料应随伴随用，不得一次性拌和太多。

（7）灌注牛油嘴和止水针头灌注嘴连接时应用力插紧扶正，压浆前应先开灌注开关再启动电源。

（8）压浆灌注应至少分两次灌注，首次压浆以浆液从渗漏部位溢出为准，暂停1～2min使化学灌浆液与水初步反应堵住钻孔埋嘴表面缝隙。然后再次压浆使浆液向地连墙结构缝隙深处扩散渗透，最终达到彻底填充所有空隙封堵漏水的目的。

2. 质量控制主控项目和一般项目

质量主控项目和一般控制质量标准见表4.2-2。

基坑地下连续墙渗漏钻孔埋嘴灌浆堵漏质量检验标准 表4.2-2

项目	序号	检查项目	允许偏差或允许值	检查方法
主控项目	1	灌浆材料性能	设计要求	检查合格证、质量检测报告等
	2	渗漏治理效果	不得有滴漏和线漏	观察检查
一般项目	1	注浆孔的数量	+2	观察检查
	2	钻孔间距（mm）	±50mm	用钢尺量
	3	钻孔深度（mm）	设计要求	用钢尺量
	4	钻孔角度（°）	±5	测斜仪等
	5	注浆压力	设计要求	检查压力表
	6	注浆量	设计要求	检查计量数据

4.2.9　安全及环保措施

1. 安全措施

（1）操作平台由专业人员进行搭设，搭设完毕经监理单位现场验收合格后方可投入使用。

（2）机械设备操作人员经过岗前培训，熟练机械操作性能和安全注意事项，经考核合格后方可上岗操作。

（3）机械设备使用前进行试运行，确保机械设备运行正常后方可使用。

（4）用手电钻钻孔时对电线进行全面检查，不得有破损现象，以免发生漏电或触电事故。

（5）电钻时严禁用全身重量压在电钻上进行钻进，以免出现钻杆折断人员受伤事故；钻进过程中用力适当，并不停上下抽动钻头，当遇到钢筋时则适当调整钻孔位置和角度，切记不可蛮钻。

（6）现场用电由专业电工操作，电工持证上岗；严禁使用老化、破损或有接头漏电的电线，开关箱内接地和漏电保护装置安全有效。

（7）作业人员正确佩戴和使用安全帽及其他劳保防护用品，避免皮肤直接接触化学灌浆液，如有沾染应以大量清水及时冲洗。

（8）注浆时，严禁以点击方式开关电源。

（9）机具各部件螺丝务必锁紧，电钻完全插入固定底座，不得松动。

（10）高压管与机身主体及高压灌浆机枪连接处必须缠绕生料带后拧紧，防止漏浆。

（11）压力表反应正常，施工时如表针不能正常升降，则及时更换新表后方可继续使用。

（12）严禁在 4500psi 以上压力情况下二次启动，严禁超过 10000psi 压力情况下继续注浆施工。

（13）灌浆清洗剂属于易燃品，现场作业过程中严禁烟火。

（14）切勿将已倒出的浆料和其他溶剂又倒回桶内。

（15）贮存搬运过程中防止挤压化学灌浆液，并且存放在干燥阴凉处。

（16）严禁雨天作业。

2. 环保措施

（1）施工现场设垃圾桶，施工过程中产生的各种垃圾、杂物不得到处乱扔。

（2）对钻孔过程中可能产生的粉尘采取在孔口洒水降尘处理。

（3）现场灌注溢出的化学浆液固结体清理成堆，然后统一收集到专门的垃圾桶里。

（4）对清理机械使用的松香水或其他清洗剂，倒入专门的垃圾桶，以免污染环境。

（5）采取有效措施控制现场的各种粉尘对环境的污染和危害，不在现场燃烧各种有毒的物质或垃圾。

4.3　基坑预应力锚索套钻拔除施工技术

4.3.1　引言

深基坑支护常采用围护桩＋预应力锚索支护形式，当地下室回填后，围护结构的预应力锚索失去了使用功能却因侵入原基坑外的地下空间，对周边建（构）筑物的后续开挖施工造成影响。如当城市地铁隧道采用盾构法下穿施工，或者周边新建地下室围护结构的施工时，先期施工的预应力锚索将造成较大障碍，加大了施工难度和安全风险，增加了施工成本。

目前，除可回收式预应力锚索外，拔除侵入的预应力锚索的主要方法有以下三种，一是解除张拉端锁定，采用穿心千斤顶施加预应力直到超过锚索的锚固力使锚索失效后拔出，该方法对锚索锚固力失效的临界点难以掌控，可能存在锚索拉断而锚固段未能拔出的情况，且锚固段松脱或者锚索断裂瞬间预应力产生的弹射力存在极大的安全隐患，可靠率低且不安全；二是采用人工开挖竖井后分段切断锚索并拔除，该方法需要在围护结构外侧的地面上占用一定的作业空间，对交通繁忙地段或者存在有构筑物的区域不适宜使用，且竖向开挖方向和锚索施工方向的交叉点控制存在不确定性，安全风险大、工期长、造价高；三是采用盾构开仓切断锚索法，该方法需要对盾构机的刀盘刀具等进行改造，且处理时间长，存在较大的安全隐患。

针对上述情况和问题，采用预应力锚索套钻拔除施工技术，通过搭设可调节角度的简易钻机作业平台，采用专用锚索钻机钻凿，使用专用的三重管合金钻头破碎锚索锚固体、约束废旧锚索，沿锚索设计角度进行全套管跟管钻进，钻凿至锚固端后将锚索拔出，达到了可靠、经济、安全的效果。

4.3.2　工程实例

1. 工程概况

富润乐庭小区基坑项目位于深圳市坪山区坪山街道东纵路，深圳市轨道交通 16 号线东纵—新屋站区间侧穿富润乐庭小区进入东纵站。富润乐庭小区地块位于东纵路站东北角，地块红线与区间水平间距 15.1m，锚索长度 23.0m、间距 1.8m，已侵入拟建的东纵站—新屋站左线区间，影响长度沿基坑侧约 98m，侵入锚索共 80 根，对左线区间有影响的锚索埋深在 14.48m 左右。基坑已完成开挖 7m 及 2 道锚索施工。

拟建的东纵站—新屋站左线区间隧道设计采用盾构法施工，盾构掘进过程中对于存在锚索区穿越困难。为确保盾构正常施工，要求隧道施工前对基坑支护侵入的预应力锚索予以拔除。富润乐庭小区基坑局部已开始主体结构施工，基坑侧未回填，具备从富润乐庭小区基坑一侧拔除锚索的条件。

富润乐庭小区基坑支护设计、基坑与即将施工的轨道交通 16 号线区间隧道的关系见图 4.3-1、图 4.3-2。

2. 施工情况

锚索拔除项目施工现场开动 2 台可调节角度的锚索拔除轻型钻机，每台机械日拔除锚索数量为 3～4 根，拔除率 100%。

4.3.3　工艺特点

1. 锚索拔除成功率高

采用预应力锚索拔除三重管钻凿护索钻头，可以利用钢绞线本身的刚性引导钻凿方

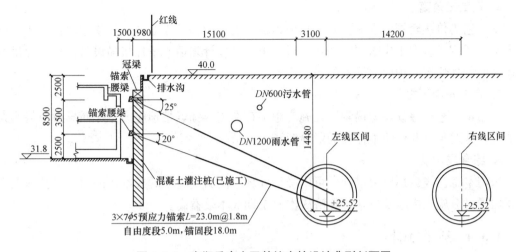

图 4.3-1 富润乐庭小区基坑支护设计典型剖面图

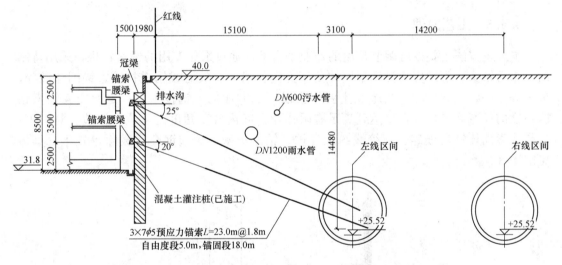

图 4.3-2 富润乐庭小区锚索侵入东纵站～新屋站左线区间剖面图

向，扩大的外侧切削刀具在切削锚索周边锚固体的同时保证钻头内侧不切削钢绞线，钻凿孔能完全钻至锚头远端处，并将锚固体全断面破碎，确保了预应力锚索拔除的完整性及成功率。

2. 角度灵活多向调节

通过钻机主架体、钻机作业平台上设置水平、竖直方向的各 4 个调节手动葫芦，8 个手拉葫芦的上下定位及调整可以达到任意角度调节的目的。

3. 窄小空间可作业

采用可调节角度的专用锚索钻凿钻机自重轻、可调节角度灵活，占地面积小，满足主体结构施工时预留的狭小作业空间；不占用基坑围护结构外的场地，对周边交通、堆置物等外部环境影响小。

4. 施工工效高

本工艺为传统套管跟进成孔施工预应力锚索的逆向施工作业方法，易于培训熟练的操作人员，适用于多个工作面同时作业，可以根据进度计划适当增加机械设备的投入数量及作业时间，加快废弃预应力锚索的拔除进度。

5. 施工安全可靠

采用本工艺拔除预应力锚索，在施工中不存在废弃锚索带预应力工作而导致弹射伤人的情况，也避免竖井作业中存在的危险源。

6. 综合成本低

采用本工艺拔除预应力锚索后可以降低外部空间后期施工的成本，同时本工艺施工不需要增加过多施工措施及投入，经济成本及工期成本效益高。

4.3.4　适用范围

适用于各种地层，适用于地下室未回填完毕仍有作业空间的情况下拔除已失效的废弃预应力锚索；适用于基坑侧壁横向空间距离 4.5～6.0m 的工作面施工。

4.3.5　工艺原理

本工艺方法主要在可调节角度的作业平台上，通过采用专用的锚索钻机，采用特制的三重管钻头，沿预应力锚索锚固体角度方向钻凿，有效完成钻进护壁、锚固体破碎、护索等，并将锚索拔除；其施工主要解决以下二方面的关键技术，一是原废弃锚索钻凿角度的任意调节技术，以达到满足有限作业空间内各种角度的定位、调节、对中等；二是锚索固体钻凿破碎、钢绞线约束保护、钻凿护壁、护壁钢套管拔除等技术。具体见图 4.3-3。

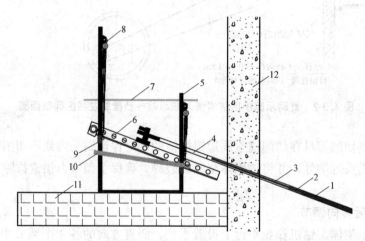

图 4.3-3　深基坑预应力锚索套钻拔除方法实施示意图

1—锚固体；2—钻头体；3—拟拔除锚索；4—钢套管；5—主架体；6—滑道式液压回转器；7—门架连接钢管；
8—角度调节系统；9—钻机作业平台；10—人员操作平台；11—机械施工平台；12—基坑围护桩

1. 钻凿角度的任意调节技术原理

由于不同的基坑，预应力锚索的角度均有不同，为此施工时采用工艺措施确保钻凿角度的任意调节。可调节角度的锚索拔除轻型钻机作业平台技术，主要是通过钻机主架体、钻机作业平台上设置水平、竖直方向的各 4 个调节手动葫芦，8 个手拉葫芦的上下定位及调整可以达到任意角度调节的目的，形成钻机角度调节系统，具体见图 4.3-4。

（1）主架体

主架体起到确保平台安全稳固的作用，可分成前、后门架。每个门架均由钢管立柱及槽钢横梁焊接组成口字形；钢管立柱的上部加设吊耳，以便安装角度调节装置。根据拟拔除锚索的角度，可以设计不同的架体高度及前后距离。前后门架通过 a、b、c 钢管连接加固形成稳固的立体结构，具体见图 4.3-5。

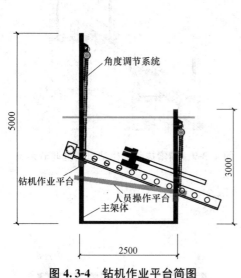

图 4.3-4 钻机作业平台简图

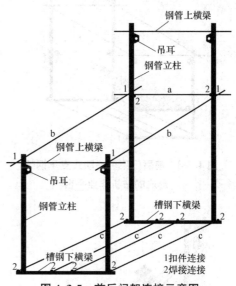

图 4.3-5 前后门架连接示意图

（2）钻机作业平台

主架体形成后，在前门架及后门架上均设置可移动式支承钢架（见图 4.3-6），可移动式支承钢架平台主要采用钢管制成。为保证钻机的稳定性，钢管上部焊接槽钢形成支承平面。钢管两端焊接管夹（见图 4.3-7），钢管两端头上部焊接吊耳。前后门架上设置的可移动式支承钢架形成钻机作业平台（见图 4.3-8）。

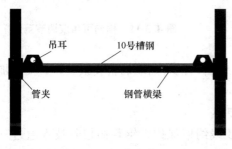

图 4.3-6 可移动式支承钢架

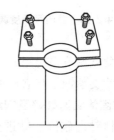

图 4.3-7 支承钢架连接管夹

（3）角度调节系统

在前后可移动式支承钢架上架设滑道式液压回转器后形成锚索拔除专用钻机。为实现作业平台角度调节功能，在前后门架及作业平台之间专门设置了手拉葫芦角度调节系统。钻凿过程中根据钻凿工况调整 8 个手拉葫芦的位置可以对滑道式液压回转架体进行各个角度、高度的调节，满足多向调整及定位（见图 4.3-9）。采用本角度调节系统，钻机滑道式液压回转架的可调节竖向角度为 0～45°（见图 4.3-10），可调节横向角度为 0～50°（见图 4.3-11）。

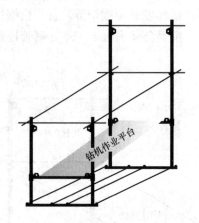

图 4.3-8　前后门架可移动式支承钢架
形成的钻机作业平台

图 4.3-9　锚索拔除专用钻机角度调节系统

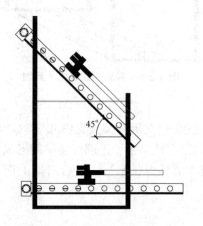

图 4.3-10　竖向可角度调节范围

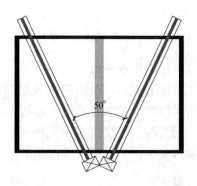

图 4.3-11　横向可角度调节范围

通过角度调节系统完成支承钢架平台的定位后，钢管两端的管夹锁紧，必要时加以电焊固定，使支承钢架与立柱形成刚性连接。

2. 锚固体钻凿破碎及钢绞线保护技术原理

锚固体钻凿破碎、钻进全套筒护壁、钢绞线约束保护、钢套筒拔除技术通过三重管钻凿护索钻头实现，钻头为独立的短节，分为三重结构，具体三重管钻凿护索钻头实施的结构见图 4.3-12。内层结构主要破碎钢绞线周边锚固体、归拢约束钢绞线，中层结构主要钻凿护壁及破碎锚固体，外层结构主要破碎锚固体及扩大成孔直径以确保套管顺利拔除。

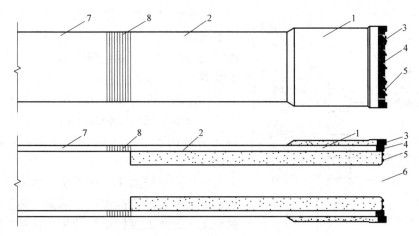

图 4.3-12 三重管钻凿护索钻头实施的结构示意图
1—钻头体；2—连接杆；3—外层结构；4—中间层结构；5—内层结构；
6—内穿心护索孔；7—钢套管；8—丝扣

（1）内层结构

为内嵌式金刚石球齿合金钻头，顶端平台镶嵌高强度金刚石球齿，在旋转的过程中研磨、破碎锚固体的同时避免切割到钢绞线，起到对钢绞线的保护及定位作用。此内层结构的作用：一是钻凿破碎预应力锚固体，使锚固体与预应力锚索完全脱离；二是内空穿心孔及孔直径的大小设置可以引导钢绞线朝钻头中部归拢，约束破碎段的预应力锚索，避免在钻凿的过程中钢绞线发散、缠绕，利于钢套管跟进钻入。

（2）中间层结构

为常规使用的金刚石合金钻凿钻头，本层钻头外径可等同于套管外径，本层钻头为内、外层切削钻齿的补充，用于增加锚固体钻凿截面，具备强大的硬质岩体研磨切削能力，可以充分切削锚固体。该部分亦作为连接杆于尾端设置 70mm 长的外螺纹丝扣可与钢套管形成连接。其与钻进套管连接，完成钻进和护孔作用。

（3）外层结构

为外套式合金钻头，本部分钻齿适用性强，可用于切削软、中硬、硬等各种土体、锚固体。该部分钻头外径 171mm 大于套管外径 146mm，避免钻进过程中的护壁全套管抱管，便于后期顺利拔除并能形成泥浆循环通道。

4.3.6 施工工艺流程

深基坑预应力锚索套钻拔除施工工艺流程见图 4.3-13。

4.3.7 工序操作要点

常规的预应力锚索施工时常采用 $3 \times 7\phi5$ 低松弛高强钢绞线（$f_{ptk} = 1860$MPa）制作，锚索成孔直径 150mm，锚固体浆体设计强度为 25MPa。

1. 技术、人员准备

（1）施工前，了解拟拔除锚索的原设计情况及施工工艺，查明锚索施工的角度、成孔

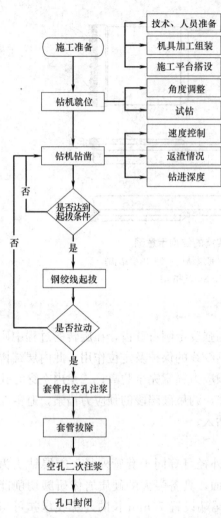

图 4.3-13 基坑预应力锚索套钻拔除施工工艺流程图

直径、钢绞线束数、锚固水泥浆强度、锚索自由段及锚固段长度、原施工时的地质情况等，对周边情况进行调查记录，编制施工方案并完成审批手续等。

（2）组织工人熟悉已了解的技术资料，对工人进行技术交底，掌握施工的原理方法及施工要达到的目的，对工人进行安全交底，确保施工安全。

（3）建立信息化监测系统，对基坑围护结构的原始沉降变形数据进行了采集；施工过程中根据施工工况监测围护结构的变形情况，实行信息化施工。

2. 机具加工组装

（1）主架体前门架、后门架均由 2 根 $\phi114\times t10.0$ 钢管立柱，1 根 20♯B（200mm×75mm×9mm）的槽钢下横梁及 1 根 $\phi48.3mm\times3.6mm$ 的钢管上横梁刚性焊接组成口字形，架体下部的槽钢面与钢管立柱下口平齐并紧贴地面。一般锚索的打设角度为 15°～30°，可设置前门架钢管立柱 $H=3.0m$，后门架钢管立柱 $H=5.0m$，下槽钢横梁 $L=4.9m$，上钢管横梁 $L=3.0m$。前后门架根据工作空间设置距离，一般可设置前后门架距离 $D=4.9m$。前后门架采用 $\phi48.3mm\times3.6mm$ 的钢管加固连接。根据锚索钻凿角度，在不影响滑道式液压回转器抬升的高点焊接连接 a 梁，上部的前后连接 b 梁采用钢管扣件连接 a 梁及前门架上钢管横梁，底部的前后连接 c 梁采用焊接形式连结前后门架的槽钢下横梁，形成稳固的主架体，具体见图 4.3-8。

（2）可移动式支承钢架平台主要采用 $\phi114\times t10$ 的钢管制成，钢管上部焊接 10 号（100mm×48mm×5.3mm）槽钢形成支承平面，两端焊接 $\phi114mm\delta20mm$ 管夹（见图 4.3-14），在前后可移动式支承钢架上架设滑道式液压回转器后形成锚索拔除专用钻机。

（3）在前后门架及作业平台之间专门设置了 8 个手拉葫芦形成角度调节系统（见图 4.3-15）。

（4）在前后门架的立柱处设置 4 个手拉葫芦（①、②、⑤、⑥），通过调节后门架的两个①、②手拉葫芦调整后侧可移动式支承钢架高度，通过调节⑤、⑥手拉葫芦调节前侧可移动式支承钢架高度，前后可移动式支承钢架的高度差形成垂直向的角度设置及对中高度设置，实现竖向高度的调节，具体见图 4.3-16。

（5）在前后门架与滑道式液压回转架体的交叉处左右侧设置 4 个手拉葫芦（③、④、

图 4.3-14 可移动式支承钢架作业平台

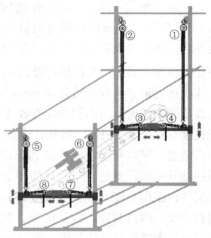

图 4.3-15 角度调节系统

⑦、⑧），通过调节③、④手拉葫芦定位后侧滑道式液压回转架体的位置，通过调节⑦、⑧手拉葫芦，定位前侧滑道式液压回转架体的位置，滑道式液压回转架体前后的位置差形成水平向的角度设置及水平定位设置，实现横向调节，具体见图 4.3-17。

图 4.3-16 竖向高度的调节系统

图 4.3-17 横向高度的调节系统

（6）竖向手拉葫芦在滑道式液压回转架体通过前后支承钢架平台的高度差形成倾斜角度，前门架支承钢架平台 $h_1=0.8m$，后门架支承钢架平台 $h_2=1.71m$，前后门架的间距 $d=4.9m$，则滑道式液压回转器可形成 20°倾斜角度。采用本角度调节系统，钻机滑道式液压回转架的可调节竖向角度为 0~45°。滑道式液压回转架体在前后支承钢架平台上的距离差形成横向角度。采用本角度调节系统，滑道式液压回转架的可调节横向角度为 0~50°。

（7）钻机作业平台及滑道式液压回转架体的重量约为 0.5t，竖向手拉葫芦除调节位置外兼具固定钻机作业平台的作用，选用 2.0t 的手拉葫芦即可满足角度调节需求。水平向主要调节位置及承受滑道式液压回转钻机受到外力的拉力，选用 1.0t 的手拉葫芦即可满足需求。

（8）三重管钻凿护索钻头的内层结构采用长度为 500mm、外径 110mm、内径 60mm、壁厚 50mm 的高强度钢制成，顶端平台镶嵌高强度金刚石球齿，顶端平台镶嵌球齿并将内环折角设置为圆弧形可保护钻头不切削钢绞线，球齿的镶嵌数量可为 8～12 个，梅花形对称布置，可提高破碎断面的截面宽度。一般拟拔除锚索体采用 3×7ϕ5，三股钢绞线收拢后最紧密直径约为 30mm，内穿心孔内空直径设置为 60mm、可保证钻头围绕钢绞线旋转钻凿时孔内的钢绞线有收拢效果且避免扭曲锁紧（见图 4.3-18）。中间层结构采用长度 500mm，外径 146mm、内径 126mm、壁厚 20mm 的高强度钢制成，顶部电镀金刚石钻齿，平口布置，14～16 齿，间隔布置出水槽。此结构与普通的钻凿预应力锚索使用的钻具相同，其直径与设计的预应力锚索直径相同或稍大 20mm 左右（见图 4.3-19）。外层结构采用长度 20mm、外径 171mm、内径 150mm 的高强度钢制成，顶部嵌复合片金刚石钻齿，斜口布置，11～16 齿，间隔形成出水槽（见图 4.3-20）。三层结构通过焊接连接形成三重管钻凿护索钻头，组合体钻头壁厚为 91mm，实现钻进、破碎锚固体、约束锚索钢绞线、钻进护壁、钻进全套管顺利拔除等作用（见图 4.3-21）。

图 4.3-18　内层结构（内嵌式钻头）

图 4.3-19　中间层结构（普通合金钻凿钻头）

图 4.3-20　外层结构（外套式合金钻头）

图 4.3-21　三重管钻凿护索钻头

（9）钢套管选用外径 146mm，壁厚 10mm。

3. 腰梁破除

（1）采用人工将基坑支护施工的预应力锚索混凝土腰梁分段拆除。见图 4.3-22。

（2）将预应力锚索锚头清理，起拔环的外径不超过 50mm；采用 HRB335 钢筋时，起拔环钢筋的弯心直径 $D=3d\leqslant50mm$，采用Φ12～Φ16 的钢筋；采用 HRB400 钢筋时，起拔环钢筋的弯心直径 $D=4d\leqslant50mm$，采用Φ12 的钢筋。钢绞线布置于起拔环的弯心中部并搭接焊连接，搭接长度不小于 35d，具体见图 4.3-23。

图 4.3-22 预应力锚索腰梁破除

图 4.3-23 起拔环设置

4. 施工平台搭设

（1）锚索钻凿的施工平台高度为拟拔除锚索孔口位置以下 0.5～1.0m。一般施工面标高和拟拔除锚索的标高高差过大，需要采用满堂脚手架搭设施工平台，具体见图 4.3-24。

（2）施工平台需平整、稳固、满足承载力要求，满堂脚手架的搭设需要满足相关规范要求。

（3）锚索拔除前，需要完成围护结构受力体系转换或者与地下室主体同时施工，施工空间十分受限，采用可调节角度的锚索钻凿专用钻机前后门架的间距 $d=4.9m$，前后预留 1.0m 的空间即可满足施工，因此施工平台的宽度只需要 4.8m 左右，占地面积小，对主体结构的施工影响小。

图 4.3-24 施工平台的满堂脚手架

（4）施工平台采用 $\phi48.3mm \times 3.6mm$ 满堂脚手架搭设，顶铺建筑木模板。按 $2.0kN/m^2$ 的施工均布荷载对满堂脚手架的承载力进行计算，一般单跨宽度 1.2m，按四跨考虑，施工平台宽度为 4.8m。

（5）立杆采用对接接头连接，立杆与纵向水平杆采用直角扣件连接；接头位置交错布置，两个相邻立杆接头避免出现在同步同跨内，并在高度方向错开的距离不小于 50cm；各接头中心距主节点的距离不大于步距的 1/3，设置纵、横向扫地杆，纵向水平杆设置在立杆内侧，其长度不小于 3 跨，纵向水平杆接长采用对接扣件连接，也可采用搭接；立杆与纵向水平杆交点处设置横向水平杆，两端固定在立杆上，以形成空间结构整体受力。

5. 钻机就位

（1）施工前，根据已掌握的技术资料，采用可调节角度的锚索拔除轻型钻机作业平台技术调整钻机的钻凿角度及对中孔位，具体见图 4.3-25。

（2）根据作业面与锚索孔位的高差，通过手拉葫芦调整钻机作业平台前门架可移动式支承钢架的竖向高度及滑道式液压回转架的水平位置，使得钢套管前端中心对准拟拔除锚

图 4.3-25 专用钻机就位

索的孔位并将拟拔除锚索套入三重管钻凿护索钻头中。

（3）根据拟拔除锚索原施工角度，调整后门架可移动支承钢架的竖向高度及滑道式液压回转架的水平位置，使得钢套管后端中心与前端中心形成的方向与拟拔除锚索的施工角度一致。

（4）在专用钻机前部设置钢管支撑，前部顶撑于基坑侧壁，后部与专用钻机的架体连接，保证钻机架体的整体稳定。

6. 钻机钻凿

（1）检查机械设备稳定性后，开动泥浆循环，启动钻机钢套管跟进钻凿，从锚索尾端加长跟进钢套管，直至钻凿至预应力锚索端头。

（2）正式施工前进行试钻，观察试验过程中机械施工平台、可调节角度的锚索拔除轻型钻机作业平台、泥浆循环系统、机械钻凿的压力反馈等参数。

（3）钻凿过程中，钻头的内层结构归拢钢绞线，破碎钢绞线周边锚固体；中层结构主要钻凿护壁及破碎锚固体，形成钻进通道；外层结构破碎锚固体及扩大成孔直径以确保套管顺利拔除，防止孔外岩土体抱管。

（4）在钻凿过程中，泥浆液通过套管及中空的特制钻头循环，能够起到以下作用：一是携带岩屑，保持孔底清洁，避免钻头重复切削，减少磨损，提高效率；二是冷却和润滑钻头及套管，降低钻头温度，减少钻具磨损，提高钻具的使用寿命；三是平衡孔壁岩土体的侧压力，封闭和稳定井壁。

（5）为保证彻底切断拟拔除锚索与周边岩土体的粘结力，超钻锚索端头 0.5m 左右。

（6）随钻进加深，不断加长钻进钻杆；钻凿过程中观测钻机油压表压力反馈数据及钻机钻杆抖动情况。

钻机钻凿孔见图 4.3-26。

(a)　　　　　　　　　　　　(b)

图 4.3-26 钻孔钻凿施工

7. 废弃预应力锚索拔除

（1）钢套管跟进钻凿至超钻锚索端头 0.5m 左右后，在钢套管中开始起拔废弃预应力锚索。

（2）采用Φ22～Φ25钢筋特制拉钩，一端钩住预留的起拔环，一端钩住钻机的回转器，启动回转器向后行程，拉出已钻凿完毕的废弃预应力锚索。

具体起拔见图4.3-27～图4.3-29。

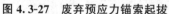

特制起拔拉钩

图4.3-27 废弃预应力锚索起拔　　　　　图4.3-28 起拔锚索的特制拉钩

8. 第一次空洞填充

（1）经钻凿及废弃预应力锚索拔出后原锚索部位形成空洞，需采取回填措施，为保证回填质量及密室度，需在钢套管内采用注浆泵注水泥净（砂）浆填充空洞，注浆泵见图4.3-30。

图4.3-29 预应力锚索起拔　　　　　图4.3-30 空孔回填注浆泵

（2）为保证填充的密实度，一般带低压注浆，注浆压力为0.2MPa，直到套管外的孔口溢浆。

9. 拔出钢套管

第一次回填完毕后，拔出钢套管，钢套管拔除过程中采用旋转拔除，防止破坏孔壁及避免孔内产生负压导致垮孔。

10. 第二次空洞填充

（1）拔出钢套管后，第一次回填料会填充原钢套管部位空间而出现填料下沉、填充不足或者填充不密实情况，此时进行第二次空洞填充。

（2）第二次空洞填充采用φ10mm镀锌钢管分节连接伸入孔内，到达孔底后进行注浆，一般带低压注浆，注浆压力为0.2MPa，直到孔口溢浆。

11. 封闭孔口

空洞回填完毕后，采用水泥砂浆对孔口进行封闭，具体见图4.3-31。

图 4.3-31　废弃预应力锚索起拔后的孔洞处理及封闭

4.3.8　材料与设备

1. 材料

本工艺采用的主要材料为 $\phi114\times t10$ 钢管、20 号 B 槽钢、10 号槽钢、$\phi48.3mm\times 3.6mm$ 钢管、$\phi114mm\delta20mm$ 管夹（含螺栓）、滑道式液压回转架、1.0t 手拉葫芦、实木枋、146mmδ10mm 钢套管、Φ12～Φ16 钢筋或Φ12 钢筋、Φ22～Φ25 钢筋。电镀金刚石合金钻凿钻头、内嵌式金刚石球齿合金钻头、外套式合金钻头等。

2. 主要机械设备

本技术现场施工主要机械设备按单机配置，见表 4.3-1。

主要机械设备配置表　　　　　　　　　　　　　表 4.3-1

机械、设备名称	型号	尺寸/生产厂家	备注（功能）
三重管钻凿护索钻头	—	自制	钻凿钻头
轻型钻机作业平台	—	自制	钻机作业平台
滑道式液压回转架	MGL-135 改	3.4m/无锡迈斯通	钻凿主机
液压泵站	ZF-35	7.5kW/山东鲁鑫	回转架动力
注浆泵	BW-150	64m³/h/山东鑫煤	孔洞注浆
灰浆搅拌机	JW-180	四川	注浆液制备

4.3.9　质量控制

1. 关键部位、关键工序的质量检验标准

关键部位、关键工序的质量检验标准见表 4.3-2。

关键部位、关键工序的质量检验标准　　　　　　表 4.3-2

序号	检查项目	控制标准	检验方法
1	钻凿位置	满足拔除要求	与原设计施工参数对比
2	钻凿深度	满足拔除要求	超过原施工长度 50cm
3	拔除锚索长度	残留长度部大于 1.0m	钢尺测量
4	注浆量	实际注浆量不小于空洞体积	注浆量计算
5	注浆压力	不小于 0.1MPa	压力表观测
6	钻孔偏斜度	3%	角度尺测量

2. 质量保证措施

(1) 项目部建立施工管理体系,严格执行工程质量的"三检制度"(自检、互检、专检),做好施工数据记录。

(2) 采用信息化施工,以确保施工质量,信息主要来源于施工过程中的各道工序和各工段出现的信息、检测与监测得到的数据资料。

(3) 满堂脚手架施工平台按规范进行设计,满足承载力及变形要求,施工平台需平整、稳固、满足承载力要求。

(4) 施工过程中加强观测,主要观测钻凿角度、油压表读数、钻凿进尺、返浆、返渣、拔出的锚索长度等。

(5) 施工过程中建立监测、巡视制度,随时监测主要为周边沉降、水位变动及基坑变形监测,巡查钻机工作平台的稳固情况、可调节钻机作业平台的连接点稳固情况。

(6) 施工过程中随时根据反馈的信息及时调整工艺参数。

4.3.10 安全、文明施工措施

1. 安全措施

(1) 作业时对施工平台脚手架是否有不均匀沉降,施工过程中是否有超载现象,架体与杆件是否有变形等现象加强检查、巡查。班组每日进行安全检查,项目部进行安全周检查,公司进行安全月检查。

(2) 脚手架搭设人员必须持证上岗,并正确使用安全帽、安全带、穿防滑鞋,严格控制施工荷载,施工荷载不得超过计算荷载,确保较大安全储备,定期检查脚手架,发现问题和隐患,在施工作业前及时维修加固,确保施工安全。

(3) 脚手架拆架时遵守"由上而下,先搭后拆"的原则,即先拆拉杆、脚手板、剪刀撑、斜撑,而后拆横向水平杆、纵向水平杆、立杆等,并按"一步一清"原则依次进行;严禁上下同时进行拆架作业。

(4) 施工平台脚手架使用期间,一般监测频率不超过10~15天/次,要求监测直至脚手架完全拆除;一般要求架体顶端水平位移预警值25mm,垂直度变化预警值20mm或沉降预警值20mm;监测数据超过预警值时必须立即停止施工,疏散人员,并及时进行加固处理。

2. 文明施工措施

(1) 施工现场修筑排水设施,确保钻进过程的用水无序排放。

(2) 做好与地下室结构施工队伍的协调。

4.4 基坑超长双管斜抛撑施工技术

4.4.1 引言

深基坑支护往往根据场地周边环境条件和使用要求采取多种基坑支护形式,以达到基坑安全和经济的要求。当基坑四周土压力不一致、无法通过水平撑互撑时,可采用斜抛撑作为支护形式,或当深基坑的位移、沉降等变形出现超标情况,采用斜抛撑加固是一种高效、便捷的处理方法。斜抛撑支护体系具有布置灵活、方便土方开挖等特点。但是传统斜

抛撑由于受到钢管长细比和自重的限制，难以在超深基坑中得到应用。

针对深基坑斜抛撑施工工艺，项目组立项"深基坑超长双管斜抛撑施工技术"研发课题，通过采用双钢管作为一组支撑，并在超长斜抛撑中部以格构立柱的形式进行支撑固定，减小斜抛撑的长细比，增大斜抛撑的支撑力及支撑长度，增加超长斜抛撑稳定性，扩大传统斜抛撑的适用范围，发挥斜抛撑高效、灵活、便捷的优点，满足深基坑局部基坑支护的要求，经多个项目实践成效显著，并已形成完整的施工工法。

4.4.2 工程实例

1. 工程概况

前海 T201-0077 地块基坑支护工程位于前海核心商务区-桂湾片区，是集酒店、办公、商业、公寓为一体的综合体，整体地下室 4 层。场地原始地形地貌单元为海漫滩区，原为水塘及养殖场等，项目动工前堆填整平，基坑开挖深 21.00～24.20m，基坑支护总长约为 900m，支护面积约 46274m²。场地南侧为桩加内支撑支护的海滨大道市政道路基坑的区段，本区段采用超长双管斜抛撑支护方法，斜抛撑设计见图 4.4-1。

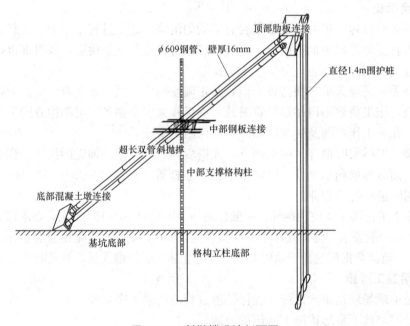

图 4.4-1 斜抛撑设计剖面图

2. 施工情况

基坑土方开挖时，在斜抛撑支护段按设计要求将反压土条平面范围内软弱土层（淤泥层、淤泥质中砂层）进行搅拌桩处理加固后，再设分级放坡支护反压土条（坡率 1∶1.5），支撑架设和土方开挖结合进行，严格按照"随挖随撑"（先撑后挖）的原则逐层开挖、及时支撑，最大限度地减少基坑变形，确保基坑稳定，钢管支撑采用地面上整根拼装，70t 汽车吊进行吊装、架设，100t 千斤顶进行预加轴力。本基坑项目采用超长双管斜抛撑施工技术，有效保证了基坑开挖支护效果，确保了基坑安全稳定，满足基坑支护设计要求。

图 4.4-2　超长双管斜抛撑原理图

4.4.3　工艺特点

1. 布置灵活

斜抛撑施工不易受到场地限制，可以局部设置也可以全基坑设置，每组超长双管斜抛撑单独发挥作用，通过调整斜抛撑的长度和支撑角度，可以适应各种形状的基坑。

2. 适用范围广

考虑超长斜抛撑安装空间问题，当基坑超深、工作面狭小时受到限制使用，适用于基坑深度 10～22m，面积超过 $5000m^2$ 的基坑支护工程；可适用于周边已开挖导致土压力不均衡的基坑支护工程，当基坑变形时用以深基坑变形超标时的加固处理。

3. 安装方便

超长双管斜抛撑是通过多节 6～8m 预制短钢管及一条 0.5～1m 短钢管拼接组装而成，钢管外径 609mm、壁厚 16m，通过不同数量长度的短钢管组合形成各种长度的超长斜抛撑。整个安装过程通过吊车吊装及人工法兰拼接，1 天时间即可完成安装，工程量小、安装方便。

4. 利于基坑土方开挖

土方开挖必须遵循"先撑后外"的大原则，斜抛撑不同于一般水平支撑，在水平撑施工前无法进行土方开挖，而在斜抛撑施工前可以挖除斜抛撑上土方，仅仅需预留土台，减少传统水平混凝土撑的等强时间，利于基坑土方开挖。

5. 支护深度大

超长双管斜抛撑顶部与同一固定的钢肋板牛腿相连，底部与同一预先浇筑的混凝土墩连接，中部采用预先施工的格构立柱予以支撑和固定，大大增强斜抛撑支撑反力。斜抛撑钢管与水平地面夹角为 28°～32°，长度 19～34m，基坑支护深度大。

6. 综合成本低

本工艺采用钢管斜抛撑代替传统钢筋混凝土内支撑，在基坑支护完成后，钢管斜抛撑不再发挥作用，可进行钢管斜抛撑的拆除和回收，大大降低了成本。

4.4.4　工艺原理

深基坑超长双管斜抛撑施工工艺关键技术为三部分，一是双钢管顶部连接工艺，二是双钢管底部固定工艺，三是双钢管与中部格构柱支撑施工工艺。

1. 双钢管顶部及底部连接工艺

超长钢管斜抛撑顶部固定在基坑顶部的腰梁部位，用厚度 20mm 钢板包裹腰梁顶面和面向基坑面，钢板与腰梁通过 M20 化学锚栓连接，锚栓间距 300mm×300mm，顶面锚栓 4×7 布置。具体设计见图 4.4-3。

腰梁底部采用 20mm 厚梯形肋板，水平向布置；肋板侧围护桩位置浇筑钢筋混凝土条，确保肋板安装在同一平面上。具体双钢管支撑顶部连接设计施工实例见图 4.4-4。

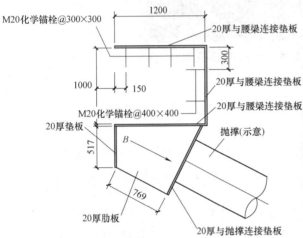

图 4.4-3 双钢管支撑顶部连接设计

图 4.4-4 双钢管支撑顶部连接设计施工实例

2. 双钢管底部连接工艺

底部采用同一钢筋混凝土牛腿支座，牛腿与地面呈 28°~32° 夹角。钢筋混凝土支座出露部分呈三形，浇筑时根据斜抛撑位置预留 12 条 M20 化学锚栓，用来固定钢管。钢管底部安装 20mm 厚钢垫板。具体见图 4.4-5，施工现场见图 4.4-6。

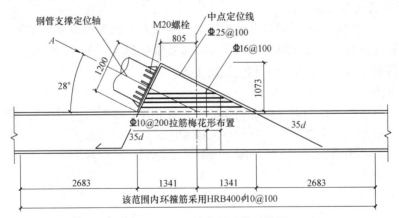

图 4.4-5 双钢管底部连接设计图

3. 双钢管中部与格构柱支撑工艺

按照放线位置，在已施工格构柱中段安装水平方向两条横梁和竖直方向两条竖梁；底

图 4.4-6 双钢管底部连接施工现场

部横梁在钢管斜抛撑吊装前完成施工，顶部横梁在钢管放置下横梁上后再进行施工。横梁用于支承斜抛撑重量，减小超长斜抛撑的挠度变形，竖梁用于约束斜抛撑水平方向位移。格构柱与钢管底部连接处自下往上依次设置三角支架肋板、水平肋板和竖直肋板，肋板厚度 2cm。钢管上部和两侧位置分别设置定位肋板，与底部肋板形成方形将钢管卡住。肋板、横梁、竖梁、格构柱之间采用电焊的方式连接。格构柱与钢管连接处肋板位置严格按照钢管角度布置，确保格构柱前后肋板都可以与钢管连接。见图 4.4-7、图 4.4-8。

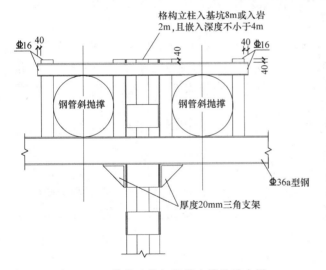

图 4.4-7 格构立柱与钢管支撑连接大样

图 4.4-8 格构立柱与钢管支撑连接施工实例

4.4.5 施工工艺流程

深基坑超长双管斜抛撑施工工艺流程见图 4.4-9。

4.4.6 工序操作要点

1. 基坑预留反压土

（1）土方按照设计要求坡比分级开挖，坡顶开挖至对应斜抛撑底部，坡底开挖至设计要求放坡位置，坡面采用挂网喷射混凝土，厚度为 80～100mm。

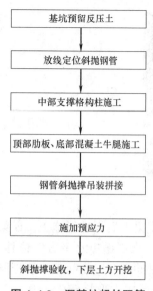

```
基坑预留反压土
        ↓
放线定位斜抛钢管
        ↓
中部支撑格构柱施工
        ↓
顶部肋板、底部混凝土牛腿施工
        ↓
钢管斜抛撑吊装拼接
        ↓
施加预应力
        ↓
斜抛撑验收，下层土方开挖
```

图 4.4-9　深基坑超长双管斜抛撑施工工艺流程图

（2）土方严禁超挖，土方开挖总体遵循"先撑后挖"的原则，土方开挖按照设计要求坡率进行放坡，在超长斜抛撑施工前不可扰动预留反压土条。

（3）预留反压土经过详细的设计计算，须满足基坑稳定性和变形要求，实际开挖过程中严禁扰动预留反压土。

2. 放线定位斜抛撑钢管

（1）挖土至钢支撑底面以下 30cm 时，组织专职人员按设计图纸进行测量放线和支撑定位工作，要求支撑定位允许偏差为：水平位置偏差 2cm，高度偏差 1.5cm。

（2）将钢支撑的安装高度、水平位置分别用红漆标出。

（3）顶部肋板牛腿、底部混凝土墩牛腿和中部格构柱横梁必须在同一平面上，顶部肋板牛腿安装面与底部混凝土墩安装面方向保持一致。

3. 中部支撑格构柱施工

（1）在基坑未开挖时，根据基坑支护方案施工中部支撑格构柱，格构柱按设计要求进行施工，以满足支撑力。

（2）在土方开挖过程中，格构柱支撑位置被挖出，根据施工方案在格构柱中段连接位置安装水平方向两条横梁和竖直方向两条竖梁。

（3）横梁采用 36a 槽钢，长度为 4.4m，用于减小超长斜抛撑的挠度变形；横梁置于钢管斜抛撑底部，与格构柱之间通过焊接连接，焊接长度为格构柱直径，双面焊接，焊缝饱满。横梁底部采用 4 块厚度 20mm、长 300mm 的三角板支架支撑，增加横梁向上的支撑力，三角板直角边与格构立柱焊接。

（4）当斜抛撑钢管安装在水平横梁上后，为避免钢管在横梁上滑移动，在钢管上部和两侧位置分别设置定位槽钢，形成一个"口"字，对钢管进行平面位置约束。

（5）斜抛撑钢管两侧肋板为 16 槽钢，长 620mm，顶部为 16 槽钢，长度 4.4m；两侧槽钢及顶部采用紧挨斜抛撑钢管布置，确保钢管在与格构柱连接处不产生水平和竖向的位移。两侧槽钢与底部和顶部槽钢之间通过焊接连接，与斜抛撑钢管之间通过物理挤压方式紧挨，不采用焊接。

中部格构柱与钢管连接见图 4.4-10、图 4.4-11。

图 4.4-10　中部格构柱与钢管连接正面

图 4.4-11　中部格构柱与钢管连接顶面

4. 顶部肋板、底部混凝土牛腿施工

（1）超长钢管斜抛撑顶部固定在腰梁部位，用厚度 20mm 钢板包裹腰梁顶面和面向基坑面，钢板与腰梁通过 M20 化学锚栓连接，锚栓间距 300×300，顶面锚栓 4×7 布置。

（2）腰梁底部采用 20mm 厚梯形肋板，水平向布置。由于实际安装误差及钢管长度配置问题，斜抛撑钢管顶部不能很好地与腰梁连接，通过采用长短钢管的组合减少斜抛撑钢管与顶部肋板之间的间隙，长短钢管之间通过法兰连接。

（3）钢管与顶部肋板之间的距离控制在 200mm 以内，在顶部肋板面向基坑一侧焊接倒"7"连接基座，基座与钢管之间通过加工好的箱形钢板连接，箱形钢板搁置在倒"7"支座上，形成活络端，连接间隙采用厚度 12mm 铁板塞满。

（4）底部采用同一钢筋混凝土牛腿支座。钢筋混凝土牛腿基础须满足设计承载力要求，支座出露部分呈三角形，采用 C30 混凝土浇筑，牛腿面与地面夹角与钢管与地面夹角相同。浇筑时，根据斜抛撑位置预留 12 条 M20 化学锚栓，用来固定钢管。待底部混凝土牛腿到达设计强度的后，通过法兰与预留化学螺栓将斜抛撑钢管与混凝土牛腿连接。

顶部肋板、底部混凝土牛腿施工见图 4.4-12～图 4.4-15。

图 4.4-12　顶部连接肋板底面

图 4.4-13　顶部连接肋板顶面

图 4.4-14　底部混凝土牛腿侧面

图 4.4-15　底部混凝土牛腿顶面

5. 钢管斜抛撑吊装拼接

（1）钢支撑就位大致由三步组成，固定头就位→钢支撑接长→活动端就位。固定头一般设置在反力梁侧，需先找好预埋件位置，然后将下部钢支架按标高与结构固定，再将固定头顶紧反力梁并与支架有效固定。支撑拼装长度根据基坑宽度、支撑活动端行程等参数综合考虑。

（2）为使钢管运输方便，设置 4 节长钢管，每节 6～8m，顶部按照设置两节短管，最顶部钢管通过饼状连接管控制长度。

（3）吊装前，先进行 3 节钢管水平对接，对接完成后通过吊车整体起吊。钢管支撑吊装设备采用汽车吊，安装时法兰盘的螺栓必须拧紧，快速形成支撑。支撑钢管与钢管之间通过法兰盘以及螺栓连接，在连接时要求对称用力，防止出现钢管支撑偏心受力。支撑钢管与钢管之间通过法兰盘以及螺栓连接。当支撑长度不够时，加工饼状连接管，严禁在活络端处放置过多的塞铁，以免影响支撑的稳定。

钢管斜抛撑吊装拉接见图 4.4-16、图 4.4-17。

图 4.4-16 斜撑底部钢管吊装

图 4.4-17 斜撑顶部钢管吊装

6. 施加预应力

（1）预应力施加在每一根钢支撑安装到位后进行。钢支撑安放到位后，吊车将液压千斤顶放入活络端顶压位置，接通油管后开泵，按设计要求逐级施加预应力。

（2）钢支撑安装结束必须按设计要求及时对支撑施加预应力，预应力施加时，由于安装的误差难以保证支撑完全平直，所以为了施加预应力的时候为了确保支撑的安全性，采用分级施加的方式进行。第一次施加设计值的 50%，第二次施加至设计预应力值的 80%，第三次施加至设计预应力值的 100%，以形成一个整体稳定的围护支撑系统。

（3）预应力施加到位后，固定活络端，并焊接牢固，防止支撑预应力损失后钢楔块掉落伤人。

7. 斜抛撑验收，下层土方开挖

图 4.4-18 斜撑下方反压土方开挖

（1）人工检查钢支撑的松动情况。以敲击无轴力器的钢支撑活络头塞铁，视其松动与否决定是否复加预应力。钢支撑架设完毕后，经常检查支撑的平直度、连接螺栓松紧、法兰盘的连接、支撑牛腿的焊接等，确保钢支撑各节接管螺栓紧固、无松动，且焊缝饱满。

（2）自查合格后，申请相关单位验收；完成超长双管斜抛撑施工及验收后，分层开挖抛撑下放反压土条至设计标高，具体见图 4.4-18。

4.4.7　主要机械设备

本工艺所使用的机械设备主要有起重机、千斤顶、电焊机、液压油泵等，见表4.4-1。

主要机械设备配置表

表4.4-1

序号	名称	型号、尺寸	备注
1	起重机	QUY80	吊装钢管
2	直流电焊机	ZX7-315	焊接顶部肋板
3	液压千斤顶	100T	钢管位置微调
4	电焊机	22kVA 交流	肋板槽钢之间连接
5	液压自动油泵	BZ70-1	斜抛撑加压

4.4.8　质量措施及控制标准

1. 质量控制措施

（1）工程开工前，由项目总工程师对施工班长及施工作业人员进行安全质量技术交底，明确每道工序质量要求、验收标准，以及可能发生的质量事故预防措施；然后，由现场施工员及班长向全体施工人员进行第二次交底。

（2）钢支撑安装按设计图纸及设计交底要求进行，现场丈量复核实际长度尺寸，并按钢支撑的编号图吊装登记；钢支撑吊装到位后，进行水平度的调整，检查各连接焊接点和螺栓是否紧固可靠。

（3）土方开挖至设计斜抛撑底面时停止开挖，预留土台待双管斜抛撑完成施工并验收合格后，进行斜抛撑下土方开挖。

（4）支撑拼装长度比实际所需长度短15～20cm左右，待长钢管安装后根据实际情况配置小型接头，避免因操作误差导致钢管无法就位。

（5）钢支撑两端部与挡土结构接触处应紧密结合，未密贴处将腰梁部位的支护桩表面凿毛，并用C30细石混凝土填灌密实。

（6）加强电焊质量的检查，注明焊缝厚度的位置，严格按设计要求执行；未注明焊缝厚度的位置，按规范施工作业。焊缝必须满焊，焊缝表面要求均匀，无气孔、夹渣、裂缝、肉瘤等现象。

（7）钢支撑安装必须确保支撑端头与围护结构均匀接触，安装支撑的径向轴线偏心度控制在设计要求的范围内。

（8）对已撑好的钢支撑进行严格的保护，严禁在钢支撑上面堆物，不得受到任何压力；严禁各种机械在钢支撑上行走或停留操作，挖机在挖土过程中不得碰撞钢支撑。

（9）在支撑预应力施加完成后，派专人检查并复拧，避免支撑连接螺栓在施加预应力后出现松动现象。

（10）通过合理拼装支撑，控制活络头伸长量在20cm以内，防止活络头伸长量过大而引起支撑歪脖子现象出现。

163

（11）支撑轴力施加阶段，当油泵车油压达到设计要求后，需持荷稳压 3 分钟再楔入钢楔，钢楔楔入完成后再卸压退顶。

（12）钢支撑法兰盘在连接前进行整形，不得使用变形法兰盘，螺栓连接要紧固，严禁接头松动。

（13）预应力分级施加，第一次施加设计值的 50%，第二次施加至设计预应力值的 80%，第三次施加至设计预应力值的 100%。

2. 钢支撑质量验收标准

钢支撑的加工、焊接与安装符合国家标准《钢结构工程施工质量验收规范》GB 50205 的有关规定，见表 4.4-2。

钢支撑质量验收标准 表 4.4-2

序号	项　目	允许偏差
1	长细比	小于 75
2	预应力	±5% 设计值
3	柱脚底座中心线对定位轴线的偏移	±5.0mm
4	弯曲矢高	$H/1200$，且不应大于 15.0mm
5	钢支撑焊接	满足设计焊接参数及焊缝质量要求

4.4.9　安全措施

1. 吊装作业

（1）吊装作业为施工的重大危险源之一，现场吊装作业施工作业人员进入工地前接受三级安全教育及相应的安全技术交底，了解相关安全注意事项。

（2）吊装作业设专人指挥，严格遵守安全操作技术规程，杜绝"违章指挥、违规作业、违反劳动纪律"的"三违"作业。

2. 高处作业

（1）高处作业采用有效的安全防护措施，相关人员佩戴安全带等。

（2）六级以上大风或大雨天气时，停止起重吊装和高处作业。

3. 安装作业

（1）安装钢管时，法兰盘的螺栓必须拧紧，快速形成支撑，减少基坑无撑时间。

（2）预应力逐级施加，避免应预应力施加过快导致的支护体系失稳。

（3）完成超长双管斜抛撑施工并经相关单位验收后，方可进行下一步土方开挖。

4.5　基坑支护预应力锚索组合式钢腰梁施工技术

4.5.1　引言

基坑"支护桩＋预应力锚索"作为一种常见的支护结构形式已被广泛采用，当预应力锚索多排设置时，除桩顶一排的预应力锚索可利用支护桩的冠梁外，其他各排预应力锚索均需要通过腰梁与支护桩结合形成支护结构。

目前，预应力锚索支护结构的腰梁一般为现浇钢筋混凝土腰梁，其截面稳定性好、抗弯刚度大、防腐性能好，但存在混凝土施工养护时间长、一次性使用、自重大等问题；同时因截面尺寸大，占用基坑空间大，限制地下结构外扩空间，也不利于后期地下结构外墙施工；另外，后期钢筋混凝土拆除困难，存在噪声及扬尘污染环境。

如何在桩锚支护结构体系中，探寻一种可靠、安全、可行、快捷的腰梁施工方案，以实现绿色施工、加快施工效率，降低施工成本，从而获取更高的经济效益成为本科研项目的重要任务，其研究成果将具有广泛的使用价值和指导意义。

针对上述问题，结合项目实际条件和施工特点，开展了"基坑支护预应力锚索组合式钢腰梁设计与施工技术"研究，对于基坑支护腰梁结构的施工，提出采用组合式预应力锚索钢腰梁，通过采取背式双槽钢组合结构设计，与支护桩上安装的三角钢斜垫焊接连接，将承压板套入锚索中实施预应力锚索张拉而形成锚拉体系，达到现场安装快捷、支护安全可靠、绿色节能的效果，形成了一种新型的基坑支护预应力锚索组合式钢腰梁施工技术，取得显著的社会效益和经济效益。

4.5.2 工程应用实例

1. 工程概况

项目工程位于拟建的深圳机场扩建项目 T3 候机楼和站坪之下，本工程 I 标段基坑周长为 1720m，基坑最大开挖深度 17.5m。围护结构为桩锚支护体系，其中"桩"为咬合桩，"锚"采用顶部的锚碇板＋2～4 层预应力锚索，围檩设计采用预应力锚索组合式钢腰梁。

2. 施工情况

本项目于 2008 年 8 月 10 日开工、2010 年 10 月 31 日完工，并于 2010 年 12 月 31 日完成锚索支护分项工程的验收。项目采用了基坑支护预应力锚索组合式钢腰梁施工技术，累计施工钢腰梁 5070.4m，实现现场装配化、标准化、信息化施工，保证了施工质量，提高了施工效率，为项目的顺利推进及后期的主体工程施工提供了有利的施工条件，项目验收合格。项目施工情况见图 4.5-1。

图 4.5-1 组合式钢腰梁施工现场

4.5.3　工艺原理

基坑支护预应力锚索组合式钢腰梁施工工艺，即指在工厂内将槽钢、钢板等原材料，根据设计要求的强度、刚度及抗扭曲能力进行"背靠背"的双背式槽钢结构连结组合，将支护桩桩面凿平并安装三角钢斜垫，把预制完成的钢腰梁整体套入预应力锚索中，使钢腰梁与三角钢斜垫焊接成一体，通过"支护桩＋三角钢斜垫＋钢腰梁＋承压板＋锚具"的组合结构替换传统钢筋混凝土预应力锚索腰梁，形成锚拉体系的支撑结构，经锚具张拉、锁定预应力锚索后形成基坑支护锚拉体系，见图 4.5-2。

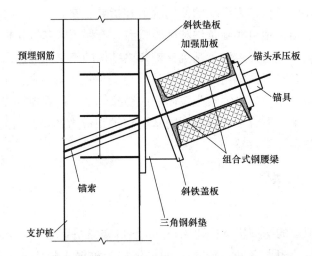

图 4.5-2　基坑支护预应力锚索组合式钢腰梁施工工法原理图

1. 支护桩

（1）根据支护桩（咬合素桩或桩间旋喷形式）的间距布置锚索。

（2）装配式构件制作时，按 1 个承压板及两侧 2 组连接缀板（前后各 2 个）划分为一个单元。

（3）支护桩与三角钢斜垫的位置定位后预先凿平，以便垫板与桩全断面接触。

2. 三角钢斜垫

（1）三角钢斜垫主要承担锚拉力传递作用并形成钢腰梁摆置角度，可调节适合预应力锚索的任意角度，以保证预应力锚索的张拉要求。

（2）三角钢斜垫采用钢板预制，钢斜垫底面 350mm×500mm，板厚 20mm；所有焊脚尺寸 $h_f \geqslant 8mm$，具体见图 4.5-3。

（3）三角钢斜垫通过在桩（配筋桩）上植筋的形式固定于桩上。

（4）三角钢斜垫上平面不在一个水平面时，通过找平垫块进行找平。

3. 组合式钢腰梁

（1）上下槽钢之间采用连接缀板连接，在槽钢的内槽中增加加强肋板以增加钢腰梁的支撑力及防屈曲约束承载力，增强其刚度以承受预应力锚索施加预应力，实现对桩墙的支撑从一个点变为一条线的目的，从而提高桩墙的稳定性，起到固定桩墙及传递锚拉荷载的作用。

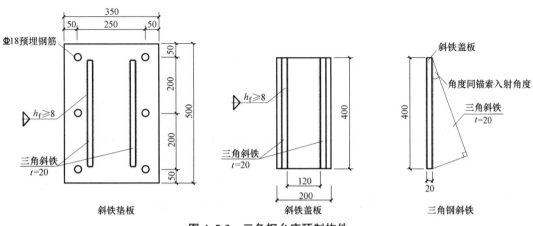

图 4.5-3 三角钢台座预制构件

（2）背式双槽钢采用通用的 20b～40b 热轧普通槽钢在工厂预制。

（3）连接缀板的板材采用 Q235 及以上钢板，规格 200mm×100mm，厚度 10mm，具体见图 4.5-4、图 4.5-5。

（4）加强肋板尺寸同槽钢内槽大小，厚度 $t=10mm$，具体见图 4.5-6、图 4.5-7。

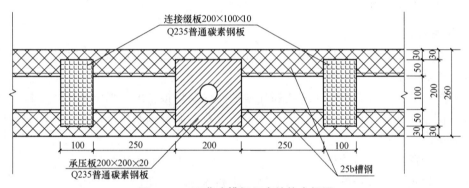

图 4.5-4 双背式槽钢组合结构主视图

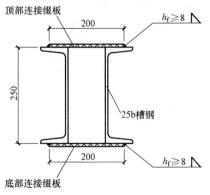

图 4.5-5 背式双槽钢组合结构断面图

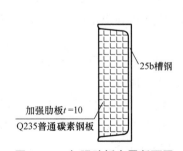

图 4.5-6 加强肋板布置断面图

4. 承压板

（1）组合式钢腰梁套入预应力锚索后，将承压板套入锚索内。

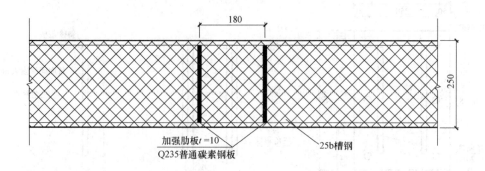

图 4.5-7　槽钢防屈曲加强肋板布置主视图

（2）承压板与钢腰梁贴合处焊接连接。

5. 锚具

将锚具套入锚索内并张拉预应力锚索，待锚体达到养护时间后，进行张拉锁定，形成锚拉体系。

4.5.4　工艺特点

1. 质量可靠

（1）采用工厂化预制，现场组合，提高构件装配精度及焊接质量，防止现场钢构件焊接的质量通病。

（2）板材切割、焊接等可采用机械化作业，提高焊接精度，增强钢腰梁结构稳定性。

（3）信息化作业，可根据现场支护变形情况及时调整预制构件的构造，增加缀板或加强肋板，提高构件承载力。

（4）出厂前进行质量检验，不合格焊缝可及时处理，避免现场返工。

（5）可根据基坑支护的需求进行防锈、防腐涂层的施作。

2. 综合成本低

（1）相较于传统现浇钢筋混凝土腰梁，本工艺无需使用模板、钢筋、混凝土等原材及振动棒、混凝土料斗等配套设备，且无大批量钢筋工、木工、混凝土浇筑工等不同工种作业人员的投入，施工协调少，投入成本低；

（2）后期拆除出来的钢构件可回收利用，无混凝土破除费用，不产生固体废弃物排放成本；

（3）施工不受混凝土材料供应、交通高峰期、雨季施工等影响，减少机械设备窝工等待，降低施工成本；

（4）现场质量验收简便易行，无需制作、养护、送检试块，减少检测费用；

（5）施工质量易于控制，可有效避免返工、修补。

3. 社会效益高

（1）背式双槽钢组合结构自重相较于现浇钢筋混凝土腰梁结构自重更轻、构件截面更小，大大减少了基坑肥槽的预留空间，有利于提升地下室整体空间，社会效益大。

（2）施工现场干净整洁，有利于提升工地安全文明施工形象，建立良好企业形象。

4. 工艺操作简单、安全

（1）免除了传统现浇钢筋混凝土腰梁施工的钢筋绑扎、支模、混凝土浇捣、预留管道、拆模、成品养护、混凝土凿除、废弃渣土外运等复杂工序，操作简单易行。

（2）可采用工厂化作业，使用先进的裁切、焊接设备，操作简单，适宜流水线作业。

（3）施工作业环境好，避免各项交叉作业引起的机械伤害、人身伤害事件发生，安全可靠。

（4）易于培训熟练作业人员，无过多现场不可预见的因素影响施工质量，质量可控。

5. 绿色建造、节能环保

（1）采用钢结构干作业施工，减少废弃物对环境造成的污染，钢腰梁结构材料为绿色可回收建材，满足生态环保要求，符合当前环保形势。

（2）预制化制作可在标准化车间进行，作业人员安全文明施工环境好，不受环境及季节影响。

（3）预制化作业可根据数值统计及模型构建合理规划材料使用，避免浪费，降低能耗。

4.5.5 适用范围

适用于桩锚支护形式中的预应力锚索腰梁施工；适用于 25m 内、使用周期在 2 年内的临时深基坑支护工程，基坑因故需要延长使用期限或在中、强腐蚀性地下水地层中，需要考虑钢腰梁的防锈防腐措施。

4.5.6 施工工艺流程

基坑支护预应力锚索组合式钢腰梁施工工艺的实施，需要根据基坑支护结构的设计形式进行个性化定制。采用桩锚的支护结构设计形式，一般为咬合桩或"桩＋桩间旋喷"的结构，一般采用"两桩夹一锚"的锚拉形式。预应力锚索组合式钢腰梁的施工，应根据不同的围护桩布置间距进行调整及配置。

本施工工艺流程以支护桩 ϕ1200@1600 布置，预应力锚索间距 1600mm 为例。基坑支护预应力锚索组合式钢腰梁施工工艺流程见图 4.5-8。

4.5.7 工序操作要点

1. 施工准备

（1）根据设计要求组织技术交底，了解施工参数，明确施工方法，形成技术资料及方案；

（2）根据支护结构布置形式及预应力锚索间距，对钢腰梁的加工进行组合单元划分，按 1 个承压板及两侧 2 组连接缀板（前后各 2 个）划分为一个单元，单元长度为 1600mm。

（3）市场上通常规格的槽钢长度为 12m，可设置 7 个单元组成预制构件单元体，单个预制构件单元体长度为 11.2m，构件重量约 1.0t，具体见图 4.5-9。

（4）基坑支护中有弯折的区段，根据项目实际情况进行建模及预制。

（5）相邻预制构件单元体接头设置在两根锚索的中间部位。

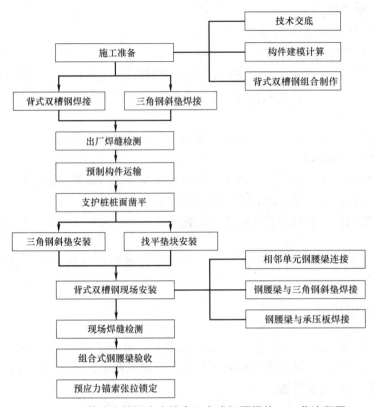

图 4.5-8　基坑支护预应力锚索组合式钢腰梁施工工艺流程图

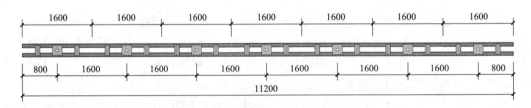

图 4.5-9　预制构件单元体尺寸

（6）按设计图纸做好预制构件的采购备料，见图 4.5-10。

图 4.5-10　槽钢原材备料

2. 支护桩面凿平

(1) 支护桩面为曲面,三角钢台座安装前需将桩面凿平。

(2) 三角钢斜垫底面为 350mm×500mm,需凿除平面尺寸符合三角钢垫底底面尺寸即可。

(3) 采用人工冲击电钻凿平桩面,避免损坏桩体。

(4) 平面浮动渣土清理干净,避免松动混凝土残留。

3. 三角钢斜垫、找平垫块安装

(1) 在支护结构的荤桩上安装三角钢斜垫,采用植筋或高强螺栓将三角钢斜垫固定于围护桩上,具体见图 4.5-11。

(2) 三角钢斜垫安装前需测量围护桩的偏差情况,取围护桩凸出的两个高点为参照点,拉线对准。

(3) 为确保后期钢腰梁安装时能够与三角钢斜垫紧密贴合,各三角钢斜垫的上口必须在同一水平面上;因围护桩桩位存在偏差导致不在一水平面上的,通过找平垫块增高支撑面找平,找平垫块可采用 Q235 普通碳素钢板制作,具体见图 4.5-12。

(4) 三角钢斜垫与支护桩未能紧贴的部位,可采用砂浆充填,提高承受力,具体见图 4.5-13。

图 4.5-11 三角钢斜垫安装图   图 4.5-12 钢斜垫找平垫块   图 4.5-13 钢台座与墙面填充

4. 背式双槽钢组合制作

(1) 槽钢、钢板下料

预应力锚索钢腰梁可实施场外预制,原材进场并经材料检验检测合格后,在固定预制场进行加工组合;根据设计图纸内容及已完成的构件单元划分、板材规格大小分类对原材进行下料。预应力锚索钢腰梁预制可采用机械化作业,板材切割可使用数控火焰切割机、数控等离子切割机等,确保下料准确,切口平整,具体见图 4.5-14;钢材焊接可采用气体保护焊,确保焊接质量。

(2) 背式双槽钢与三角钢斜垫焊接

背式双槽钢采用 25b 热轧普通槽钢组合制成,具体见图 4.5-15;上下槽钢之间采用规格尺寸 200mm×100mm×10mm 的连接缀板连接,连接缀板可采用 Q235 普通碳素钢板焊接,焊脚高度 $h_f \geqslant 8$mm。连接缀板布置在锚索承压板左右两侧 250mm 处,槽钢顶部及底部均设置,具体见图 4.5-16。

图 4.5-14　连接缀板切割下料

　　为防止锚索施工时的位置偏差而导致承压板与锚索方位不一致，承压板可采取现场安装焊接；为增加钢腰梁的支撑力及防屈曲约束承载力，在槽钢的内槽中增加加强肋板，具体见图 4.5-17；加强肋板由 Q235 普通碳素钢板制成，板厚 $t=10\mathrm{mm}$，焊接 Q235 钢时宜选用 E43 系列碳钢结构焊条，焊脚高度 $h_\mathrm{f}\geqslant 8\mathrm{mm}$。

　　三角钢斜垫工厂预制加工，具体见图 4.5-18，由 Q235 普通碳素钢板制成，板厚 $t=20\mathrm{mm}$，选用 E43 系列碳钢结构焊条进行整体连接，焊脚高度 $h_\mathrm{f}\geqslant 8\mathrm{mm}$。

图 4.5-15　背式双槽钢组合结构

图 4.5-16　连接缀板布置图

图 4.5-17　槽钢加强肋板

图 4.5-18　预制三角钢台座

　　（3）预制构件运输

　　经检测合格后的预制构件通过车辆或者吊车运输至钢腰梁施工现场，进行现场组合拼装，具体见图 4.5-19；运输和吊装的过程中注意对钢腰梁的保护，避免碰撞，堆放有序，具体见图 4.5-20。

图 4.5-19 预制构件运输

图 4.5-20 预制构件吊装

5. 背式双槽钢构件现场安装

（1）为方便转运及现场吊装安装，在预制构件施工时需预留吊装点，构件长 11.2m、重约 1.0t，采用对称双点吊装；在预制构件单元体上设置两个吊点，吊环以 Q235 普通碳素钢板裁切而成，并焊接于预制构件单元体上侧，见图 4.5-21。

（2）吊装预制好的组合式槽钢腰梁，将锚索套入背式双槽钢中间的缝隙中，见图 4.5-22。

（3）将槽钢腰梁与三角钢斜垫焊接连接，见图 4.5-23。

（4）根据锚索的方位，将承压板套入锚索中并焊接于钢腰梁上，见图 4.5-24、图 4.5-25。

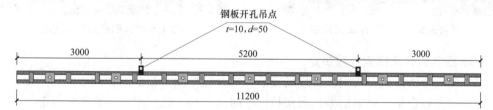

图 4.5-21 装配式槽钢腰梁吊点设置

图 4.5-22 装配式钢腰梁套入锚索

图 4.5-23 三角钢台座与槽钢腰梁连接

图 4.5-24 承压板焊接

图 4.5-25 承压板安装示意图

（5）相邻的装配单元采用钢板连接，见图 4.5-26，完成整体钢腰梁组合安装，见图 4.5-27。

（6）对钢腰梁有防锈要求时，对双背式槽钢进行防锈防腐涂装处理。

图 4.5-26 相邻装配单元连接

图 4.5-27 钢腰梁安装完成

6. 钢腰梁验收及锚索张拉锁定

（1）预应力锚索组合式钢腰梁现场安装完成并经检测合格后组织验收。

（2）经验收合格，锚索龄期达到张拉标准时进行锚索张拉锁定，见图 4.5-28。

（3）张拉时注意观察钢腰梁变形情况，对锚索及腰梁变形情况进行实时监测，见图 4.5-29。

图 4.5-28 锚索张拉施工

图 4.5-29 锚索及钢腰梁变形监测

4.5.8 主要施工机械设备

本工艺现场施工主要涉及的施工机械、设备配置见表 4.5-1。

主要机械设备配置表 表 4.5-1

序号	名　称	规　格	使用区域
1	工字钢梁移动龙门吊	DMG3200	预制场
2	手拉葫芦	2t	
3	二氧化碳气体保护焊机	YM-600	
4	氧炔焰半自动切割机	CZI30	
5	电弧焊机	ZX7-400	
6	手拉葫芦	2t	施工现场
7	电焊机	ZX7-400	
8	手工气割工具		
9	手持式冲击钻	GBH5-38X	
10	挖掘机	Pc200	
11	起重机	YQ20T	移动式

4.5.9 质量控制

1. 关键部位、关键工序的质量检验标准

本工艺关键部位、关键工序质量检验标准见表 4.5-2。

关键部位、关键工序的质量检验标准表 表 4.5-2

项目	序号	检查项目		允许偏差或允许值		检查方法
				单位	数量	
主控项目	1	焊缝	未焊满	$\leqslant 0.2+0.04t$,且$\leqslant 2.0$		焊缝检查尺检查
			焊脚尺寸	$h_f \leqslant 6$:0～1.5,且>6:0～3.0		焊缝检查尺检查
	2	钢板尺寸偏差		mm	5	尺量
	3	槽钢规格		mm	±5	尺量
一般项目	1	腰梁标高		mm	30	水准仪
	2	接口截面错位		mm	50	尺量

2. 质量保证措施

（1）开工前做好各项技术准备工作，充分收集与本项目相关的工程资料，做好图纸会审，领会设计思想；分级进行技术交底，明确施工要求。

（2）组织现场各级技术、施工、质量、安全管理人员认真学习相关技术规范、技术标准和操作规程，掌握规范、标准及规程的 要求，为确保施工质量提供充分的技术保证。

（3）施工过程中，每道工序实行"三级质量检查"制度，上道工序验收不合格，绝不进入下道工序施工。

（4）钢材及焊接材料的品种、规格、性能等符合现行国家产品标准和设计要求。

（5）焊接材料与母材的匹配符合设计要求。

（6）焊工必须经考试合格并取得合格证书，在其考试合格项目及其认可范围内施焊。

（7）对首次使用的钢材、焊接材料、焊接方法等进行焊接工艺评定，并根据评定报告确定焊接工艺。

（8）为保证出厂的预应力锚索钢腰梁焊接质量符合设计及规范要求，在构件出厂前进行焊缝检测，如发现检测不合格或未达到设计、规范要求的情况一律不得出厂，采取返工或修复后经重新检测合格方可出厂。

（9）焊接前进行焊接工艺试验，对构件的力学性能进行试验，焊接完成后可采用无损检测对成品构件的焊缝进行检测。

（10）现场焊接的焊缝，根据设计及规范要求进行现场焊缝检测，以保证焊接结构的完整性、可靠性、安全性和使用性。

（11）对不合格的焊缝进行相应处理，经复检合格后方可验收。

（12）设计要求全焊透的一、二级焊缝，采用超声波探伤进行内部缺陷的检验，超声波探伤不能对缺陷做出判断时，采用射线探伤，其内部缺陷分级及探伤方法应符合相关规范规定。

（13）钢腰梁安装保持顺直，保证支护体系受力均衡、稳定。

4.5.10　安全措施

1. 钢腰梁制作

（1）钢腰梁构件的堆放、搁置稳固，必要时设置支撑和围护。

（2）构件起吊听从指挥，构件移动时，移动区域内不得有人滞留和通过。

（3）绑扎构件的吊索经过计算，绑扎方法正确牢靠，以防吊装过程中吊索破断或从构件上滑脱。

（4）构件吊装时，严禁超载吊装，禁止斜吊。

（5）所有起重机工具，如吊具、吊索等，定期进行检查。

（6）起重机的行驶道路坚实，起重机不得停置在斜坡上工作，不允许两个履带一高一低作业。

（7）钢腰梁现场安装时保持场地干燥，确保施工安全。

2. 焊接

（1）钢腰梁加工制作过程中所使用的氧气、乙炔、电源等，设有安全防护措施，防止泄露及采取相应防火措施。

（2）配电箱及其他供电设备不得置于水中或泥浆中，电线接头牢固并绝缘，设备首端设有漏电保护器。

（3）电焊作业时，地线不得随意连接，采取必要的防护措施，以免造成意外伤害或损坏。

4.6　多道内支撑支护深基坑土方栈桥、土坡开挖施工技术

4.6.1　引言

随着城市建设高速发展，各地兴建了大量的超高层建筑，出现越来越多的深基坑。受

场地狭小、不良地层、周边建（构）筑物及管线密集分布等客观条件的限制和影响，越来越多的基坑采用排桩或地下连续墙加多道内对撑或环撑形式的支撑支护。

传统的设多道内支撑基坑土开挖施工时，一般采取设置土坡，挖掘机械及运输车辆经由土坡入坑施工；土坡按一定的坡比放坡，需要占用较大的坑内空间，极大影响坑底作业面的展开；如果坡道占据部分支撑的位置，为了满足支撑系统的分层、连续封闭、对称、平衡施工，需要反复挖开、回填坡道。尤其对多道环形内支撑的深基坑，因环撑特有的受力及内力传递模式，每道环撑必须完全闭合后才能发挥密封拱的传力效应，环撑的基坑土方开挖必须严格遵循每道支撑完全封闭后再开挖下一层土方，此时将需要多次的土坡挖开、回填，耗时长，占用施工场地大。另外，土坡坡道收坡时，坡道口一侧需要分层开挖、支护，影响基坑总体进度。

"汕头市华润中心三期万象城 B 区项目（第二期）土石方、基坑支护及桩基础工程"项目，基坑采用 2～3 道内支撑支护，出土量大、工期紧。基坑土方开挖时，项目组采用了栈桥、土坡联合坡道开挖施工，利用栈桥跨越支撑梁并延伸进入基坑内一定范围，方便了支撑系统下方及基坑内土方的分层整体开挖、支护支撑，避免了坡道口的重复开挖、回填，有效提升了出土效率，加快了整体基坑施工进度，取得了显著效果。

4.6.2 工艺特点

1. 施工便利

采取混凝土栈桥加土坡形成联合出土坡道的方式，混凝土栈桥直接跨越支撑梁，避免了支撑梁下土方开挖的多次重复修筑出土坡道，也有利于支撑梁下基坑底工作面的有效展开。

2. 加快进度

栈桥采用与支撑系统独立的钢管立柱桩作为基础，使得支撑系统不受基坑出土的影响，加快了出土进度。

3. 安全性能好

泥头车经施工便道外运土方时，不增加支撑系统的荷载；出土效率提升，减少了基坑的暴露时间，同时也增加了基坑的安全。

4. 节省造价

土坡与混凝土栈桥衔接，可减少栈桥的长度，且土坡土方采取修坡即可形成；同时栈桥基础采用钢管立柱桩，基坑开挖后钢管立柱可回收处理，总体可大大节省工程造价。

4.6.3 适用范围

适用于采用多道内支撑支护的深基坑内土方外运，尤其适用于采用多道环形内支撑支护的深基坑，或基坑开挖范围内存在软弱土层的多道内支撑支护的深基坑土方外运。

4.6.4 工艺原理

本工艺采用钢筋混凝土栈桥跨越支撑梁，栈桥与预留基坑土整修形成的土坡顺接，形成施工临时出土便道。当基坑开挖至基坑底，坑内基坑土或承台土方开挖外运完毕，逐渐将土坡从下至上逐段收坡，最后完成栈桥的拆除。

1. 采用钢筋混凝土栈桥跨越支撑梁

采用钢筋混凝土栈桥跨越支撑梁，栈桥的长度以满足基坑支撑梁下方土方施工空间（挖掘机和泥头车通行条件）确定。栈桥为现浇钢筋混凝土结构，其受力体系由钢管立柱桩、联系梁、桥面板构成。栈桥坡道顶面浇筑 30cm 厚钢筋混凝土面板，其下由架设在立柱钢管桩上的钢筋混凝土梁支撑，桥面坡度为按照不小于 1：6 设置。钢筋混凝土栈桥下方的每道支撑梁下一层的土方可以一次性挖除，无需反复挖填土方，为下道支撑梁施工提供了足够的工作面，加快支撑梁的施工速度，有利于支撑梁的快速闭合，从而加快了基坑工程施工进度，具体见图 4.6-1。

2. 整修基坑土形成土坡

基坑内预留部分基坑土暂不挖除，整修形成土坡。坡顶坡比按不小于 1：6 设置，土坡面可采用块石、碎石或混凝土硬化处理，坡面按 1：1.5 放坡并喷混凝土护坡；土坡与跨越支撑梁的栈桥顺接，形成钢筋混凝土栈桥＋土坡的施工通道，具体见图 4.6-2。

3. 收坡

开挖至基坑底部后，逐渐将土坡从下至上挖除收坡，最终将栈桥逐段拆除。

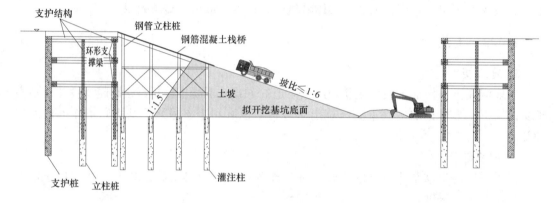

图 4.6-1　深基坑土方栈桥、土坡开挖形成临时出土施工通道示意图

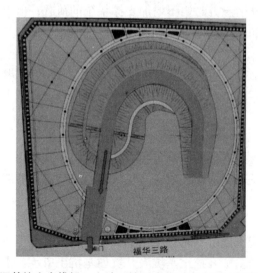

图 4.6-2　深基坑土方栈桥、土坡开挖形成临时出土施工通道俯视示意图

4.6.5 施工工艺流程

多道内支撑深基坑土方钢筋混凝土栈桥、土坡开挖施工工艺流程见图4.6-3。

4.6.6 工序操作要点

1. 基坑支护桩、立柱桩和栈桥桩施工

（1）多道内支撑的深基坑支护多采用"灌注桩＋水泥搅拌桩或旋喷桩"止水帷幕的形式，或采用钻孔咬合桩或地下连续墙支护；作为超前的支护桩、立桩桩和止水帷幕，前期按支护设计技术要求和进度安排进行施工。

（2）坡道栈桥桩施工

坡道栈桥桩采用"灌注桩＋钢管立桩"结构形式，基坑底部灌注桩采用直径1200mm旋挖桩，立柱采用直径800mm钢管混凝土立柱，立柱插入灌注桩内3m。

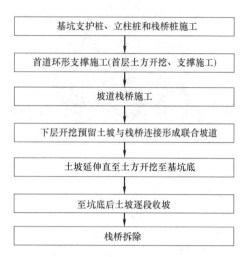

图4.6-3 多道内支撑支护深基坑土方栈桥、
土坡开挖施工工艺流程图

钢管立柱桩的施工工艺流程为：施工准备→场地平整→埋设孔口护筒→旋挖钻进→终孔并一次清孔→吊放钢筋笼→安装钢管立柱并与钢筋笼焊接连接→复核校正钢管立柱的位置→下灌注导管→二次清孔→第一次灌注基桩混凝土→第二次灌注钢管内混凝土。

栈桥钢管立桩桩身之间，待基坑开挖后用水平钢连接和剪刀撑加固。

栈桥桩成孔、钢筋笼安放、钢管立柱拼接及混凝土灌注见图4.6-4～图4.6-7。

图4.6-4 立柱桩成孔及放入钢筋笼钢管立柱

图4.6-5 钢管立柱与钢筋笼间整体固定连接

2. 首层土方开挖、支撑施工

（1）冠梁、连梁及首道支撑范围内的土方开挖，主要以挖掘机械进行开挖为主，辅助人工配合修整基底及清理支护桩、立柱桩周边基坑土；冠梁、连梁及首道支撑基底标高上200mm及支护桩、立柱桩300mm的土方，采用人工方式清土。

图 4.6-6　钢管立柱孔口法兰盘拼接　　　图 4.6-7　钢管立柱灌注混凝土施工现场

（2）冠梁、连梁及首道支撑的施工工艺流程为：测量放线→开挖沟槽→凿除支护桩桩头并清理→绑扎冠梁、连梁及首道支撑钢筋→立模板→浇筑混凝土→拆模及养护。

（3）支撑梁下预先铺设混凝土垫层，当首道支撑处于支护桩冠梁以下时则采用支护桩侧植筋的方式与支撑梁连接。

支撑梁钢筋绑扎、支模、浇筑混凝土见图 4.6-8～图 4.6-10。

图 4.6-8　支撑梁钢筋绑扎　　图 4.6-9　支撑梁混凝土浇筑　　图 4.6-10　首道内支撑分段施工

3. 栈桥施工

（1）栈桥架设于钢管立柱桩上，栈桥混凝土梁与桥面板采用整体浇注，混凝土梁截面为 900mm×900mm，桥面板厚 300mm，梁及面板的配筋考虑混凝土自重、使用荷载及车辆行走产生的动荷载经计算确定。

（2）施工工艺流程：绑扎钢筋→安装模板→浇筑混凝土。

（3）施工操作要点：

1）绑扎钢筋：绑扎前对槽底进行清理干净，严格按设计配筋加工、绑扎；绑扎完毕后，对梁及支撑连接部位钢筋重点进行检查，钢筋绑检验合格后进入下道工序。

2）安装模板：采用 20mm 厚胶合板，木支撑，模板自身固定为木垫枋；模板内侧采用脱模剂或废机油涂抹，便于拆模，模板安装需准确、稳固。

3）浇筑混凝土：浇筑前对模板进行适当润湿，混凝土自由下落高度不超过 2m，以防混凝土产生离析；浇筑采用分层、连续浇筑，边浇筑边用插入式振动器振捣，保证混凝土振捣均匀。

4）栈桥设临时通道安全护栏，设计为混凝土护栏，护栏截面为 150mm×150mm，高 1200mm，护栏之间距离为 1.5m，按构造配筋，与钢筋混凝土桥面板整体浇筑。

栈桥钢筋绑扎、混凝土浇筑施工见图 4.6-11。

图 4.6-11 栈桥钢筋绑扎、混凝土浇筑施工

4. 下层开挖预留土坡与栈桥连接形成联合坡道

（1）首道内支撑施工完毕后，当冠梁、连梁及首道支撑满足设计要求后，再进行下一道支撑的土方开挖。

（2）土方采用分区对称式平衡开挖，每层土方开挖从基坑周边环撑区域开始，向基坑中部依次推进。

（3）当基坑开挖至预留土坡位置时，预留该部分基坑土，土坡顶面与栈桥顺接，形成联合坡道。

（4）土坡坡顶夯实处理，并进行硬化，遇承载力不满足行车要求的土质，则采用毛石换填；坡面按 1：1.5 比例放坡，坡面挂 10 号钢丝网，并喷射 100 厚 C20 混凝土护坡。

（5）土坡设 ϕ48 钢管护栏，护栏高为 1.2m，钢管护栏间距为 1.5m 设置。

具体见图 4.6-12。

5. 分层开挖、土坡延伸直至土方开挖至基坑底

（1）随着土方分区、分层开挖外运，预留基坑土形成的土坡逐渐向下延伸，直至开挖到基坑底部。第二层土方开挖与环撑施工见图 4.6-13。

图 4.6-12 栈桥、土坡顺接形成联　　图 4.6-13 第二层土方开挖与支撑梁施工时土坡
**　　　　合出土施工通道　　　　　　　　　　与栈桥出土工况**

（2）随着土坡的向下延伸，逐段完成栈桥的钢管联系梁和土坡的护面施工，栈桥与土坡联合施工通道逐层出土开挖成型投入使用见图 4.6-14。

图 4.6-14　第三层土方开挖与支撑梁施工时土坡与栈桥出土工况

6. 至坑底后土坡逐段收坡

（1）当基坑开挖至基坑底，坑内基坑土或承台土方开挖外运完毕，逐渐将土坡从下至上逐段收坡。

（2）收坡初期采取基坑内设多台挖掘机接力转土，栈桥面设挖掘机装车外运，具体见图 4.6-15。

（3）最后的土坡采取挖掘机站立在混凝土栈桥端，用挖掘机或长臂挖掘机完成清运，见图 4.6-16。

（4）收坡时适当降低泥头车的载重量，并控制车辆的行驶速度，以确保栈桥稳定和行驶安全。

图 4.6-15　土坡挖掘机接力收坡　　　　　**图 4.6-16　土坡长臂挖掘机收坡**

7. 栈桥拆除

所有基坑土出土完毕后，将钢筋混凝土栈桥拆除，钢管立柱桩回收。

4.6.7　主要机械设备

本工艺现场施工主要机械设备见表 4.6-1。

主要机械设备配置表　　　　　　　　　　　　表 4.6-1

机械名称	型　号	生产地	用　途
旋挖机	SWDM	湖南	钢管立柱基桩成孔
挖掘机	PC200	广东	土方开挖
伸缩臂挖掘机	PC200SC	南京	土方开挖
钢筋切割机	CY11	广东	钢筋笼制作
钢筋弯曲机	Y100-L2-4	广东	钢筋笼制作
电焊机	BK1-200	无锡	钢筋笼焊接
履带起重机	SCC550E	浙江	钢筋笼、钢管吊装

4.6.8　质量控制

1. 栈桥钢管立柱施工

（1）护筒埋设：护筒内径 1200mm，长度不小于 2m；埋设时，中心线对测量标志中心，其偏差不得大于 5cm，垂直度不得大于 1%，埋入密实土层 0.5m 以下。

（2）旋挖成孔：钻机定位水平、稳固，钻孔垂直度采用钻机自身的水准仪控制，发现钻孔偏斜时及时采取纠斜措施。

（3）沉渣厚度控制：钢筋笼吊放时，使钢筋笼的中心和桩中心保持一致，要顺利下放，不能碰撞孔壁；下放钢筋笼后、浇灌混凝土之前，进行二次清孔。

（4）钢筋笼制作：钢筋笼主筋分布与加强筋连接在专用制模上点焊成形，以使主筋分布均匀、平直，确保其成形质量。再按设计间距，缠绕螺旋箍筋，并点焊与主筋固定，点焊时合理选用电焊电流，以免烧伤钢筋。

（5）混凝土灌注成桩：混凝土坍落度 18~22cm；导管安装密封不漏水，导管下口离孔底距离控制在 0.3~0.5m 左右；混凝土初灌量保证导管底部一次性埋入混凝土内 1.0m 以上，灌注过程保持导管埋深 2~4m。

2. 栈桥梁、桥面板

（1）栈桥梁、面板及护栏混凝土浇灌一次连续成型，使强度同步发展，并使用微膨胀混凝土；

（2）栈桥梁、面板混凝土撑截面尺寸误差≤20mm，混凝土浇捣时采取有效措施固定模板；

（3）钢筋绑扎时应全数检查受力钢筋的品种、级别、规格、数量符合设计要求；

（4）模板进场前进行验收，检查模板的平整度、接缝情况、加工精度等；

（5）安装前检查模板的杂物、浮浆清理情况、板面修整情况、脱模剂涂刷情况等；

（6）拆模后，及时对模板及缝隙进行彻底清理；

（7）模板经常进行维修清理、校正变形。

3. 土坡形成、土方开挖及土方外运

（1）基坑开挖前，将预留土坡位置测量放线，表面夯实，并采用 C20 混凝土硬化，遇不承载力不满足行车要求的土质，采用毛石换填。土坡形成后，对土坡表面喷 C20 混凝土护坡；

（2）土方开挖前，先做好前期准备工作，将施工场地清理平整，布置好临时性排水沟。建筑物位置的轴线、水平控制桩必须经过技术人员核实无误后方能开挖；

（3）支撑体系待混凝土达到设计要求后，才能开始下层上的土方开挖；

（4）严格按施工方案规定的施工顺序进行土方开挖施工，分层、分段依次进行。

4.6.9　安全措施

1. 钢管立柱桩施工

（1）在桩机下铺设钢板，以防止旋挖桩机发生倾倒。

（2）起吊钢筋笼及钢管时，其总重量不得超过起重机相应幅度下规定的起重量，并根据笼重和提升高度，调整起重臂长度和仰角，估算吊索和笼体本身的高度，留出适当空间。

（3）起吊钢筋笼及钢管作水平移动时，高出其跨越的障碍物 0.5m 以上。

（4）起吊时，起重臂和笼体下方严禁非作业人员停留、工作或通过。

（5）桩身混凝土浇灌结束后，桩顶混凝土低于现状地面时，应设置护栏和安全标志。

2. 栈桥梁及桥面板施工

（1）浇筑混凝土前，对杂物和钢筋上的油污应清理干净，对缝隙和孔洞予以封堵。

（2）混凝土浇捣时采取有效措施固定模板。

3. 基坑土方开挖与外运

（1）编制安全可行的土方开挖方案，并对现场进行安全技术交底。

（2）制定专门的土方运输路线，确保土方开挖过程中的交通运输安全。

（3）土方开挖过程中，挖掘机和载重车辆不得在距离基坑上口线 3m 以内停留；运土车辆进出大门时注意控制速度，出口处安排专人疏导交通。

（4）为保证夜间土方开挖足够的照度，特别在顶部支撑侧面或下方配备局部照明碘钨灯，为保证土方开挖机械不碰撞以完成的支撑结构，在重要位置布设红色环保节能 LED 警示灯。

（5）采用机械挖土时，机械旋转半径内不得有人，机械旁需有专人指挥。

（6）已挖完的基坑外侧、坡道两侧应及时做好临边防护；基坑内基底标高不同时，在基底标高较高的区内必须用钢管搭设防护。

（7）收坡时适当降低泥头车的载重量，并控制车辆的行驶速度，以确保栈桥稳定和行驶安全。

4.7　基坑预应力管桩、预应力锚索联合支护施工技术

4.7.1　引言

对于无放坡条件的开挖深度 10m 左右的深基坑，通常多采用灌注桩或微型桩配合预应力锚索联合进行支护。灌注桩或微型桩施工需使用泥浆护壁，工序繁琐、质量要求高、施工时间长、综合成本高、现场安全文明情况差。为此，采用"预应力管桩＋预应力锚索"联合基坑支护结构，具有成桩速度快、无需凿除桩头、施工效率高、无外排泥浆、现

场干净整洁、安全文明情况好，且质量可靠、工程造价较低的优势。

近年来，工勘集团承接了华侨城保安酒店基坑支护工程、龙光光明 A646-0059 项目、深圳龙岗信达泰禾金尊府基坑支护及土石方工程等基坑支护设计、施工项目，针对项目现场条件、设计要求，并开展了"深基坑预应力管桩、预应力锚索联合支护施工技术"研究，经过一系列现场试验、工艺完善、现场总结、工艺优化，最终形成了完整的深基坑预应力管桩、预应力锚索联合支护设计与施工技术，制定了工艺流程、质量标准、操作规程，取得了显著成效。

4.7.2 工程实例

1. 工程简介

深圳龙岗"信达泰禾金尊府基坑支护及土石方工程"，位于深圳市坪山新区中山大道与锦龙大道交汇处东南侧，北临力高君御国际项目，南临京基御景印象项目。总用地面积 36，911.51m²，建筑面积 166，101m²，基坑开挖深度 9.05～9.40m；基坑支护影响范围内的地层见图 4.7-1。

2. 基坑支护设计

本基坑整体的支护采用预应力管桩、预应力锚索联合支护方式，其中预应力管桩直径 500mm，桩间距 0.8m；预应力锚索直径 130mm，3 束；基坑采用直径 600mm 二重管旋喷桩作为止水帷幕。基坑支护设计剖面、大样见图 4.7-1、图 4.7-2。

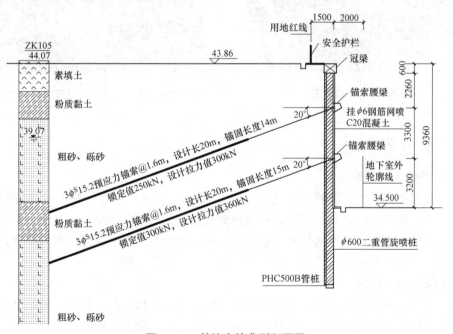

图 4.7-1　基坑支护典型剖面图

3. 基坑支护施工

（1）基坑支护于 2017 年 1 月开始施工，基坑支护于 2017 年 4 月完成。

（2）先施工高压旋喷桩止水帷幕，再采用静压法施工预应力管桩。

（3）完成预应力管桩冠梁后，基坑分层开挖，分层施工预应力锚索、腰梁。

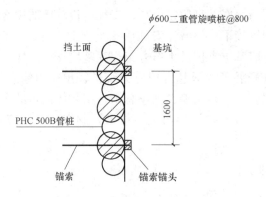

图 4.7-2 基坑支护大样图

基坑支护施工见图 4.7-3、图 4.7-4。

图 4.7-3 腰梁施工

图 4.7-4 预应力管桩、预应力锚索基坑支护

4.7.3 工艺特点

1. 支护桩成桩工效高

本工艺支护桩采用订制的直径 500mm 或 600mm 高强预应力管桩，首先订制的预应力管桩在工厂集中生产单节长 15m，从生产到使用的最短时间只需 3～4 天，施工前期准备时间短；其次施工现场机械化施工程度高，施工速度快，施工桩顶标高易控制，方便后续冠梁施工，施工效率高；另外，管桩检测时间短，节省工期。

2. 现场安全文明好

本工艺预应力管桩采用静压沉入法施工，机械化施工程度高，现场整洁，可以避免发生灌注桩工地泥浆满地流的脏污情况，现场干净整洁、安全文明情况好。

3. 综合成本低

本工艺采用预应力管桩、预应力锚索联合支护方式，该支护结构的优点主要在于充分发挥预应力管桩与预应力锚索共同受力的系统作用，以达到基坑稳定安全，基坑支护体系结构、受力合理，也更具经济性；加之其施工速度快、工效高，安全文明容易控制，与灌注桩支护相比总体综合成本低。

4.7.4 适用范围

适用于开挖深度 10m 左右、无放坡条件的深基坑工程。

4.7.5 工艺原理

本工艺所采用的基坑预应力管桩、预应力锚索联合支护方式，是用预应力管桩替代了通常支护所采用的灌注桩、微型桩，预应力管桩使用专门订制的加强型产品，其抗剪强度有一定的提升，起到一定程度的挡土作用，该支护结构主要在于充分发挥预应力管桩与预应力锚索共同受力的系统作用，以达到基坑稳定和安全。其工艺原理见图 4.7-5。

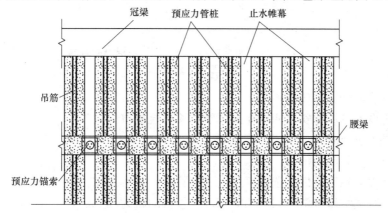

图 4.7-5 基坑预应力管桩、预应力锚索联合支护工艺原理

1. 订制的预应力管桩抗剪性能增加

本工法采用订制的 PRC-I 500AB 型或直径 600mm 预应力管桩作为基坑支护桩，桩间距 800mm，订制的混合配筋预应力管桩通过加强型组合配筋生产，桩身的延性和抗弯、抗剪性能得到大幅度的提高，起到一定程度的基坑支护作用。

2. 预应力锚索增强支护作用

本工法采用预应力锚索提供预应力锚索的锚固力，并与通过设置的腰梁与预应力管桩形成共同受力结构，在水平方向也起到固定腰梁的作用，以最大限度发挥出预应力锚索的锚固作用。

3. 吊筋拉结固定作用

本工法基坑开挖后，采用在管桩每道腰梁部位的钢筋与上部冠梁或腰梁结构预留的吊筋进行拉接，在竖向上起到固定腰梁的作用，以确保腰梁不发生竖向扭曲变形，防止腰梁坠落，提升支护结构的稳定性和整体性。

4.7.6 施工工艺流程

深基坑预应力管桩、预应力锚索联合支护施工工艺流程见图 4.7-6。

4.7.7 工序操作要点

1. 施工准备

（1）清理场地，形成作业工作面；

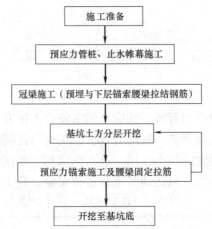

图 4.7-6 深基坑预应力管桩、预应力锚索联合支
护施工工艺流程图

（2）对桩位进行测量放样；

（3）桩机设备进场并安装调试完成，然后移机至桩位处就位。

2. 基坑支护止水帷幕、预应力管桩施工

（1）先施工高压旋喷桩。

（2）根据现场施工条件，选用静压法施工管桩，具体见图 4.7-7。

（3）施工时基坑每边由中间向两侧施工，管桩间距为 800mm。

（4）为提高预应力管桩的抗弯能力，预应力管桩采用订制的 PRC-I 500AB 型的混合配筋预应力管桩，其通过加强型组合配筋生产，使桩身的延性和抗弯、抗剪性能得到大幅度的提高。其配筋见图 4.7-8。

图 4.7-7 预应力管桩施工

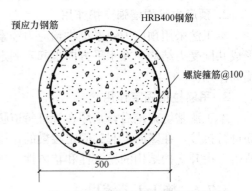

图 4.7-8 混合配筋预应力管桩
（PRC-I 500B 型）配筋图

3. 冠梁施工

（1）管桩施工完成后，使用挖机在地面桩顶处清理出冠梁槽，在管桩内植入钢筋使管桩与冠梁锚固（见图 4.7-9、图 4.7-10）；再进行冠梁钢筋制安、模板安装、混凝土浇筑等工作，完成支护桩冠梁施工（见图 4.7-11、图 4.7-12）。

（2）冠梁施工时，根据基坑支护预应力锚索腰梁所处标高位置，预留连接锚索腰梁的挂筋，以保证混凝土腰梁位置固定，具体见图 4.7-13。

图 4.7-9　冠梁槽开挖

图 4.7-10　管桩钢筋植入

图 4.7-11　冠梁钢筋安装

图 4.7-12　冠梁混凝土浇筑

图 4.7-13　冠梁设置第一道预应力锚索吊筋

4. 基坑土方分层开挖

（1）基坑土方按要求分层分段开挖，同时开挖一层及时对基坑壁进行喷射混凝土施工；

（2）通常按设计开挖至预应力锚索腰梁底标高 50cm 处，即可满足下一步锚索施工。

5. 预应力锚索施工

（1）预应力锚索采用专用锚索钻机成孔，锚索的成孔直径为 150mm；

（2）注浆材料采用 P.O.44.9 普通硅酸盐水泥，采用二次注浆施工工艺。锚索成孔和锚索安装见图 4.7-14、图 4.7-15。

6. 预应力锚索腰梁固定

（1）预应力管桩为高强混凝土预制管桩，无法采用在预应力管桩上植筋的方法来固定腰梁，因此腰梁的固定采用水平向由预应力锚索锚入基坑侧壁，竖直方向采用在冠梁上预先预留悬挂钢筋来固定腰梁；

（2）腰梁间采用上道腰梁预留吊筋拉结下道腰梁固定。吊筋与冠梁、腰梁连接大样见图4.7-16，现场照片见图4.7-17、图4.7-18。

图4.7-14 锚索钻孔

图4.7-15 锚索安装

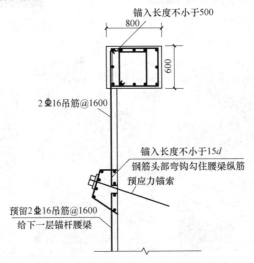

图4.7-16 吊筋与冠梁、腰梁连接大样

图4.7-17 腰梁钢筋安装图

图4.7-18 腰梁拉力钢筋施工焊接

7. 腰梁施工

（1）基坑土方开挖至腰梁底设计标高低约50cm，在施工水泥砂浆垫层后，按设计图

纸进行腰梁钢筋绑扎，并与冠梁预留的二根纵向吊筋焊接牢固。

（2）为确保下一道腰梁的位置固定，在本道腰梁与冠梁拉结钢筋的对应位置预留与下一道腰梁拉结的钢筋。

（3）模板制作并安装后，采用 C30 商品混凝土浇筑；混凝土浇筑后 48 小时拆除侧模，进行张拉端的清理，待混凝土龄期满后，按照规范要求进行锚索的张拉与锁定。

8. 重复基坑开挖、预应力锚索施工

（1）按设计要求逐层进行土方开挖，土方开挖时严禁挖掘设备碰撞预应力管桩。

（2）按设计要求进行逐层预应力锚索施工。

（3）基坑开挖、预应力锚索施工至基坑底，具体见图 4.7-19。

图 4.7-19 基坑开挖、预应力锚索施工至基坑底

4.7.8 主要机械设备

本工艺现场施工主要机械设备按单机配置，见表 4.7-1。

主要机械设备配置表

表 4.7-1

机械设备名称	型号规格	额定功率	备注
静压管桩机	600t	75kW	预应力管桩施工
水泥浆搅拌机	JW500	20kW	锚索施工二次注浆
锚索钻机	ZT-25	50kW	锚索成孔
钢筋调直机	GT6-14	4kW	钢筋加工
钢筋弯曲机	GW40	4kW	钢筋加工
钢筋切断机	GQ40	5.5kW	钢筋加工
电焊机	BX3-300	14kW	钢筋焊接
混凝土汽车泵	SYG5530THB		腰梁混凝土浇筑

4.7.9 质量控制

1. 预应力管桩

（1）订制的预应力管桩进场验收，检查管桩出厂合格证明。

（2）对管桩进行外观检查，重点检查管桩表面平整，密实、无蜂窝、露筋裂缝，桩顶无孔隙，预应力钢筋无断筋、脱头，合缝及包箍处不得漏浆。

（3）吊运和堆放：吊运时轻吊轻放，严防碰撞，现场堆放时场地应平整、坚实，管桩按支点位放在枕木上，层与层之间应隔开，且堆放高度不超过三层。

（4）预应力管桩施工按顺序由一侧向另一侧施工，避免因挤土效应产生桩位偏差；其次施工过程中反复核对轴线和桩位，采用小应变检测桩身质量。

2. 预应力锚索

（1）预应力锚索施工根据现场支护桩位置精确测放锚孔孔位，按设计规定的倾角成孔钻进，一般采用跟管钻进，防止钻进时塌孔。

（2）预应力锚索材料均附有生产厂商的质量证明书，锚索制作钢绞线下料长度根据实测孔深、锚墩厚度、垫板、工作锚板、限位锚板、千斤顶等沿孔轴线方向的总和再预留一定长度确定。

（3）根据设计规范要求核对孔深、孔径，注浆过程中控制水灰比、注浆压力、注浆时间；采用信息化施工，根据地层差异完善成孔方法、注浆参数，确保施工质量。

（4）二次注浆完成并养护达到龄期后，按要求进行分级张拉锁定。

（5）预应力锚索腰梁施工时，按设计要求和构造要求，将冠梁或上一层锚索预留的钢筋与腰梁钢筋绑扎固定，浇筑腰梁混凝土时采用振捣，冠梁混凝土养护时间不少于 14 天。

4.7.10 安全措施

1. 预应力管桩施工

（1）静压桩机安装地面到达 35kPa 的平均地基承载力，安装完毕进行试运转，对吊桩用的起重机进行满载试吊。

（2）静压桩机作业时，统一指挥，压桩人员和吊桩人员密切联系，相互配合。

（3）起重机吊桩进入夹持机构在压桩开始前吊钩安全脱离柱体。

（4）静压桩机作业保持桩的垂直度，如遇地下障碍物时桩产生倾斜，不得采取压桩机行走的方法强行纠正。

（5）当压桩引起周围土体隆起，影响桩机行走时，将压桩机前进方向隆起的土铲平，不得强行通过。

2. 预应力锚索施工

（1）锚索施工机械和压力仪表提供产品合格证和产品使用说明书。

（2）锚索施工中电动机运转正常后，方可开动钻机，钻机操作由专人负责；处理机械故障时，必须使设备断电、停风，向施工设备送电、送风前，先通知作业有关人员。

（3）向锚索孔注浆时，注浆罐内保持一定数量的水泥浆，以防罐体放空。

（4）预应力锚索张拉作业前，检查卡具、锚具及被拉钢筋两端墩头是否完好，如有裂纹或损坏应及时修复或更换。

（5）张拉作业中，平稳、均匀操作，张拉时两端不得站人；张拉钢筋时，不准用手摸或脚踩钢筋、钢丝。

4.8 基坑浅层地下水塔式压力回灌施工技术

4.8.1 引言

深基坑施工过程中，为满足基坑土方开挖的需要，往往进行不同程度的现场临时抽排水，导致基坑周边地下水位下降，进而使周边既有建（筑）物、道路、地下管线、岩土体及地下水体等环境发生改变，产生不同程度的沉降、开裂和地下水位下降等现象，严重的可能会造成不良社会影响及基坑安全隐患。

为防止基坑开挖造成周边地下水位下降，通常采用基坑周边井点回灌的方法，一般的做法是铺设水管，通过向回灌井口自然灌入水源使基坑周边土层中流失的地下水得到一定程度的补充，将基坑周边水位控制在安全范围内，从而维持土体的平衡状态。常规地下水无压井点的自然回灌过程中，回灌效果往往因土层渗透系数的不同而受到影响，有时甚至无法达到预期的回灌效果，基坑周边土体中流失的水量得不到有效补偿，水位仍持续大幅下降，这对于周边环境条件复杂、管线较多、建（构）筑敏感的场地，需要采取相应的措施，保持地下水位的稳定。

深圳南山区沙河街道鹤塘小区沙河商城更新单元项目土石方、基坑支护工程施工项目，针对地下水位下降超标，为确保周边城中村民房的安全，运用了一种新型的深基坑浅层地下水塔式压力回灌施工技术，即通过修建具有一定高度的水塔，为回灌水提供一定高度的水头，回灌井上部密封，形成一套塔式半密闭压力回灌系统，能较好地维持了基坑周边的地下水位，使基坑施工对周边建（构）筑物及道路的影响降到最低，确保了基坑及周边的安全。

4.8.2 适用范围

适用于深基坑土方开挖对周边构建（构）筑物、地下管线及道路产生影响而具有回灌要求的基坑。

4.8.3 工艺原理

本工艺的目的在于提供一种高效的基坑周边地下水位回灌施工方法，旨在解决当基坑开挖降水后引起基坑周边地下水位下降，进而影响周边建（构）筑物、道路、地下管线、岩土体的安全问题，尤其是当基坑周边土体渗透系数小，采用常规自然回灌措施无效时，该方法作用更为明显。

本工艺所述的深基坑浅层地下水塔式压力回灌方法，是指在 3m 高的塔座上设置直径 1.2m、高 1.5m 的圆柱体储水罐，设置管网将储水罐中的水与回灌井连通，通过闸阀将罐中的水以高水头压力灌入回灌井中，以保持基坑周边地下水位的相对平衡。

本工艺的压力回灌系统包括回灌加压系统、压力密闭系统、循环水管路系统。

1. 回灌加压系统

回灌加压系统是指通过砌筑底面 1.4m×1.4m、高 3m 的长柱体基座，在基座上安装高 1.5m、直径 1.2m 的圆柱体储水罐，确保回灌水塔至少有 3m 水头压力。

2. 压力密闭系统

在储水罐底部直径 5cm 出水主管连接多个直径 4.9cm 出水支管，出水支管与回灌井之间通过定制法兰密闭焊接，回灌井上部 1m 范围内采用渗透系数极低的黏土封堵，黏土上部施工 20cm 厚 C20 混凝土路面，形成压力密闭系统。

3. 循环水管路系统

循环水管中系统是指基坑抽出的水经过三级沉淀池后，由水泵通过直径 5cm 的 PVC 管抽入水塔，利用基坑抽出的水进行回灌，达到节能减排绿色施工的目的。

深基坑浅层地下水塔式压力回灌原理示意见图 4.8-1，现场设立的压力回灌系统见图 4.8-2。

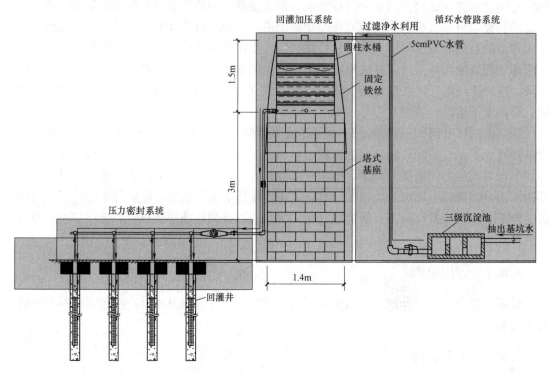

图 4.8-1   深基坑浅层地下水塔式压力回灌原理图

4.8.4   工艺特点

1. 压力回灌效果好

本工艺采用 3m 高基座上方放置储水桶，形成了一定的回灌水头压力，确保了回灌的有效性；从水塔上部引出的回灌主管经过回灌支管，再通过预制法兰焊接回灌井钢花管，形成一套可靠的气密系统，避免压力回灌外部路径的泄压，确保了回灌效果。

2. 操作简单

本回灌系统建成后，只需要通过抽水或开、关闸进行控制，根据水位监测系统测得的水位值，控制现场的回灌操作，简单易操作。

4.8.5   施工工艺流程

深基坑浅层地下水塔式压力回灌施工工艺流程见图 4.8-3。

4.8.6   工序操作要点

1. 施工沉淀池

（1）根据场地设置回灌水塔数量，并设置对应沉淀池。

（2）根据基坑降水情况的不同，及不同位置地层渗透系数的差异，每个回灌水塔回灌的水量不一致。

（3）为保证回灌水塔中有充足的水源补充，每个回灌水塔附近设置一个沉淀池。基坑中抽出的水经过沉淀池沉淀后经由潜水泵抽至水桶顶部洞口。

（4）潜水泵底部采用纱布隔离以降低回灌水的含泥沙量。沉淀池具体做法见图 4.8-4。

图 4.8-2 深基坑浅层地下水塔式压力回灌
系统现场

图 4.8-3 深基坑浅层地下水塔式压力
回灌施工工艺流程图

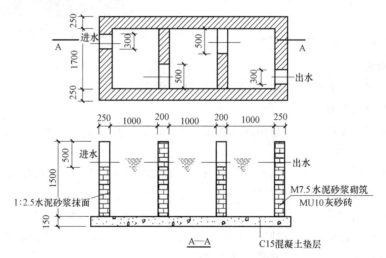

图 4.8-4 沉淀池平面及剖面图

2. 施工回灌井

（1）回灌井采用地质钻机成孔，孔径 30cm，钻孔深度为进入基坑底部 5m 或进入中风化 0.5m。

（2）回灌井间距 15m，距离基坑边 1.5m，具体回灌井数量和间距根据场地地层条件、水文地质参数及地下水位降深要求经计算得出，并制订回灌井设计方案。

（3）完成回灌井钻孔后，放置直径 14cm 钢花管，钢花管底部距离孔底 60cm，管顶露出地面 30cm。钢花管外侧包裹一层 55mm 镀锌铁丝网及三层网格密度 1mm×1mm 塑料尼龙纱网，三层纱网用 12 号铁丝网扎紧间距 500mm；孔内底部及侧壁采用碎石填充，碎石填充至地面以下 1.2m，然后将钢花管 1m 范围内进行开挖后回填黏土，在回填黏土上方浇筑 20cm 厚的素混凝土路面。

回灌井具体做法见图 4.8-5，钢花管见图 4.8-6。

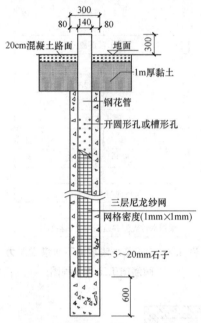

图 4.8-5　回灌井施工剖面图

图 4.8-6　钢花管

3. 施工水塔

（1）水塔基座为砖砌体，砖墙厚 24cm，基座截面尺寸 1.4m×1.4m、高 3m，基座砌筑满足相关砌筑构造要求。

（2）考虑到基座中空，在基座四个侧面的底部开设直径 5cm 排水孔，以避免基座由于中部积水导致损坏。

（3）基座上部放置直径 1.2m、高 1.5m 的储水桶，储水桶最大存水量为 1.6m^3。

（4）储水桶上部中间开口直径 20cm，上下分别再设置两个直径 5cm 排水孔，上孔为进水孔，下孔为出水孔；每个孔与直径 5cm 的 PVC 水管相连，并分别设置控制阀门。

（5）储水桶与基座之间通过铁丝固定，确保储水桶不因刮风等自然因素掉落。

水塔与储水桶安放、布置见图 4.8-7、图 4.8-8。

4. 回灌井与水塔连接

（1）根据回灌水量分析，每个水塔连接 6～8 个降水井。

（2）水塔上方出水主管直径 5cm，通过出水主管后安装水表，在水表后方的主管与直径 4.9cm 支管相连；主管与支管之间通过 PVC 变径接头连接，支管与回灌井通过定制法兰连接，法兰内径与降水井钢花管内径一致。定制法兰通过满焊方式与钢花管相连确保法兰与钢花管之间的气密性。法兰中间为预制丝口铁管，铁管与 PVC 管之间通过丝扣连接，丝扣之间放置少量麻丝，确保 PVC 支管与法兰之间连接的气密性。支管与回灌井连接示意见图 4.8-9。

（3）水塔通过主管、支管、法兰逐步与回灌井连接形成一个气密性良好的回灌系统，

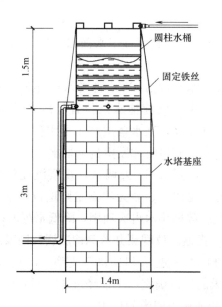

图 4.8-7　水塔及储水桶安放示意图

图 4.8-8　沿基坑边布设的回灌系统

当水压增加时可以保证回灌水的压力通过 PVC 水管与回灌井后传递到水位回灌区域。具体见图 4.8-10。

图 4.8-9　支管与回灌井连接示意图

197

5. 沉淀池与水塔连接

（1）将潜水泵放置于三级沉淀池的最后一级，水泵底部置于水面以下约 30cm，确保水泵中抽出回灌水含泥量小。

图 4.8-10　水塔、排水管与回灌井连接示意图

（2）水泵通过 PVC 管与水桶连通。在水塔上部水桶中及沉淀池水泵位置处放置限位浮球，调节浮球高度，当水塔上部水桶水位不足且当沉淀池中水位充足时才发生自动抽水。

（3）经过 3～5 天调试，观察沉淀池中水位是否能满足回灌，若无法满足则增设蓄水池，确保基坑底部抽排水再次利用，降低水源消耗。

6. 根据水位观测井监测情况调整回灌水量

（1）水箱进水和回灌支管阀门开启，经过 2～3 天的调试确定，保证经过压力回灌后水位能够得到有效地控制；通过水位井的监测报告，验证压力回灌的作用。

（2）当水位监测数据维持稳定时证明压力回灌阀门开度合适，当水位不能保持稳定时，则加大阀门开度，增加回灌压力及回灌水量。

4.8.7　质量控制

1. 回灌工程的勘察与设计

（1）基坑地下水回灌工程应进行勘察及专项基坑地下水回灌工程设计，回灌工程含水层的选择应根据现场回灌试验及勘察判定，回灌设计方案宜通过技术论证后实施。

（2）回灌设计计算应考虑工程性质、场地水文地质条件及周边环境保护要求，且应包括回灌对控制环境变形的疗分析与评估，以及回灌对基坑渗流稳定性影响、基坑底抗突涌稳定性的影响分析与评估等内容。

（3）基坑地下水回灌工程施工、运行、封井，应按回灌设计文件的要求进行，在回灌工程完成后提交竣工资料。

2. 回灌井施工

（1）回灌井垂直度偏差不大于 1/100。

（2）钻孔钻进至设计高程后，钻杆在提钻前提至离孔底 0.5m 处，井孔进行冲孔清除孔内杂物，孔内的泥浆比重逐步调至 1.10，直到返出的泥浆内不含泥块为止，否则会影响井的正常使用。

（3）井管安抚完成后，泥浆比重稀释至 1.05～1.08，充填滤料按井的构造设计要求随填随测，滤料保证均匀填充，直至预定位置为止。

（4）回灌井采用空压机洗井与洗塞交替洗井。

（5）回灌井施工完成后，回灌井的成井质量采用抽水试验进行检验。

3. 回灌井验收

（1）回灌井成孔施工质量验收标准见表 4.8-1。

<table>
<tr><td colspan="4" style="text-align:center">回灌井成孔施工质量验收标准</td><td style="text-align:right">表 4.8-1</td></tr>
</table>

序号	验收项目	允许偏差或允许值		验收数量
1	泥浆黏度	黏性土层	(15～16)s	
		粉土或砂层	(17～18)s	
2	泥浆密度	钻进成孔过程	≤1.15g/cm³	100%
		井管安装过程	(1.08～1.10)g/cm³	
		滤料投放过程	(1.05～1.08)g/cm³	
3	井孔垂直度偏差	≤1/100		

（2）回灌井洗井质量验收标准见表 4.8-2.

回灌井洗井质量验收标准   表 4.8-2

序号	验收项目	允许偏差或允许值	验收数量
1	活塞全程提拉次数	≥60 次	
2	活塞洗井持续时间	≥6h	100%
3	井水浑浊度	清澈、无悬浊物	
4	井底沉淀物厚度	≤0.005H（H 为井深）	

（3）回灌井洗井质量验收标准见表 4.8-3。

回灌井滤料施工质量验收标准   表 4.8-3

序号	验收项目	允许偏差或允许值	验收数量
1	滤管顶料柱高度	≥5m	100%
2	滤料围填体积	≤5%	

4.8.8 安全措施

1. 回灌井施工

（1）回灌井施工的井位避开基坑支护结构，如预应力锚索、锚杆和止水帷幕等。

（2）在基坑边进行回灌井施工，做好安全防护措施。

（3）当回灌井距离建（构）筑距离小于 6m 且建（构）筑物对沉降要求严格时，洗井过程中对建（构）筑物进行沉降观测。

2. 回灌井运行

（1）塔式结构上的水桶采取固定措施，防止强风影响。

（2）所有铺设的管路，采取安全保护措施，防止损坏。

（3）回灌运行实行抽灌一体化，坑内抽水与坑外回灌实行同步；实际水位回升量不得小于设计量，同时就满足保护建（构）筑物区域的水位控制要求。

（4）回灌运行制订应急预案，配备备用设备。

（5）回灌后坑外沉降维持在预警值以内。

（6）基坑地下水回灌工程实行定期监测，监测项目包括：地下水位、回灌量和基坑支护结构、周边地面、邻近建（构）筑物和地下设施的变形监测等。

4.9　基坑支撑支护超长钢管立柱桩综合施工技术

4.9.1　引言

当深基坑采用支撑支护形式时，其支撑结构的立柱桩大多数为支撑钢管立柱或者钢筋混凝土立柱。钢管混凝土立桩与钢筋混凝土立柱桩相比，具有施工方便、抗震能力强、综合成本低等优势，在支撑拆除时便利且可重复使用，满足绿色施工要求。

在深圳前海综合交通枢纽基坑支护项目施工中，结构设计地下室层数为6层，基坑开挖深度达31.7m，基坑支护设计采用地下连续墙＋6道混凝土支撑，支撑立柱采用基坑底以下为$\phi 1.6$m灌注桩、基坑底以上为插入灌注桩内的$\phi 0.9$m钢管混凝土柱。基坑支护典型剖面图见图4.9-1。

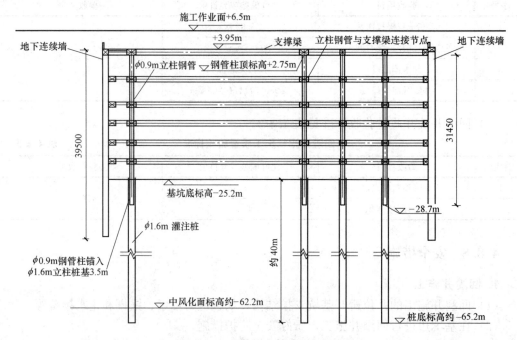

图4.9-1　深基坑支护典型剖面图

本项目钢管柱长度约31.45m，重约20t，为超长钢管立柱，设计要求立柱在每道支撑预留件的位置偏差±20mm，钢管柱桩心偏差±50mm，垂直度不大于0.5%。

为了达到钢管立柱桩的设计要求，实际施工中需解决超长钢管立柱的制作、现场拼接、精准吊装、垂直度控制、钢管内灌注混凝土等关键工序操作问题。为此，项目部技术人员通过现场试验、总结、优化，采用大扭矩旋挖钻机成孔、钢管立柱单节订制及现场拼接、钢管立柱与钢筋笼整体一次性吊放、固定，二次灌注成桩的综合施工方法，基坑开挖后超长钢管立桩垂直度、预埋件位置等均满足设计要求（基坑开挖情况具体见图4.9-2），达到了质量可靠、安全高效的效果，形成了深基坑支撑支护超长钢管立柱桩综合施工技术。

图 4.9-2 深基坑开挖及钢管立柱支撑情况

4.9.2 施工工艺流程

本工艺所采用的主要施工方法包括：采用旋挖钻机进行立柱桩成孔，将钢结构厂家制作的立柱钢管分段运输至施工现场，再利用立柱钢管拼接加工平台焊接成型，采用两台起重机抬吊起吊钢管柱，在桩孔口与底部灌注桩钢筋笼固定、焊接防止混凝土绕流的止浆板后，整体将立柱结构安放至桩孔内并准确定位，首先灌注基坑底灌注桩混凝土，再灌注钢管柱内混凝土成桩。具体施工工艺流程见图 4.9-3。

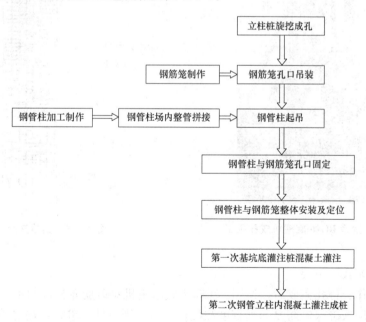

图 4.9-3 深基坑支护超长钢管立柱桩施工工艺流程示意图

4.9.3 工序操作要点

1. 立柱桩旋挖成孔

（1）本项目立柱桩成孔采用旋挖机成孔。由于本项目立柱桩的设计功能为抗压兼抗拔，立柱桩孔深 70m，入中分化花岗岩层 3m，孔底沉渣厚度为≤50mm，垂直度要求高，孔底成渣厚度要求高，施工难度大。

为解决以上问题，采用宝峨 BG46 型旋挖机进行成孔，该机施工深度最大达 111.2m，动力头最大扭矩为 460kN·m，精度高、施工速度快，成桩质量可靠。现场旋挖成孔见图 4.9-4。

（2）本项目场地处于填海区，地质条件复杂，地表以下 3m 为 8～10m 厚淤泥层，淤泥层下为 3～5m 厚砂层，为确保立柱桩成孔质量，孔口安放直径 φ1.8m、长 18m 的钢护筒；旋挖钻进至中风化花岗岩面，入岩采用分级扩孔，至设计标高位置后进行清孔。

2. 钢筋笼制作与孔口吊装

（1）钢筋笼制作

由于立柱桩孔深达 70m，立柱桩基坑底钢筋笼长度约 40m，设计要求钢筋笼笼主筋为 36φ25，钢筋保护层厚 70mm，钢筋笼整体重量 6.5t。钢筋笼大样见图 4.9-5。由于钢筋笼长、重量大，在制作、运输、吊装过程中为防止钢筋笼变形，本项目在实际施工过程中，采用分段制作钢筋笼，每段长度约 20m，在孔口进行对接。

图 4.9-4 宝峨 BG46 旋挖机成孔施工

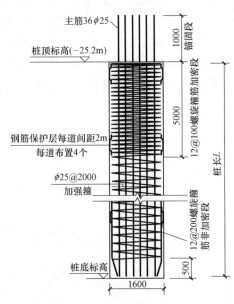

图 4.9-5 钢筋笼大样图

（2）钢筋笼孔口吊装

钢筋笼制作、桩孔完成后，使用 80t 履带式起重机对钢筋笼分段起吊，在孔口焊接接长，利用保护层来确保钢筋笼的垂直度和桩位偏差达到设计要求，钢筋笼放入桩孔内（桩长 $L-3m$），固定在孔口。钢筋笼吊装见图 4.9-6。

3. 钢管柱起吊

（1）钢管柱加工制作

立柱桩钢管与支撑梁连接节点结构复杂、对接位置要求精准，包含抗拉钢板、抗剪钢板、钢牛腿等预埋件。由于成品钢管柱长 31.45m，不利于运输，由专门的钢构工厂按照

图 4.9-6　钢筋笼孔口吊装

设计要求分二段制作。预埋件大样及实体见图 4.9-7。

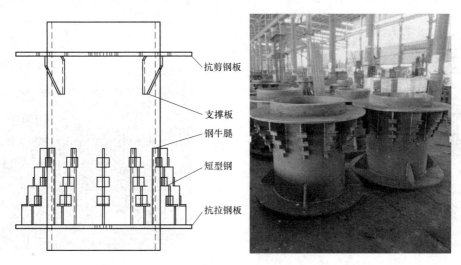

抗剪钢板

支撑板

钢牛腿

短型钢

抗拉钢板

图 4.9-7　预埋件大样图及实体图

（2）钢管柱场内整管拼接

钢管柱运输至施工现场后需进行整管拼接。为保证现场对接质量，在施工现场加工专门的立柱钢管拼接平台。

拼接平台由 6 道架子整体组成，每道架子之间间距视钢管预埋件设计要求确定，架子由工字钢加工制作，每道架子宽 6m，可以容纳 2 根钢管柱在平台上滚动作业，方便现场焊接，避免仰焊，提高工作效率及焊接质量。每一道架子标高一致，侧面挡板在同一竖直面上且与平台水平面垂直，利用两点一线、切面垂直的方法进行钢管柱整体拼接，保证钢管柱对接时两段钢管中心轴线在同一线上，以达到立柱钢管对接后整体垂直度满足设计要求的标准。钢管柱现场拼接平台见图 4.9-8。

钢管柱整管拼接采用履带式起重机将第一节钢管柱平吊至平台，紧贴侧边挡板并固定，再利用履带起重机，辅助人力将第二段钢管柱紧贴平台侧面挡板，并使两段钢管柱拼接口紧贴，再固定；对齐完成后，采用二氧化碳保护焊焊接，焊缝等级为 2 级，待检测合格后将焊缝做喷涂防腐处理。具体见图 4.9-9、图 4.9-10。

图 4.9-8　现场钢管柱现场拼接平台

图 4.9-9　钢管柱拼接吊装就位

图 4.9-10　钢管柱拼接焊接

（3）钢管柱起吊

为保障其起吊安全，采用 130t 履带吊为主吊，80t 履带吊为副吊，主副双机抬吊的方法，在空中完成 90°转身，后由主吊竖直吊立。现场吊装见图 4.9-11。

4. 钢管柱与钢筋笼孔口固定

（1）钢管柱吊装就位

将钢管柱吊至孔口位置，按设计要求将钢管柱插入钢筋笼设计深度 3.5m，开始钢管柱和钢筋笼的焊接。具体见图 4.9-12。

（2）钢管柱与钢筋笼固定

钢灌注插入钢筋笼后，在插入段焊接连接筋，使钢管柱与钢筋笼固定。连接筋共设置两道，间距 2m，每道由焊接在钢管柱同一平面的四个方向的连接钢筋组成，连接钢筋尺寸为钢管柱与钢筋笼间距。具体大样见图 4.9-13、图 4.9-14。

图 4.9-11　钢管柱双机台吊

图 4.9-12　钢管柱孔口吊装就位

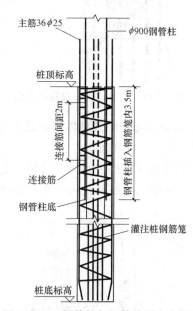

图 4.9-13　钢管柱与钢筋笼固定大样图

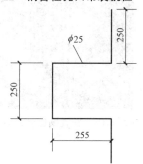

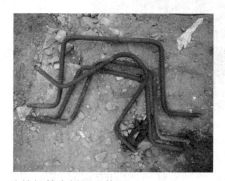

图 4.9-14　连接钢筋大样及实体图

（3）止浆板安装

钢管柱与钢筋笼固定完成后，在钢筋笼顶部位置，焊接一个止浆板（4mm 厚环型钢板），止浆板上预留一定数量，直径为 25mm 的圆孔，既能有效阻止混凝土粗骨料的通过，又能方便泥浆的上涌，避免浇筑混凝土时造成混凝土的绕流而产生混凝土的浪费。钢筋止浆板焊接完成后继续下放钢管柱，钢管柱完全下放至孔内，并临时固定在孔口。具体大样见图 4.9-15，现场操作见图 4.9-16。

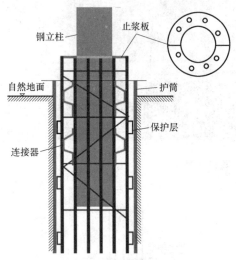

图 4.9-15　止浆板安装位置示意图

图 4.9-16　止浆板焊接

5. 钢管柱与钢筋笼整体安装及定位

（1）设置定位钢筋

根据对钢管柱桩位的复测结果，制作定位钢筋；在钢管柱顶部 0.5m 位置的四个方向焊接定位钢筋，来控制孔内钢管柱最终的平面位置。见图 4.9-17～图 4.9-20。

图 4.9-17　钢管柱定位复测

图 4.9-18　计算钢管柱与钢护桶间距

（2）设置插筋

为了精准定位钢管柱预埋件的标高位置，并使立柱桩顶与第一道支撑梁精准连接，本项目在钢管柱顶设置了插筋，见图 4.9-21、图 4.9-22。在插筋顶部其中一根钢筋做好标识，根据钢筋长度可测量出钢筋顶部在钢管柱下放完成后的柱顶标高。插筋设置完成后，进行下一步工序，具体见图 4.9-23。

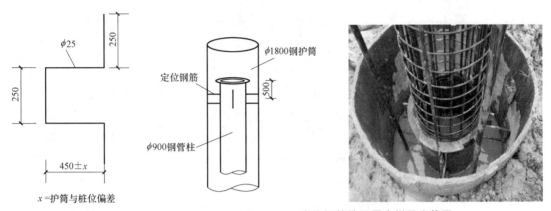

图 4.9-19　定位钢筋大样

图 4.9-20　定位钢筋的设置大样及实体图

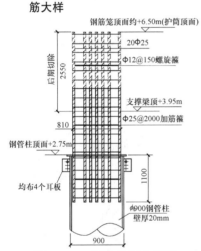

图 4.9-21　插筋设置大样图

图 4.9-22　插筋设置实体图

图 4.9-23　插筋顶部钢筋标识

（3）设置改良后的吊筋

由于传统的吊筋吊耳，使用圆钢加工而成，由于钢管柱重量达 20t，在吊装过程中，吊耳容易发生变形、拉伸，导致钢管柱整体下沉，且不好采取补救措施，造成预埋件位置偏差，所以采用改进的吊筋，可保障吊耳整体刚性，避免由于吊耳变形造成预埋件的位置垂直方向的偏差。见图 4.9-24、图 4.9-25。

吊筋计算好长度、制作好后，焊接在钢管柱顶，履带起重机吊住吊耳上设置的孔洞将钢管柱整体放入桩孔内；利用穿杠固定好，再对插筋进行标高复测，确保钢管预埋件标高位置准确，具体见图 4.9-26。

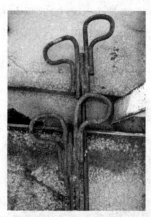
图 4.9-24　传统吊筋吊耳

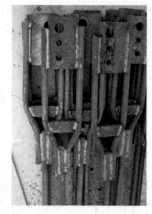
图 4.9-25　改良后吊筋吊耳

图 4.9-26　钢管柱标高复测

6. 第一次基坑底灌注桩混凝土灌注

（1）钢管柱与钢筋笼整体安装及定位完成后，首先对基坑底灌注桩部分进行混凝土灌注；灌注时，选用 $\phi288$ 混凝土导管，将导管伸入桩孔底部以上 $30\sim50\mathrm{cm}$ 位置，采用水下桩混凝土灌注技术，将混凝土灌注至桩顶标高以上 1m 处，具体见图 4.9-27。

（2）灌注桩部分混凝土灌注完成后，约 1h 左右，待混凝土尚未初凝前、坍落度部分损失后，再进行钢管柱内部分混凝土浇灌。

7. 第二次钢管柱内混凝土灌注成桩

（1）将灌注导管底部拔起至钢管柱底部以上，混凝土标高以下 2m 左右，开始浇筑钢管立柱内的混凝土。

（2）由于止浆板作用，使得灌注桩桩顶标高以上、钢管柱外侧混凝土不会产生上浮。见图 4.9-28。

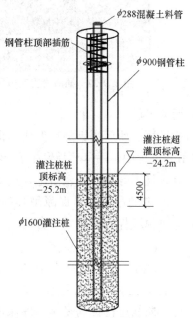
图 4.9-27　第一次基坑底灌注桩部分
混凝土灌注示意图

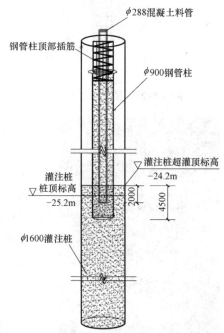
图 4.9-28　第二次钢管柱内混凝土
灌注示意图

4.9.4 主要机具设备

本技术现场施工主要使用的施工机械、设备配置见表 4.9-1。

主要机械设备配置表   表 4.9-1

序号	名称	规格	备注
1	德国宝峨旋挖钻机	BG46	成孔
2	履带吊	130t	主吊
3	履带吊	80t	附吊
4	电焊机	ZX7-400	焊接

4.9.5 质量控制

1. 旋挖成孔

（1）由于钻孔直径大、桩孔深，采用大扭矩旋挖钻机成孔。

（2）旋挖成孔过程中，严格控制垂直度，确保钢管立桩的顺利下入到位。

（3）成孔至持力层后，及时进行第一次清孔；在灌注桩身混凝土前，测量孔底沉渣厚度，如超过设计要求则进行第二次清孔。

2. 钢管柱制作与定位控制

（1）钢管桩在专业工厂分节制作，严格按设计图纸加工，出厂前进行验收。

（2）钢管柱运输至施工现场后需进行整管拼接，为保证现场对接质量，在施工现场加工专门的立柱钢管拼接平台，并严格进行调整平直度，保证同心拼接。

（3）采用钢管柱与钢筋笼整体定位方法，主要由在钢管柱顶部设置定位钢筋、预先制作的插筋、改进后吊筋控制，确保满足设计要求。

（4）回灌井采用空压机洗井与洗塞交替洗井。

（5）回灌井施工完成后，回灌井的成井质量应采用抽水试验进行检验。

3. 钢管柱灌注成桩

（1）钢管桩采用二次灌注，先灌注底部灌注桩身混凝土，在初凝前再灌注钢管柱内混凝土。

（2）灌注时，严格控制灌注导管的埋管深度，指派专人定期测量混凝土灌注面，及时起拔导管，防止埋管过深出现堵管事故发生。

4.9.6 安全措施

1. 旋挖成孔

（1）由于 BG46 旋挖钻机自重大，成孔前在桩机履带下铺设钢板，防止钻进时对孔壁稳定的影响。

（2）桩身完成混凝土灌注后，对于出现的空孔段桩孔，及时回填压实。

2. 钢管立桩制作

（1）钢管立桩现场焊接由持证专业电焊工负责，焊接作业点做好安全监护工作。

（2）现场对接钢管时，保持对接操作平台的稳固。

3. 吊装

（1）起吊钢筋笼及钢管时，其总重量不得超过起重机相应幅度下规定的起重量，并根据笼重和提升高度，调整起重臂长度和仰角，估算吊索和笼体本身的高度，留出适当空间。

（2）起吊钢筋笼及钢管作水平移动时，高出其跨越的障碍物 0.5m 以上。

（3）起吊时，起重臂和笼体下方严禁非作业人员停留、工作或通过。

（4）桩身混凝土浇灌结束后，桩顶混凝土低于现状地面时，设置护栏和安全标志。

4.10 地下连续墙硬岩旋挖引孔、双轮铣凿岩综合成槽施工技术

4.10.1 引言

地下连续墙作为深基坑最常见的支护形式，在超深硬岩成槽过程中，传统施工工艺一般采用成槽机液压抓斗成槽至岩面，再换冲孔桩机圆锤冲击入岩、方锤修槽和采用双轮铣凿岩直接成槽两种施工工艺；当成槽入硬质中、微风化岩深度超过一定厚度时，冲击入岩易出现卡钻、斜孔，后期处理工时耗费大，冲孔偏孔需回填大量块石进行纠偏，重复破碎，耗材耗时耗力，严重影响施工进度。当成槽入硬质中、微风化岩深度较大，采用双轮铣直接成槽，对设备损耗较大，且耗时较长，成本较大。另外，由于冲孔桩机、大直径潜孔锤施工对岩层扰动较大，对地铁运营将产生安全隐患，相关法规严禁在地铁 50m 保护范围内采取冲击施工。因此，在地铁保护范围内入硬岩的地下连续墙成槽施工时，应采用对岩层无扰动、对地铁运营影响小、安全可靠的成槽方法。

针对所述问题，结合现场条件及设计要求，通过实际工程的摸索、研究实践，项目课题组开展了"地下连续墙硬岩旋挖引孔、双轮铣凿岩综合成槽施工技术"研究，通过采用旋挖硬岩引孔、双轮铣凿岩、反循环清渣综合成槽施工方法，达到快速入岩成槽的施工效果，取得了显著成效，并形成了新工法，实现了方便快捷、高效经济、质量保证、安全可靠的目标，达到预期效果。

4.10.2 工艺特点

1. 破岩效率高

本工艺岩石破碎先利用旋挖机进尺效率高和施工硬质斜岩时垂直度好的特点，对坚硬岩体进行预先分序引孔，使双轮铣两铣轮能嵌入相邻两导孔内，降低双轮铣施工难度；再采用双轮铣顺导孔凿岩，进尺效率提升 3～5 倍，边进尺边清理碎岩碎渣，降低了设备损耗，减少成槽清孔时间，大大提高了工作效率。

2. 清孔质量好

本工艺通过旋挖引孔，方便控制导孔垂直度，使双轮铣顺导孔凿岩，确保双轮铣成槽垂直度。并对传统铣轮进行改进，增加气举反循环装置，边成槽边清孔，确保孔底成渣满足设计要求。

3. 周边环境安全可靠

由于旋挖机硬岩引孔、双轮铣凿岩均为对岩层进行硬切割，相比传统的冲孔桩机冲击

破碎引孔、修槽工艺，对地层扰动小、噪声小，对地铁运营无影响、安全可靠，并完全满足对地铁保护范围内施工要求。

4. 综合成本低

本工艺相比传统冲孔桩机直接冲击破岩成槽和双轮铣成槽的施工工艺，大大缩短了成槽时间，进一步减少了成槽施工配套作业时间和大型吊车等机械设备的成本费用；相比双轮铣成槽的施工工艺，铣轮损耗小，施工效率大大提升，体现出显著的经济效益。

4.10.3 适用范围

适用于成槽入硬岩（单轴抗压强度大于 30MPa）、深度较大的地下连续墙成槽施工，适用于工期紧的地下连续墙硬岩成槽施工项目，适用于地铁保护范围内入硬岩的地下连续墙的施工项目。

4.10.4 工艺原理

本工艺采用液压抓斗机先进行槽段上部土层部分成槽，再利用旋挖钻机分序对槽段硬岩部分进行引孔至设计槽底标高，然后采用双轮铣对已引孔硬岩部分进行分序凿岩并清渣，最后利用液压抓斗进行刷壁、清孔的综合成槽施工。

以下以幅宽 6.0m，墙厚 1.2m 为例。

1. 液压抓斗机上部土层成槽

（1）采用 BG46 液压抓斗机施工，选用 1.2m 厚、2.8m 宽标准液压抓斗，分三序抓槽，先抓两边、再抓中间。

（2）为保证成槽质量及钢筋网片顺利安装，槽段两端各超挖 0.6m 宽，实际成槽宽度 7.2m。见图 4.10-1。

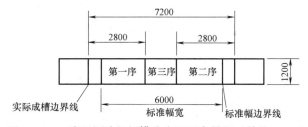

图 4.10-1 液压抓斗机抓槽分序平面布置图（单位：mm）

2. 旋挖机硬岩分序引孔

（1）槽段硬岩以上部分完成成槽后，采用旋挖钻机对槽段基岩进行双轮铣导孔引孔，充分发挥旋挖钻机精度高、成孔效率高的特点，保障下一步双轮铣的导孔质量。

（2）相邻间的两引孔最外边间距为铣轮机的外边距（2.8m），以确保双轮铣高效凿岩。

具体引孔布孔见图 4.10-2。

3. 双轮铣凿岩、反循环清渣

（1）旋挖机引孔完成后，采用双轮铣对槽段岩层进行切割破碎，成槽。

（2）双轮铣凿岩施工流程同样分三序成槽，先铣两边、再铣中间，实际成槽宽度 7.2m。

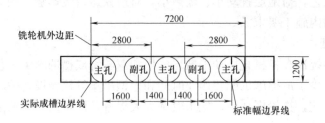

图 4.10-2　旋挖机引孔布置图（单位：mm）

双轮铣施工流程见图 4.10-3，双轮铣分序凿岩施工见图 4.10-4，气举反循环清渣原理见图 4.10-5。

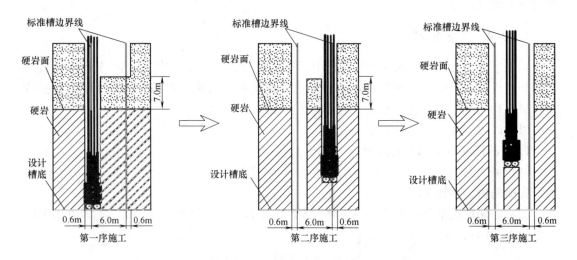

图 4.10-3　双轮铣施工流程图

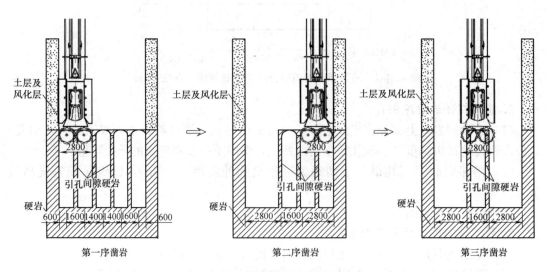

图 4.10-4　双轮铣分序凿岩施工图

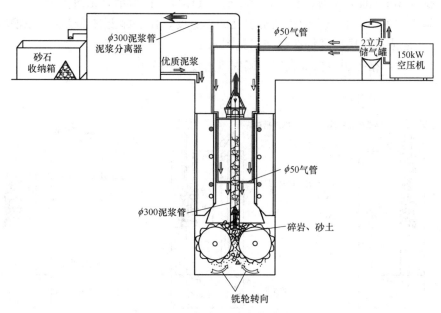

图 4.10-5 气举反循环清渣原理图

4.10.5 施工工艺流程

地下连续墙硬岩旋挖引孔、双轮铣凿岩综合成槽施工工艺流程见图 4.10-6。

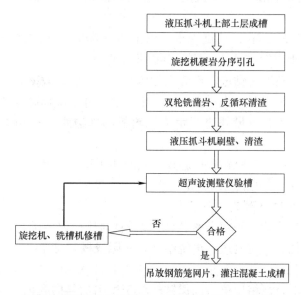

液压抓斗机上部土层成槽

旋挖机硬岩分序引孔

双轮铣凿岩、反循环清渣

液压抓斗机刷壁、清渣

超声波测壁仪验槽

旋挖机、铣槽机修槽 ← 否 ← 合格

是

吊放钢筋笼网片，灌注混凝土成槽

图 4.10-6 地下连续墙硬岩旋挖引孔、双轮铣凿岩综合成槽施工工艺流程图

4.10.6 工序操作要点

1. 液压抓斗机上部土层成槽

（1）分三序抓槽，先抓两边、再抓中间，为保证成槽质量及钢筋网片顺利安装，槽段两端各超挖 0.6m 宽度，实际成槽宽度 7.2m。具体分序抓槽示意见图 4.10-7。

（2）施工时为确保下一步旋挖钻机引孔的垂直度，在上部土层抓槽时，在槽段内保留 7.0m 左右土层或风化层。现场抓槽施工见图 4.10-8。

（3）抓槽时严格控制成槽垂直度，确保垂直度控制在 0.5%。

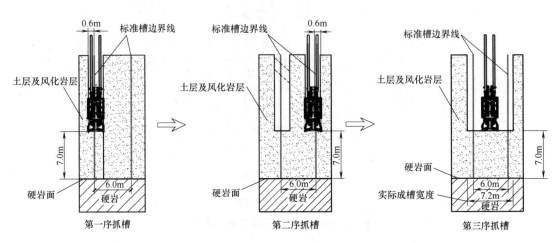

图 4.10-7　液压抓斗机抓槽分序剖面示意图

2. 旋挖机硬岩分序引孔

（1）旋挖钻机选择 BG38 及以上大功率大扭矩的前趴杆钻机施工，可确保引孔垂直度及施工效率。

（2）钻具选用直径 1.2m、长度 2.5m 以上直筒截齿筒钻或牙轮筒钻，配备直径 1.2m、长度 1.8m 以上直筒捞砂斗，确保引孔垂直度。

（3）旋挖钻硬岩采取取芯钻进、捞渣交替作业，加快引孔效率。

（4）旋挖机在引孔施工时，先对主孔进行施工至设计槽底标高，再将副孔施工至设计槽底标高；相邻主副两引孔，最外边间距为铣轮机的外边距（2.8m），确保双轮铣高效凿岩。

（5）旋挖钻进过程中，观察钻孔侧斜仪，及时纠正垂直偏差，以确保引孔垂直精度。旋挖钻机现场成孔施工见图 4.10-9。

3. 双轮铣凿岩、反循环清渣

（1）旋挖机引孔完成后，采用金泰 SX40 双轮铣对槽段岩层进行切割破碎成槽，其施工流程同样分三序成槽，先铣两边、再铣中间，实际成槽宽度 7.2m。双轮铣凿岩施工见图 4.10-10、图 4.10-11。

（2）双轮铣施工时，严格定位，确保铣轮位于所引的导向孔内，并实时观察垂直度，确保成槽垂直度。

（3）施工时采用空压机形成反循环清渣系统，边泥浆循环清渣，边成槽进尺，确保施工效率。泥浆循环系统见图 4.10-12、图 4.10-13。

（4）反循环抽吸的泥渣经过泥浆净化器分离，直接进行泥头车集中、外运，具体见图 4.10-14。

图 4.10-8　宝峨 GB46 液压抓斗机成槽施工

图 4.10-9　宝峨 BG38 旋挖机引孔施工

图 4.10-10　金泰 SX40 双轮铣

图 4.10-11　金泰 SX40 双轮铣施工

图 4.10-12　气举反循空压机及储气罐

图 4.10-13　泥浆分离器

图 4.10-14　气举反循环清渣

4. 液压抓斗机修槽、清渣

（1）双轮铣完成施工后，采用液压抓斗进行修槽，即将抓斗下入槽内对槽壁进行修孔。

（2）修槽时注意观察测斜仪，及时纠正垂直偏差，以确保成槽垂直精度。

（3）液压抓斗反复对槽底沉渣进行清理，确保槽底成渣少于 50cm，并满足设计及规范要求。

5. 超声波测壁仪验槽

（1）修槽完成后，采用超声波侧壁仪对槽壁进行检验，确保成槽尺寸、垂直度满足设计要求。

（2）如检测结果不满足要求，则继续进行修孔。

超声波测壁仪现场检测及结果见图 4.10-15、图 4.10-16。

图 4.10-15　超声波测壁仪

图 4.10-16　超声波测壁仪成果

6. 吊放钢筋笼网片、灌注混凝土成槽

（1）在吊放钢筋笼时，对准槽段中心，不碰撞槽壁壁面，不强行插入，以免钢筋网片变形或导致槽壁坍塌；钢筋网片入孔后，控制顶部标高位置，确保满足设计要求。

（2）钢筋网片安放后，及时下入灌注导管；灌注导管下入两套同时灌注，以满足水下混凝土扩散要求，保证灌注质量。

（3）灌注导管下放前，对其进行泌水性试验，确保导管不发生渗漏；导管安装下入密封圈，严格控制底部位置，并设置好灌注平台。

（4）在水下混凝土灌注过程中，定期测量导管埋深及管外混凝土面高度，并适时提升和拆卸导管；导管底端埋入混凝土面以下一般保持 2～4m，不大于 6m，严禁把导管底端提出混凝土面。

（5）混凝土在终凝前灌注完毕，混凝土浇筑标高高于设计标高 0.8m。

吊放钢筋笼网片见图 4.10-17，钢筋网片入槽见图 4.10-18，灌注混凝土成槽见图 4.10-19。

4.10.7　主要机械设备

本工艺现场施工主要机械设备见表 4.10-1。

图 4.10-17 钢筋网片 2 台吊车起吊

图 4.10-18 钢筋网片入槽

图 4.10-19 灌注导管安放

主要机械设备配置表 表 4.10-1

机械名称	型号	用途
成槽机	宝峨 GB46	成槽取土及清孔
旋挖机	宝峨 BG38	旋挖硬岩引孔
截齿/牙轮钻头	直径 1.2m	旋挖硬岩引孔
捞砂斗	直径 1.2m	旋挖硬岩引孔
双轮铣	金泰 SX40	成槽凿岩及清渣
空压机	150kW	气举反循环清渣
储气罐	2m³	气举反循环清渣
超声波测壁仪	DM-604R	成孔检验

4.10.8 质量控制

1. 地下连续墙质量控制标准

地下连续墙成槽施工质量控制标准见表 4.10-2。

地下连续墙施工过程质量检验标准　　　　　　　　　　　　　表 4. 10-2

检验内容	质量控制标准
槽段长度	允许偏差±50mm
槽段厚度	允许偏差±10mm
槽段深度	允许偏差±100mm
槽段倾斜度	不大于 1/150
预先引孔	孔位垂直度要求不大于 1/200
地下连续墙 开挖外观	基坑土方开挖后,墙体表面凸凹:永久墙不宜大于 50mm,临时墙不宜大于 100mm; 墙体垂直度允许偏差:永久墙 1/200,临时墙 1/150; 墙顶中心线的偏差:永久墙±30mm,临时墙±50mm; 墙体、墙段接缝间不应有夹泥和严重漏水现象

2. 质量控制措施

(1) 严格控制成槽宽度,分好实际幅宽线,确保成槽宽度为 7.2m,并确保上部土层及分化层厚不少于 7m。

(2) 严格控制引孔施工质量,重点检查旋挖钻头、钻杆定位,确保施工时无较大位移;旋挖成孔时,严格控制垂直度;在钻进过程中,在钻进岩石硬度变化接触面时,适当减小钻压,若发现偏差及时采取相应措施进行纠偏。

(3) 双轮铣凿岩时,确保双轮铣铣轮定位准确,并开启气举反循环装置,吸出碎岩、沉渣,保证铣轮凿岩的效率。

(4) 双轮铣成槽过程中,控制槽内泥浆液面高度不低于导墙高度以下 1m,并确保泥浆质量是否符合相关规范和标准,预防塌孔。

(5) 在双轮铣施工过程中,随时观察双轮铣可视化数字显示屏,分析和了解铣头在槽中的空间位置,及时通过铣头的定位导向板可选择性双方向顶推进行液压抓斗的位置调整,以确保修槽质量。

(6) 成槽完成后进行超声波侧壁检验成槽质量是否符合设计标准。

(7) 成孔完成后,为保证最终成槽质量后,进行清孔,调整槽中泥浆指标符合混凝土灌注标准,确保灌注效果。

4. 10. 9　安全措施

1. 成槽

(1) 地下连续墙导墙上部地层较差时,可预先进行搅拌桩加固处理,防止施工过程中上部坍塌造成机械倾覆事故。

(2) 导墙施工完毕后,及时回填素土夯实,并在导墙侧边设置安全防护围栏,防止大型机械设备误入回填完毕的导墙区段,破坏已完成的导墙。

(3) 由于 BG38 旋挖钻机自重大,导孔旋挖引孔时尽可能远离导墙边,并在钻机履带下铺设钢板,防止钻进时对地下连续墙导墙的变形。

(4) 成槽或引孔过程中,始终保持槽段内泥浆液面的高度。

2. 吊装

(1) 钢筋网片吊装方案经评审后实施。

（2）现场吊车起吊钢筋网片时，派专门的司索工指挥吊装作业。

（3）钢筋笼体吊装期间，吊装影响区域内需拉彩绳以作警戒区域，并安排专人负责看守及管理，同时禁止人员出现在吊装区域内。

（4）当吊车需要行驶时，确保临时道路的安全稳固、顺畅。

（5）吊装点的布置合理、适当，保证钢筋笼起吊后受力均匀。

（6）钢筋吊装需人员扶持时，人员听从统一指挥、相互配合，尤其是在吊入槽段口时，除注意钢筋笼牵带外，还需要注意槽段口的安全。

（7）加强对钢丝吊绳外观磨损程度的检查，对于起毛、断丝等不合格的钢丝绳坚决更换。

（8）混凝土浇灌结束后，墙顶混凝土低于现状地面时，及时进行回填处理，或设置护栏和安全标志。

第 5 章　潜孔锤钻进施工新技术

5.1　灌注桩硬岩大直径锥形潜孔锤钻进成孔施工技术

5.1.1　引言

在灌注桩硬岩钻进施工中，大直径潜孔锤由于其破岩效率高、钻进速度快，越来越多应用于灌注桩硬岩钻进项目中。潜孔锤钻进成孔使用的钻头一般为单体平底潜孔锤钻头（见图 5.1-1）和集束潜孔锤（见图 5.1-2），潜孔锤钻进依靠高风压驱动，潜孔锤钻头高速冲击凿岩，多用于直径 800～1200mm 灌注桩施工。

而对于硬岩强度超过 80MPa 及以上，或岩石软硬不均，或硬岩厚度较大的灌注桩成孔，常用的单体平底潜孔锤钻头和集束潜孔锤钻进时会出现较大的磨损，有的发生锤齿折断、锤头断裂，甚至出现坏锤而无法使用，导致钻进效率低、施工成本高。具体坏锤情况见图 5.1-3。

为解决以上超强硬岩灌注桩潜孔锤钻进出现的问题，我们研制了一种锥型潜孔锤，克服了硬岩钻进存在的困难，大大提升了钻进效率，取得了显著效果，形成了一套高效的灌注桩硬岩锥型潜孔锤成孔施工方法。

图 5.1-1　单体平底大直径潜孔锤钻头

5.1.2　锥形潜孔锤灌注桩硬岩钻进方案选择

1. 工程概况

2019 年 3 月，锥形潜孔锤应用于广州珠三角城际轨道交通某区间工作井支护工程施

图 5.1-2 大直径集束潜孔锤钻头

图 5.1-3 破损的单体大直径平底潜孔锤和集束潜孔锤

工，为隧道盾构接收井，位置处于山坡坡角，场地上部地层为人工杂填土、残积或坡积粉质黏土层，下部岩层为花岗岩，中、微风化花岗岩层顶平均埋深 6.92m，单轴饱和抗压强度平均值为 86.87MPa。

工作井长 20m、宽 39m，基坑开挖深度 64.8m，采用明挖逆作法施工，基坑设计上部非基岩段采用 $\phi1000@1200$ 钻孔灌注桩围护＋$\phi800@600$ 旋喷止水帷幕，钻孔灌注桩伸入中风化花岗岩不少于 5.0m，施工桩长最大 15m；基岩段采用喷锚支护。

工作井基坑支护平面布置及剖面分布情况见图 5.1-4、图 5.1-5。

2. 工作井基坑支护施工方案优化选择

根据本工作井基坑支护设计和场地地层条件分析，本基坑支护施工关键技术难点在于支护灌注桩的入硬岩施工，前期采用常规的旋挖截齿硬岩钻进，由于现场坡地斜岩垂直度控制难，加之岩层硬度大，旋挖入岩钻进速度缓慢。后改用集束潜孔锤钻进，出现集束潜孔锤故障率高等情况。

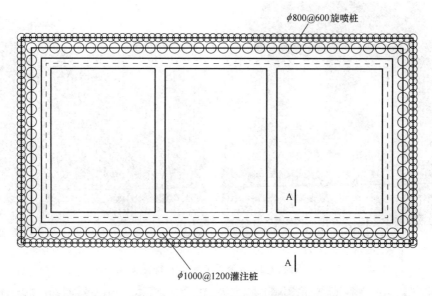

图 5.1-4　工作井基坑平面示意图

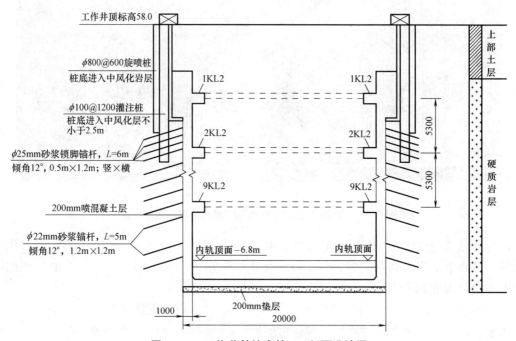

图 5.1-5　工作井基坑支护 5-5 剖面设计图

本基坑支护灌注桩施工，重点要解决硬岩钻进、斜岩面垂直度控制、上部土层防塌孔等技术问题，根据总结前期施工情况，最终确定本工作井采用长螺旋钻＋全护筒跟管＋锥形潜孔锤组合钻进工法，具体方案为：

（1）土层塌孔措施：为防止钻进成孔过程中，锥形潜孔锤超大风压对土层段孔壁的冲击容易造成塌孔，采用长螺旋钻进、全过程护筒护壁，护筒下入至基岩面，确保孔壁稳定。

（2）入岩钻进工艺：支护灌注桩入硬岩采用锥形潜孔锤凿岩钻进，以达到提高硬岩钻进效率。

（3）钻机选择：采用山河智能 SWSD2512 多功能旋挖钻机施工，钻机为双发动机、双泵组配置，在钻进过程中可同时完成全护筒跟管钻进，钻机见图 5.1-6、图 5.1-7。

图 5.1-6　SWSD2512 多功能旋挖钻机

图 5.1-7　锥形潜孔锤施工现场

5.1.3　工艺特点

1. 硬岩钻进效率高

本工艺采用锥形潜孔锤钻进，其独特的锤头锥形结构设计，使其破岩机理相比普通集束或平底潜孔锤更为有效，不仅拥有传统潜孔锤破岩的优势，更是在对研磨性和强度高的硬岩钻进中，钻进效率更为突出。

2. 成孔质量好

本工艺上部土层段成孔采用护筒跟进钻进，可有效地避免潜孔锤高风压对孔壁稳定的影响；螺旋钻杆连续排土，整体刚性强、钻削力大、成孔精度高，施工速度快；同时，潜孔锤高风压能有效将孔底岩渣携带至地面，孔底沉渣少，成孔质量好。

3. 安全性能好

本工艺采用多功能旋挖钻机施工，钻机采用高稳定性宽履带底盘设计，整机工作时履带展宽可达 5000mm，保证了桩架具有高稳定性和安全可靠性；钻机具有立柱垂直度自动找垂，竖架过程图形导引的手动控制，以及钻进数据的实时监测显示记录；同时，钻进时其前后四个支承液压立柱，可确保桩机的安全稳固。

4. 综合施工成本低

本工艺采用长螺旋钻＋全护筒跟管＋锥形潜孔锤组合钻进工法，相比回转、旋挖、单一的潜孔锤钻进等，其全过程钢护筒护壁可确保孔壁稳定，采用长螺旋土层钻进速度快，锥形潜孔锤硬岩钻进凿岩能力强，使得钻进组合更为优化，综合施工成本低。

5.1.4　锥形潜孔锤钻进工艺原理

本工艺的目的在于为硬岩灌注桩钻进提供一种新的锥形潜孔锤破岩钻进成孔施工技术，旨在解决现有技术中故障多、工效低、成本高的问题。

1. 锥形潜孔锤结构

（1）锤头结构及特征

本工艺采用的锥形潜孔锤为一种改进型的潜孔锤钻头，潜孔锤底部设计为圆锥形，其锤头结构特征及参数：

锤头底部锥形面与水平夹角 α 为 $20°\sim25°$；

锥形面上按一定间距镶嵌合金颗粒，沿锤面全覆盖布设；

锥形潜孔锤底部设置四个主排渣槽，其宽度为 $10\mathrm{cm}$，直径 $d=4\mathrm{cm}$ 的高压气体通气孔设置在主排渣槽中，另在锤头侧壁四周均布四个副排渣槽辅助排渣；

锥形锤头中心（最底处）为圆锥形结构。

具体锤头结构见图 5.1-8、图 5.1-9。

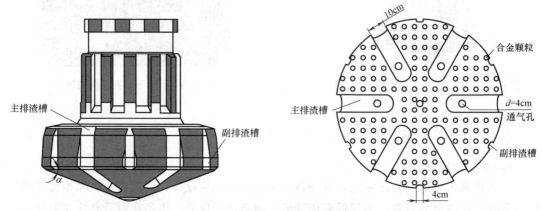

图 5.1-8　锥形潜孔结构示意图

图 5.1-9　锥形潜孔锤实物图

（2）潜孔锤锤身及特征

潜孔锤锤身即冲击炮结构为粗长型的刚性结构，其直径较锥形锤头略小，一般情况下两者的差值 50～100mm，可根据岩层的施工垂直度控制难度进行选择，具体见图 5.1-10、图 5.1-11。

锤头与钻杆采用六方接头连接，通过插销固定，具体见图 5.1-12。高压空气进气管设置在钻机钻杆接头内，在钻杆与潜孔锤连接时，同时也完成了高压空气输送通道的对接。

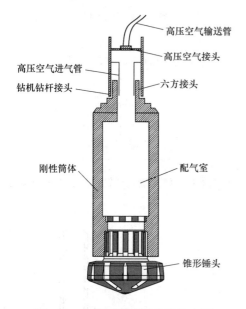

图 5.1-10　锥形潜孔锤构造示意图

图 5.1-11　锥形潜孔锤实物图

2. 锥形潜孔锤破岩机理

锥形潜孔锤钻头在高风压、超高频率震动下凿岩钻进，锥形锤头在岩石表面形成刺入式破碎，潜孔锤锥形底部的岩层发生破碎，形成凿碎的凹坑；同时，高钻压在潜孔锤的锥形面上形成水平和竖直两个方向上的作用力，岩层由底部凹坑沿着潜孔锤的锥形底面形成全断面的逐层破碎，破碎的岩渣由高风压气体携带出孔，避免重复破碎，使得岩石的破碎钻进效率更高。

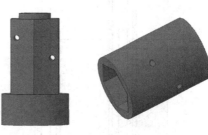

图 5.1-12　六方接头结构示意图

具体锥形潜孔锤破岩原理见图 5.1-13。

5.1.5　施工工艺流程

根据前述工程项目工作井基坑支护直径 1000mm 灌注桩施工条件，确定了采用长螺旋钻＋全护筒跟管＋锥形潜孔锤组合钻进施工工艺，其主要工序流程见图 5.1-14、图 5.1-15。

225

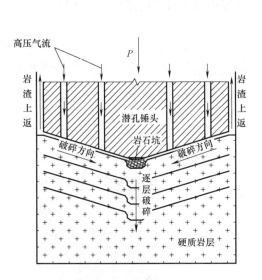

图 5.1-13 锥形潜孔锤岩石破碎机理示意图

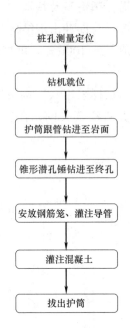

图 5.1-14 锥形潜孔锤钻进施工工艺流程图

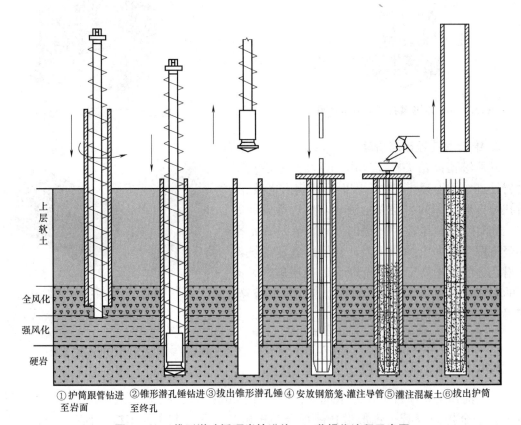

① 护筒跟管钻进
至岩面
② 锥形潜孔锤钻进
至终孔
③ 拔出锥形潜孔锤
④ 安放钢筋笼、灌注导管
⑤ 灌注混凝土
⑥ 拔出护筒

图 5.1-15 锥形潜孔锤硬岩钻进施工工艺操作流程示意图

5.1.6　工序操作要点

1. 桩孔测量定位

（1）采用全站仪对施工桩位中心点进行放样，从桩位中心点引出四个方向上的四个点，便于后续工序对桩位的复核。

（2）施工过程中对控制点进行保护。

2. 钻机就位

（1）桩机移动前，对场地及行走道路进行平整，防止桩机履带下陷而发生高桩架倾覆，见图 5.1-16。

（2）桩机移动时由专人指挥，慢速行走。

（3）桩机就位后，将桩机前后四个支撑柱液压控制支顶，确保桩机施工过程中的稳固和安全，具体见图 5.1-17。

图 5.1-16　桩机在挖掘机平整
后的道路上行走

图 5.1-17　桩机就位后四个支撑立柱支顶钻机

3. 护筒跟管钻进至岩面

（1）外侧钢护筒施工连接

在桩机外侧动力头处安装接驳器，在钢护筒顶部设置与接驳器相对应的连接螺丝孔位，以便实现扭矩的传递；在钢护筒底部设置管靴，钢护筒可根据钻深需要进行连接；灌注桩设计直径 1000mm，钢护筒尺寸选用外径 ϕ1020mm、内径 988mm、壁厚 16mm。具体见图 5.1-18。

（2）长螺旋钻杆及桩架立柱配置

钻机选用 SWSD2512 型多功能钻机，配备高刚度的桩架和长螺旋钻杆，桩架立柱直径 920mm，高度为 21～36m；螺旋钻杆直径 900mm，杆体直径 500mm，螺距为 600mm，叶片厚度为 25mm。

图 5.1-18　在外侧动力头
安装护筒接驳器

（3）双动力头钻机护筒跟管钻进

1）桩机配置的内侧动力头驱动内侧螺旋钻杆，螺旋钻杆回转取土，在土层段钻进时能快速将渣土排出，在钻进过程中长螺旋钻杆和孔壁构成了一个螺旋输送通道，为外侧护筒完成超前的钻进。

2）桩机配置的外侧动力头提供外侧跟进护筒的动力输出，扭矩 250kN·m 动力可在钻进过程中全程跟管下入钢护筒，通过内侧钻杆持续排土和外侧护筒跟进回转护壁，直至钻进至岩面。

3）在上部土层跟管钻进时，内侧螺旋钻杆需超前钻进一定距离，外护筒再进行跟管，视土层情况，超前钻进距离 50～80cm，具体见图 5.1-19、图 5.1-20。

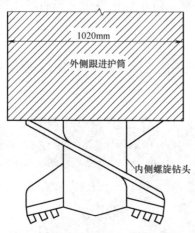

图 5.1-19　双动力头驱动跟管钻进

4. 锥形潜孔锤硬岩钻进至终孔

（1）提钻并拆除长螺旋钻头

长螺旋钻进至岩面后，从孔内提出长螺旋钻杆，并拆除螺旋钻头，便于后续安装锥形潜孔锤；

（2）安装锥形潜孔锤

采用吊车将锥形潜孔锤移至钻机旁便于安装处，提升螺旋钻杆，使其下方的六方接头与潜孔锤上方的六方接头对准，再下放螺旋钻杆，插入上下两根插销，实现钻杆扭矩的传递；锥形潜孔锤腰带处直径设计为 975mm，其与钢护筒的间距 65mm，较小的间距有利于潜孔锤钻进过程中受到钢护筒的约束，以保证钻进时钻孔的垂直度满足设计要求。具体见图 5.1-21～图 5.1-23。

（3）高压供气装置连接

供气装置由空压机组、储气罐及相应高压气体输送管道组成，系统采用五台 LUY300-22 GⅢ空压机组成空压机组带动，空压机组连接一台 F160559 型储气罐组成高压气体输出装置；供气装置与施工钻机的距离控制在 100m 范围内，以避免压力及气量下降；空压机系统连接完成后，检查各段气体输送管道完整性以及接头处的气密性和连接稳固性。具体见图 5.1-24。

（4）下放潜孔锤

由于潜孔锤锤头较大，仅比护筒内径小 13mm，在下方锥形潜孔锤时，施工员在孔口进行指挥，具体见图 5.1-25。

图 5.1-20 护筒跟管钻进施工

图 5.1-21 螺旋钻杆通过插销与潜孔锤冲击器连接

图 5.1-22 锥形潜孔锤安装中

图 5.1-23 锥形潜孔锤安装完成

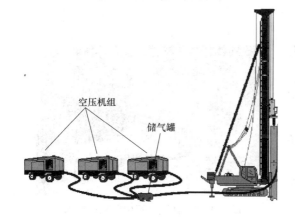

图 5.1-24 空压机和储气罐组成气体输出装置

图 5.1-25　专人指挥下放潜孔锤

（5）硬岩钻进至孔底

1）开始钻进时，先将钻具提离孔底 20～30cm，开动空压机及钻具上方的回转电机，待护筒口出风时，将钻具轻轻放至孔底，开始锥形潜孔锤钻进。

2）锥形潜孔锤钻进过程中，扭矩 120kN·m 动力头带动锥形潜孔锤实现回转和冲击凿岩钻进，高风压携带钻渣通过螺旋钻杆与钢护筒间的空隙上返，直至排出孔外，见图 5.1-26、图 5.1-27。

3）钻进时采用了大直径潜孔锤钻进、高强度大直径（920mm）刚性钻杆，锤头与钢护筒小间隙约束等措施，同时专人对钻杆吊双向垂线观测，全程对桩孔垂直度进行监控。

4）硬岩钻进过程中，潜孔锤高频高风压冲击，在孔口会产生较大的粉尘，在桩机上架设有水管，及时向孔口喷撒清水，降低施工对空气的污染，见图 5.1-28。

图 5.1-26　碎岩钻进施工中

图 5.1-27　硬岩钻进施工

5. 安放钢筋笼、灌注导管灌注混凝土

（1）硬岩钻进至设计标高后，采用高风压对孔底进行清孔。

（2）从孔内提出锥形潜孔锤钻头，测量孔深、孔底沉渣厚度等。

（3）钢筋笼按终孔后测量的桩长制作，安放时一次性由履带吊吊装就位。

（4）钢筋笼吊装时对准孔位，吊直扶稳，缓慢下放到位。

（5）混凝土灌注导管选择直径 300mm 导

图 5.1-28　钻进过程中向孔口喷水
防止岩尘污染

管，安放导管前对每节导管进行检查，第一次使用时需做密封水压试验；导管连接部位加密封圈及涂抹黄油，确保密封可靠，导管底部离孔底 300～500mm；导管下入时，调接搭配好导管长度。

6. 灌注混凝土

（1）钢筋笼、灌注导管安放完成后，进行孔底沉渣测量，如满足要求则进行水下混凝土灌注；如孔底沉渣厚度超标，则采用气举反循环二次清孔。

（2）桩身混凝土采用 C30 水下商品混凝土，坍落度 180～220mm，采用混凝土运输车运至孔口直接灌注；灌注混凝土时，控制导管埋深，及时拆卸灌注导管，保持导管埋深在 2～4m，最大不大于 6m；灌注混凝土过程中，不时上下提动料斗和导管，以便管内混凝土能顺利下入孔内，直至灌注混凝土至设计桩顶标高位置超灌 0.8～1.0m。

7. 拔出钢护筒

（1）桩身混凝土灌注完成后，随即采用振动锤起拔钢护筒。

（2）钢护筒起拔采用双夹持振动锤，选择履带吊对护筒进行起拔作业。

（3）振动锤起拔时，先在原地将钢护筒振松，然后再缓缓起拔。

5.2 灌注桩旋挖集束式潜孔锤硬岩钻进成桩施工技术

5.2.1 引言

旋挖钻机是目前灌注桩施工中最常用的设备之一，适用于各类土层和岩层，其主要特点是钻进能力强、效率高、环保、自动化程度高。对于硬质岩层一般采用截齿或牙轮钻筒钻进，或直接取芯，或改换旋挖钻斗入孔捞取岩渣。旋挖钻机成孔孔径一般为 0.8～2.0m，最大成孔直径可达 4m。

但随着现代大型超高、超深建筑的兴建，嵌岩桩及入硬质岩层的灌注桩需求增多，旋挖钻机的应用受到一定的局限，特别是桩端入中风化或微风化花岗岩层且强度超过 80MPa 以上时，旋挖钻机表现出切削齿或牙轮损耗巨大、机器振动大、进尺效率低、耗时长、钻进成本高等问题。

另一方面，在小口径钻探如凿岩爆破孔、水井基岩孔、矿山通风孔、地质钻探、锚固钻凿中，小直径单体平底潜孔锤是较为常用的对硬岩地层快速钻进的有效施工方法之一，单体的潜孔锤直径一般为 200～800mm，多用于锚索、抗浮锚杆凿岩和预应力管桩、灌注桩硬质岩层的引孔。而对于直径 1000mm 及以上的大直径灌注桩，单体潜孔锤的直径难以满足施工要求；同时，由于桩孔断面增大，潜孔锤启动所需的风压要求高，配置的空压机数量多，综合耗费成本极高。

近些年来，一种新型集束式潜孔锤在实际施工中得到应用和发展，集束潜孔锤是在单体潜孔锤的机理之上，将若干个小直径单体潜孔锤捆绑组合在一起来进行回转破岩，钻孔直径可达 600～3000mm，有效地解决了灌注桩钻进硬岩一直以来成孔直径的限制问题。

为解决灌注桩硬岩钻进面临的问题，结合旋挖钻机和集束式潜孔锤各自特有的钻进特点和优势，配套形成了"旋挖机＋集束式潜孔锤"的大直径破岩成孔施工方法，拓宽了旋挖钻机和潜孔锤的应用范围。

5.2.2 旋挖集束式潜孔锤钻进工艺原理

单体潜孔锤是以若干台空气压缩机提供的高风压作为动力，高风压进入潜孔锤冲击器来推动潜孔锤钻头高速往复冲击作业，以达到破岩目的；被潜孔锤破碎的渣土、岩屑随潜孔锤钻杆与孔壁间的间隙，由超大风压携带排出至地表。

本工艺将旋挖钻机和集束潜孔锤配套结合形成一种全新破岩钻进技术，其关键工艺包括集束潜孔锤破岩、旋挖钻机与集束式潜孔锤配套，以及集束潜孔锤排渣等。

1. 集束潜孔锤破岩原理

本工艺所采用的集束潜孔锤是通过机械构造，由若干相同直径的小孔径潜孔锤全断面刚性集束组成的钻具，其通过旋转、冲击达到破岩效果。其旋转切削岩土的扭矩是由旋挖钻机提供的动力，旋挖钻机的钻杆直接连接集束潜孔锤体。集束式潜孔锤的活塞冲击的动力是由空气压缩机送出的压缩空气，经通气胶管到达集束式潜孔锤的通气接头，随后进入配气室，再由配气接头把压缩空气分配进入各个小孔径潜孔锤，每一个小孔径潜孔锤由相应的配气机构实现自身的进、排气方式，压缩空气驱动各个小孔径潜孔锤做冲击功；当全断面破碎集束式潜孔锤回转一周时，分布在圆面上的小孔径潜孔锤能将整个孔径截面的岩石冲击破碎，不留冲击破碎空白区域，整体实现大面积桩孔钻进；空压机风量越大，产生的驱动流量越强，施工效率越高，能实现较快的硬岩钻进速度，作业效率相比旋挖钻头提高数十倍。

集束式潜孔锤见图 5.2-1～图 5.2-3。

图 5.2-1 集束式潜孔锤结构　　图 5.2-2 全断面集束潜孔锤加工　　图 5.2-3 全断面集束潜孔锤实物

2. 旋挖钻机、空压机与集束式潜孔锤连接系统

（1）集束潜孔锤构造

集束式潜孔锤外部筒体是由下部的集束式潜孔锤筒体与上部的盛渣筒组合而成，下部的集束式潜孔锤通过刚性筒体将几个小孔径的潜孔锤组合为一体，在小孔径潜孔锤上部安装配气室，配气室将高风空气平均分配给各个配气接头，通过配气接头给小孔径潜孔锤输送高压空气；配气室上部安装一个通气接头，通气接头上部的上接头用于与旋挖钻机钻杆相连，通气接头侧面安装输送管与高压空气接头相连，高压空气接头用来与外部通气胶管连接，供高压空气进入，刚性筒体顶部存在圆形柱体，用来与上部盛渣筒进行插入连接，集束式潜孔锤详细构造见图 5.2-4。

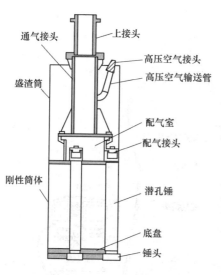

图 5.2-4 集束式潜孔锤构造

（2）旋挖钻机与集束潜孔锤连接

集束式潜孔锤的上接头直接与旋挖钻机的钻杆连接，上接头的上部采用四方体柱形结构传递旋挖钻机的回转扭矩，四方体柱能与旋挖钻机钻杆通过销轴来实现集束式潜孔锤与钻杆的固定。集束式潜孔锤上接头构造见图 5.2-5，旋挖钻机与集束式潜孔锤体连接见图 5.2-6。

图 5.2-5 集束式潜孔锤上接头构造　　　　　图 5.2-6 旋挖钻机与集束式潜孔锤体连接

（3）集束潜孔锤与空压机通气连接系统

驱动集束潜孔锤的高压空气经通气胶管，与集束潜孔锤上部设置的高压空气接头连接，将高压空气送至集束式潜孔锤的通气接头，再由通气接头进入配气室，由配气接头把压缩空气分配进入各个小孔径潜孔锤，压缩空气驱动各个小孔径潜孔锤做冲击功，达到破碎岩层的作用。高压空气通气胶管连接见图 5.2-7～图 5.2-9，旋挖集束式潜孔锤钻进作业见图 5.2-10。

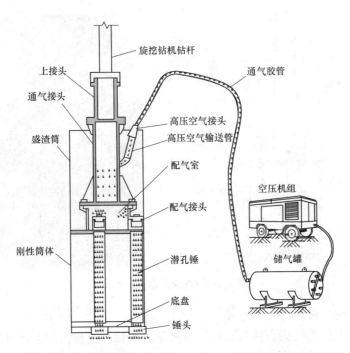

图 5. 2-7　集束式潜孔锤高压空气通气连接系统示意图

图 5. 2-8　高压通气接头与高压空气接头连接

图 5. 2-9　集束式潜孔锤高压空气通气连接

3. 集束式潜孔锤排渣系统

（1）盛渣筒构造

盛渣筒装嵌于集束式潜孔锤的上部，其构造为一个下方设有四个凹槽的筒体，凹槽用来与集束式潜孔锤筒体上部的圆形柱体相互插入连接，盛渣筒侧壁上端设置至少两个钢丝绳吊孔，钢丝绳通过吊孔提拉盛渣筒将盛渣筒与下方的集束式潜孔锤筒体分离完成排渣过程。盛渣筒构造见图 5.2-11。

（2）盛渣桶装渣

集束式潜孔锤冲击器频率高（可达 50～100Hz）、低冲程，破岩效率高，破碎的岩屑颗粒小，便于压缩空气携带，破碎岩层时，压缩空气从各个小孔径潜孔锤的排气孔排出，携带岩渣通过潜孔锤与孔壁间的空隙上返至旋挖钻机的钻杆处，由于钻杆与孔壁环空间隙增大，空气流速降低岩渣下落，堆积在潜孔锤上部的盛渣筒内。

集束式潜孔锤盛渣桶见图 5.2-12，高压空气携带岩渣上返至盛渣筒见图 5.2-13。

（3）盛渣桶排渣

盛渣筒装满岩渣后提钻，在旋挖钻机动力头连接钢丝绳，钢丝绳连接盛渣筒上部的吊孔后开始提拉，提拉过程中动力头向上移动，盛渣筒与集束式潜孔锤缓慢脱开；脱开过程中，堆积在桶内的岩渣散落在地面；如果堆积较密实，则操作旋挖钻机转动，旋转摆动盛渣筒将筒中岩渣排出；残留在盛渣桶内的岩渣，由人工清理干净。

图 5.2-10　旋挖集束式潜孔锤作业

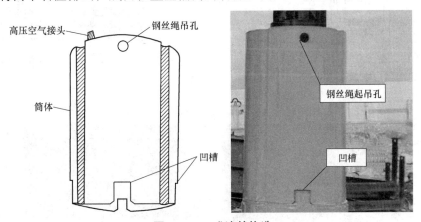

图 5.2-11　盛渣筒构造

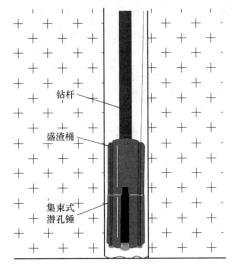

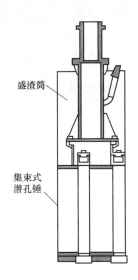

图 5.2-12　集束潜孔锤盛渣筒

235

旋挖钻机动力头提拉盛渣筒见图 5.2-14，盛渣筒与集束式潜孔锤脱开、排出岩渣过程见图 5.2-15、图 5.2-16。

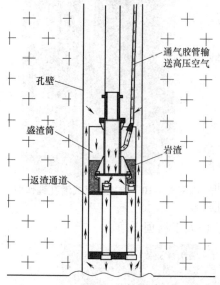

图 5.2-13　高压空气携带岩渣通过
返渣通道上返至盛渣筒

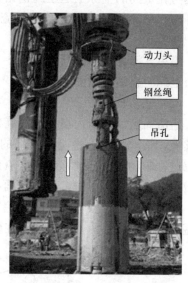

图 5.2-14　利用旋挖桩机动力头提拉盛渣筒

图 5.2-15　盛渣筒与集束式潜孔锤脱开

5.2.3　工艺特点

1. 适用范围广

可适用于硬度达到 50MPa 以上的岩石上破岩成孔；可以干孔施工，也可以水下施工；可与各个型号和厂家的旋挖钻机，摩阻钻杆、双销轴方头、潜孔锤钻头与普通钻头更替交互使用；集束式潜孔锤的各个单体实现气动往复钻进，配置多个单体小直径潜孔锤，可整

图 5.2-16　旋挖钻杆旋转摆动盛渣筒排出岩渣

体实现大面积桩孔钻进，最大孔径达到 3000mm。

2. 施工效率高

本工艺综合采用"土层旋挖钻进＋硬岩集束式潜孔锤钻钻进"组合，一方面充分发挥出旋挖钻机在土层钻进、孔底清渣方面的优势，另一方面充分发挥出集束式潜孔锤钻在入岩钻进方面的优势，确保了现场旋挖钻机和集束式潜孔锤机不间断作业，入岩作业效率相比旋挖钻机钻进速度快 10 倍以上，显著提高了综合施工效率。

3. 除渣效率高

岩渣排到锤体上面的储渣筒里便可提出后倒出，排出的岩渣均呈颗粒状，可直接装车外运，大大减少泥浆排放量。

4. 成桩质量有保证

本工艺上部土层段采用旋挖钻进，并同时利用振动锤下入深长钢护筒护壁，有效避免了硬岩潜孔锤破岩时超大风压对上部土层的扰动破坏，确保孔壁稳定；同时，潜孔锤钻进时高风压将孔内沉渣携带出孔，可确保孔底沉渣厚度满足要求，保证桩身混凝土灌注质量。

5.2.4　施工工艺流程

以灌注桩工程为例，项目工程桩设计桩径 1m，成孔深度 16.8m，桩端入微风化岩2m，要求孔底沉渣厚度不大于 5cm；施工范围内分布硬质花岗岩，岩层硬度高达120MPa，项目采用旋挖集束潜孔锤硬岩钻进施工工艺。

1. 旋挖集束潜孔锤硬岩钻进施工方案

本工程针对硬质花岗岩钻进困难的情况，拟采用旋挖集束潜孔锤硬岩钻进工艺，考虑到集束式潜孔锤大风压对孔壁造成的影响，以及潜孔锤作业后孔底的沉渣要求高，综合制订了本项目成桩方案，具体如下：

（1）为防止成孔过程中集束式潜孔锤超大风压对孔壁产生影响，造成上部土层段发生塌孔、缩径，在集束潜孔锤作业前，采用振动锤埋入深长钢护筒，护筒底面至岩面，以确

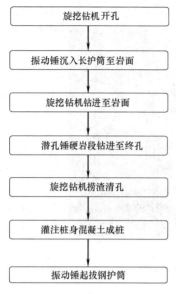

图 5.2-17　灌注桩旋挖集束式潜孔锤硬岩钻进成桩施工工艺流程图

保孔壁在集束式潜孔锤钻进时的稳定。

（2）在集束式潜孔锤产生高风压携带孔底的碎石渣土沿返渣通道进入捞渣筒完成孔底排渣的过程中，仍然会有岩渣残留在孔底，为进一步确保孔底沉渣厚度满足孔底沉渣厚度要求，成孔后拟在桩孔内注入泥浆，采用旋挖钻机配置的平底捞渣钻筒进行清孔，或在下入灌注导管后进行二次清孔，以确保孔底沉渣厚度满足设计要求。

为此，综合考虑以上情况，制订本项目成桩方案，具体采用的旋挖集束式潜孔锤硬岩钻进施工工艺流程见图 5.2-17。

2. 旋挖集束潜孔锤硬岩钻进成桩施工工艺操作流程

旋挖集束潜孔锤硬岩钻进成桩施工工艺操作流程示意见图 5.2-18。

5.2.5　工序操作要点

1. 旋挖钻机开孔

（1）成孔作业前，按设计要求将钻孔孔位测量定位，打入短钢筋设立明显标志，并保护好。

（2）旋挖钻机移位前，预先将场地进行平整、压实，防止钻机下沉。

（3）旋挖钻机按指定位置就位后，在技术人员指导下，按孔位十字交叉线对中，调整旋挖钻筒中心位置。

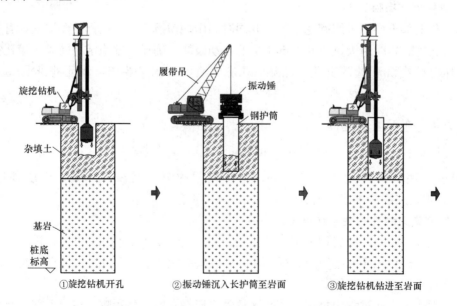

图 5.2-18　旋挖集束潜孔锤硬岩钻进成桩施工工艺操作流程示意图（一）

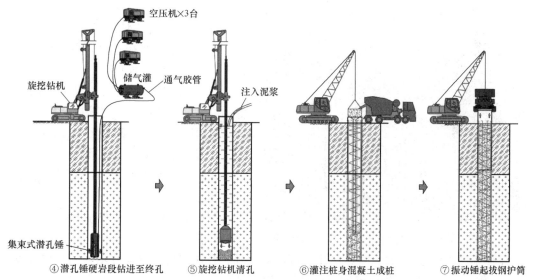

图 5.2-18　旋挖集束潜孔锤硬岩钻进成桩施工工艺操作流程示意图（二）

（4）旋挖钻机利用旋挖筒在上部土层中预先钻进，为防止填土塌孔，成孔深度控制在 2～4m。

（5）旋挖钻机钻取的渣土及时转运至现场临时堆土场，集中处理以方便统一外运。

旋挖钻机开孔施工见图 5.2-19。

图 5.2-19　旋挖钻机土层段开孔钻进

2. 振动锤沉入护筒至岩面

（1）集束式潜孔锤破岩需采用超大风压，为避免超大风压对孔壁稳定的扰动影响，在潜孔锤作业前埋入深长钢护筒至基岩面，以确保孔壁在集束式潜孔锤钻进时的稳定。

（2）采用振动锤吊放并沉入钢护筒至岩面，钢护筒采用单节一次性吊入，采用起重机起吊，振动锤沉入。

（3）为确保振动锤激振力，振动锤采用双夹持器。

（4）振动锤沉入护筒时，利用十字交叉线控制其平面位置。

（5）护筒沉入过程中，设置专门人员指挥，保证沉入时安全、准确。

图 5.2-20　起重机配合振动锤沉入长钢护筒护壁

（6）为确保长钢护筒垂直度满足设计要求，设置二个垂直方向的吊锤线，安排专门人员控制护筒垂直度。

（7）下入护筒确保穿过上部土层至岩面，护筒沉入到位后，复核桩孔位置。

振动锤沉入钢护筒见图 5.2-20。

3. 旋挖钻机钻进至岩面

（1）护筒沉入到位后，采用旋挖钻机继续钻进。

（2）由于在钢护筒内钻进，可采用干成孔钻进。

（3）旋挖筒钻进至岩面时，停止钻进，对孔径、孔深进行检查，并填写钻孔记录表。

4. 集束式潜孔锤硬岩段钻进至终孔

（1）旋挖钻机卸去旋挖钻筒，换接集束式潜孔锤，同时接上高压通气胶管。

（2）旋挖钻机机身与空压机摆放距离控制在 100m 范围内，以避免压力及气量下降。

（3）采用集束潜孔锤机室操作平台控制面板进行垂直度自动调节，以控制钻杆直立，确保钻进时钻孔的垂直度。

（4）硬岩钻进采用集束式潜孔锤钻进，钻进时先将钻具提离孔底 20～30cm，开动空压机及钻具上方的回转电机，待护筒口出风时，将钻具轻轻放至孔底，开始潜孔锤钻进作业。

（5）为确保集束式潜孔锤钻机的正常运转，现场配备 3 台空压机提供足够的风压（风压量约 $95m^3$），以维持潜孔锤冲击器作业。

（6）钻进过程中，集束式潜孔锤钻进过程形成正循环排渣，潜孔锤产生的高风压携带岩渣通过返渣通道上返至钻杆处，由于钻杆与孔壁环空间隙增大，空气流速降低岩渣下落，堆积在潜孔锤上部的盛渣筒内。

旋挖集束潜孔锤硬岩钻进作业系统原理见图 5.2-21，集束潜孔锤安装就位见图 5.2-22，现场空压机作业见图 5.2-23，旋挖集束潜孔锤钻进见图 5.2-24。

5. 旋挖钻机捞渣清孔

（1）终孔后，从孔内提出集束式潜孔锤，因孔内仍会残留部分岩屑、渣土，为满足桩身孔底沉渣厚度要求，需要进行清孔。

（2）清孔前，向孔内注入优质泥浆，泥浆液面至孔口下 1.5～2.0m 处；泥浆采用现场设置泥浆池调制，采用水、钠基膨润土、CMC、NaOH，按一定比例配制；在注入桩孔内前，对泥浆的各项性能进行测定，满足要求后采用泥浆泵注入桩孔；泥浆性能指标控制为：泥浆比重 1.15～1.20、黏度 20～22S、含砂率 4%～6%、pH 值 8～10。

（3）清孔采用旋挖钻机孔底捞渣钻头，下入旋挖平底捞渣钻头进行捞渣清底。

6. 灌注桩身混凝土成桩

（1）钢筋笼按终孔后测量的桩长制作，本项目钢筋笼按一节制作，安放时一次性由履带吊吊装就位；为保证主筋保护层厚度，钢筋笼每一周边间距设置混凝土保护块。

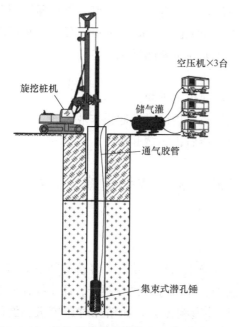

图 5.2-21 旋挖集束潜孔锤作业系统原理示意图

图 5.2-22 集束潜孔锤桩机就位

图 5.2-23 三台空压机形成高风压　　　　图 5.2-24 集束潜孔锤硬岩段钻进

（2）钢筋笼采用吊车吊放，吊装时对准孔位，吊直扶稳，缓慢下放。笼体下放到设计位置后，在孔口采用笼体限位装置固定，防止钢筋笼在灌注混凝土时出现上浮下窜。

（3）灌注导管选择直径 300mm 导管，安放导管前，对每节导管进行检查，第一次使用时需做密封水压试验；导管连接部位加密封圈及涂抹黄油，确保密封可靠，导管底部离孔底 300～500mm；导管下入时，调接搭配好导管长度。

（4）灌注混凝土前，孔底沉渣厚度如超过设计要求，则进行二次清孔；二次清孔采用泥浆正循环进行，清孔过程中置换孔内泥浆，直至孔底沉渣厚度满足要求。在等待混凝土过程中应继续循环清孔，直至混凝土到场后装料斗灌注。

（5）桩身混凝土采用 C30 水下商品混凝土，坍落度 180～220mm，采用混凝土运输车

241

运至孔口直接灌注；灌注混凝土时，控制导管埋深，及时拆卸灌注导管，保持导管埋置深度在 2～4m，最大不大于 6m；灌注混凝土过程中，不时上下提动料斗和导管，以便管内混凝土能顺利下入孔内，直至灌注混凝土至设计桩底标高位置超灌 1m 左右。

7. 振动锤起拔钢护筒

（1）桩身混凝土灌注完成后，随即采用振动锤起拔钢护筒。

（2）钢护筒起拔采用双夹持振动锤，选择履带吊对护筒进行起拔作业。

（3）振动锤起拔时，先在原地将钢护筒振松，然后再缓缓起拔。

5.3　松散地层抗浮锚杆潜孔锤双钻头顶驱钻进施工技术

5.3.1　引言

在地下结构抗浮设计的选择中，抗浮锚杆因其施工简单、快速、经济等特点而被广泛应用。抗浮锚杆施工工序主要包括成孔、锚杆制安、注浆等，锚杆制安、注浆操作不受外界环境条件的影响，而锚杆成孔则受场地地层条件影响极大，如钻孔时遇填土、淤泥质土、粉土、砂性土、砾砂层、卵石层、碎石层等松散易塌地层时，由于抗浮锚杆成孔通常多采用潜孔锤钻机钻进，孔底岩层受冲击成粉状后与水经高风压空气混合成浆液向孔外喷出，对孔壁产生较大的冲刷，容易造成孔壁坍塌，导致锚杆成孔困难。如何解决因抗浮锚杆施工对孔壁产生较大的冲刷而导致的锚杆成孔困难，急需在施工工艺、机械设备、技术措施等方面寻找突破口。

对于松散易塌地层抗浮锚杆成孔困难问题，项目组开展了"松散地层地下结构抗浮锚杆双钻头顶驱钻进成孔施工技术"研究，在抗浮锚杆成孔时，采用内、外直径不同的钻头依次钻进，外钻头为筒式钻头带套管护壁钻进，内钻头为全合金潜孔锤钻头，内、外钻头分别承担钻进破碎地层、护壁功能和作用。经过一系列现场试验、工艺完善、机具调整，以及总结、工艺优化，最终形成了完整的施工工艺流程、技术标准、操作规程，顺利解决了因传统锚杆施工造成孔壁坍塌，抗浮锚杆顺利成孔，取得了显著成效，实现了质量可靠、施工安全、高效经济目标，达到预期效果。

5.3.2　工艺特点

1. 高效成孔

采用外钻头（套管）全套管钻进护壁，外套管进入岩面，可在内钻头钻进过程中提供全套管护壁，确保松散地层的稳定，可以快速成孔，确保了成孔质量。

2. 操作简单

采用了排渣头将外钻头、内钻头依次连接于一端，可快速进行内外钻头的施工转换，连接、拆卸钻杆便利，操作简单、安全、可控。

3. 移动方便

为提高该锚杆钻机的移动效率，在钻机上专门配备了一台小型柴油机，以便在钻机不方便接电时能完成自行移动。

4. 节能环保

所使用 BHD 系列锚杆钻机为电动力，使钻机更节能、更环保。

5. 综合成本低

施工过程中所需配套设备除钻具外均能沿用传统抗浮锚杆的施工设备，外套管、外钻头、内管、内管钻头等施工用具均能通过加工制作，施工过程中的正常维修和保养也较简便、快捷，加之成孔效率高，其综合施工成本低。

5.3.3 适用范围

适用于松散易塌地层（如填土、淤泥质土、粉土、砂性土、砾砂、碎石层等）抗浮锚杆成孔施工；适用于松散易塌地层预应力锚索、锚杆施工。

5.3.4 工艺原理

抗浮锚杆双钻头施工的关键技术主要分两部分，即：外钻头（套管）护壁、内钻头（内管）钻进双层钻头封闭钻进成孔技术和内外钻头嵌套式排渣头连接、排渣技术。

1. 外钻头（套管）护壁、内钻头钻进双层钻杆封闭顶驱钻进成孔工艺

（1）外钻头（套管）、内钻头结构

本工艺使用顶驱动力头，使内、外直径不同的钻头依次钻进，外钻头为筒式钻头带套管护壁钻进，内钻头为全合金潜孔锤钻头破碎钻进，内、外钻头承担不同的钻进功能和作用。

外钻头为敞开式筒式带套管钻头，前端为合金环状钻头，钻头与护筒相连，外钻头其实就是外套管的一部分，主要承担前端先导钻进作用，外钻头将钻进岩层，在钻进过程中外钻头不破碎地层，主要为内钻头钻进时起到成孔护壁作用。外钻头外径 150mm、内径 130mm，筒式钻头壁厚 10mm，套管间用丝扣连接。

内钻头外径 70mm、内径 50mm，壁厚 10mm，内管钻杆接 ϕ115mm 全合金潜孔锤钻头，其在空压机的作业下起钻进破碎渣土及入岩的作用。

外钻头（套管）、内管钻头依次与动力头端装设的排渣头相连。内、外钻头及与排渣头连接见图 5.3-1～图 5.3-4。

（2）外钻头（套管）钻进工艺

1）钻进前，先将第一节外钻头（套管）通过与动力头连接的排渣头前端丝扣连接上。

2）开动钻机，外钻头（套管）先行开始环向钻进；如遇地下水丰富，地下水由外套管底部上至排渣口，携带钻渣由排渣头排出。

3）随着钻进孔深加长，松开排渣头处第一节外套管，不断加长外套管的长度，循环钻进直至岩面。

外钻头（套管）钻进及排渣情况见图 5.3-5、图 5.3-6。

2. 内钻头钻进工艺

（1）松开外套管与排渣头处的连接，将内钻头（内管）与排渣头连接，并开动钻机同时注入清水开始内钻头的钻进。

（2）内管钻头在外钻头护壁作用下进行环向破碎钻进，高压清水由内钻头钻杆的内管进入至孔底，并携带钻渣由内管与外套管间空腔上返，由外套管管口排出。

243

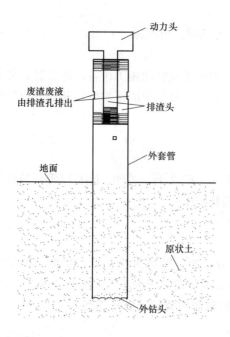

图 5.3-1 外钻头（套管）排渣头连接示意图

图 5.3-2 外钻头（套管）

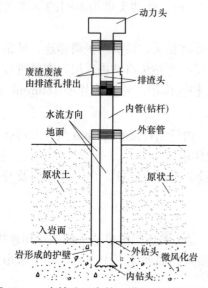

图 5.3-3 内钻头（套管）排渣头连接示意图

图 5.3-4 内钻头（潜孔锤钻头）

（3）随着钻进孔深加长，松开排渣头处第一节内管，不断加长内管的长度，循环钻进直至钻至设计需入岩的深度。

锚杆双钻头带水钻进返渣示意图见图 5.3-7、图 5.3-8。

3. 内钻头、外钻头排渣原理

本工艺设计了专门的嵌套式排渣头，采用排渣头将内钻头、外钻头依次内外层连接。排渣头长 60cm，周身局部开有小口作为排渣出口；排渣头内设丝扣，一端连接动力头，一端依次连接外钻头（套管）、内钻头（内管）。

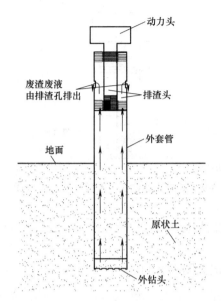

图 5.3-5　外钻头（套管）钻进排渣示意

图 5.3-6　外钻头（套管）钻进过程返渣情况

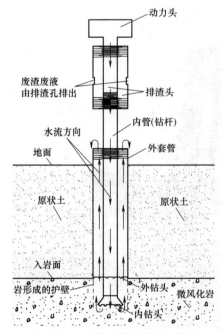

图 5.3-7　内钻头钻进返渣示意图

图 5.3-8　内钻头钻进过程返渣情况

外钻头（套管）和内钻头钻杆两端均设有丝扣，一端与排渣头连接，一端与相对应钻杆连接。外钻头（套管）工作时，如有地下水，水由外套管底部上返至排渣口，携带钻渣由排渣头排出。内钻头（内管）破碎钻进时，水由内管钻杆进入，上返携带出的钻渣由内管钻杆与外套管间间隙返回，从外套管管口排出。

排渣头示意图见图 5.3-9。

5.3.5　施工工艺流程

松散地层地下结构抗浮锚杆双钻头顶驱钻进成孔施工工艺流程见图 5.3-10。

5.3.6　工序操作要点

1. 施工工作面开挖及孔位定位

（1）抗浮锚杆施工前，利用挖机对场地进行平整，根据施工需要，施工工作面需高于底板标高面 0.2～0.3m，测量工程师利用水准仪控制工作面标高。

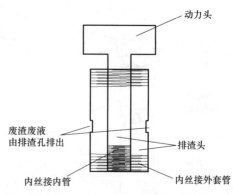

图 5.3-9　排渣头外钻头（套管）连接示意图

（2）修整工作面的同时需在无锚杆区域挖出一个集水池并沿锚杆水平方向挖出一段沟槽，利于锚杆施工时的水循环使用。

（3）测量工程师定出锚杆施工孔位，并在地面标记见图 5.3-11。

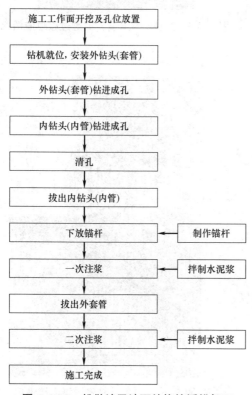

图 5.3-10　松散地层地下结构抗浮锚杆双
钻头顶驱钻进成孔施工工艺流程图

图 5.3-11　钻机就位

2. 施工钻机就位、安装外套管钻具

（1）采用 BHD-150 型多功能全液压锚杆钻机。

（2）钻机到达指定位置后，将排渣头连接于钻机动力头位置，将第一节外套管（带外钻头）连接至排渣头。

（3）调整钻机机架臂的竖向位置，使外套管和套管夹具对准孔位，调整方位和垂直度符合设计要求见图5.3-12。

3. 双钻头依次钻进成孔

（1）开动钻机，外钻头先行钻进，外钻头（套管）钻头环向钻进；如遇地下水丰富，地下水由外套管底部上至排渣口，携带钻渣由排渣头排出。

（2）如钻进成孔遇块石，则根据块石大小调整钻进方式，对于较小的块石直接用合金环状钻头进行破碎处理；对于较大的块石，则采用潜孔锤引孔。

（3）随着钻进孔深加长，松开排渣头处第一节外钻头（套管），不断加长外套管的长度，循环钻进直至设计岩面。松开排渣头处与外套管连接。

图5.3-12 安装外钻头（套管）

（4）将内钻头钻杆与排渣头连接见图5.3-13，开动钻机同时注入清水进行内钻头（内管）破碎钻进，高压清水由内管进入排至孔底，携带钻渣由内管与外套管间空腔返回，由外套管管口排出。

（5）随着钻进孔深加长，松开排渣头处第一节内管，不断加长内管的长度，循环钻进直至钻至设计需入岩的深度。

4. 清孔

当钻进达到设计锚杆深度时，高压水泵继续泵水，将上下抽动内管（钻杆）用水清渣见图5.3-14，水清后停止泵水，并将内管（钻杆）全部取出。

图5.3-13 内钻头（内管）

图5.3-14 高压水清孔

图 5.3-15 下放锚杆

5. 下放锚杆

（1）清孔完成后立即将按设计要求制作好的锚杆下放入孔内（见图 5.3-15），安放时防止杆体扭转、弯曲，并下放至设计孔深，孔口预留 0.6m 长度。

（2）钢筋上若粘有泥块或铁锈清理干净后再放入孔内。

（3）下放锚杆时通知监理工程师旁站。

6. 注浆

（1）一次常压注浆：锚杆下放完成后，开动注浆泵，通过一次注浆管向孔内注入拌制好的水泥浆。

（2）水泥采用 P.O.42.5R 型普通硅酸盐水泥，水灰比控制在 0.45～0.50 之间，注浆压力约 0.8MPa，待返出浆液的浓度与拌制浆液的浓度相同时停止一次注浆完成后拔除外套管；待外套管全部拔出后，通过一次注浆管对孔内进行补浆，直至孔口返浆。

（3）二次高压劈裂注浆：在一次注浆体初凝后、终凝前，常温下约在 2.5～3.0h，对孔内进行二次高压劈裂注浆，以便能冲开一次常压灌浆所形成的具有一定强度的锚固体，使浆液在高压下被压入孔内壁的土体中；二次注浆压力 2.0～3.0MPa，待孔口返浆停止注浆见图 5.3-16。

图 5.3-16 抗浮锚杆注浆

5.3.7 主要机械设备

本工艺主要机械设备配置见表 5.3-1。

主要机械、设备配置　　　　　　　　　　　　表 5.3-1

机械、设备名称	型号尺寸	生产厂家	数量	备注
锚杆钻机	BHD-150	廊坊秋田机械	1台	成孔
外套管	长2m，外径φ150mm	加工	18根	护壁
内钻杆	长2m，外径φ70mm	加工	20根	钻进
外钻头	合金环状钻头	廊坊秋田机械	2个	成孔
内钻头	合金潜孔锤钻头	廊坊秋田机械	2个	成孔
潜水泵	50WQ25-32-5.5	广州海珠	1台	成孔、清孔
搅浆机	GD50-30	广州羊城	1台	制浆
注浆泵	BW-150	衡阳广达	1台	注浆
砂轮切割机	GJZ-400	滕州威特	1台	切割钢筋
电焊机	BX1-500	凯尔仕	1台	焊接钻头

5.3.8　质量控制

1. 原材料

（1）对施工所用的材料（如钢筋、水泥等），进场时检查其出厂合格证明。

（2）材料进场后进行有见证送检，检测合格后方可投入使用。

2. 锚杆加工

（1）钢筋清除油污、锈斑，严格按设计尺寸下料，每根钢筋的下料长度误差不应大于 50mm。

（2）钢筋平直排列，沿杆体轴线方向每隔 1.0～1.5m 设置一个隔离架，注浆管与杆体绑扎牢固，绑扎材料不宜采用镀锌材料。

（3）杆体制作完成后尽早使用，不宜长期存放。

（4）制作完成的杆体不得露天存放，宜存放在干燥清洁的场地，避免机械损伤杆体或油渍溅落在杆体上。

（5）对存放时间较长的杆体，在使用前必须严格检查。

（6）在杆体放入钻孔前，检查杆体的加工质量，确保满足设计要求。

（7）安放杆体时，防止扭曲和弯曲，注浆管宜随杆体一同放入钻孔。

3. 成孔

（1）施工前测量放出孔位，并标注于桩上。

（2）根据孔位布置钻机，确保钻机水平稳固，调整钻杆垂直度，使之满足设计要求。

（3）钻进过程中定时复测钻孔垂直度，如偏差过大则及时调整。

（4）钻进完成后通过尺量所用钻杆长度，推算孔深是否满足设计要求。

（5）钻进完成后及时用高压水进行清孔，直至孔口流出清水方可停止。

4. 注浆

（1）注浆材料应根据设计要求确定，不得对杆体产生不良影响。

（2）注浆浆液应搅拌均匀，随搅随用，并在初凝前用完。严防石块、杂物混入浆液。

（3）注浆设备应有足够的浆液生产能力和所需的额定压力，采用的注浆管应能在 1h

内完成单根锚杆的连续注浆。

（4）当孔口溢出浆液浓度与注入浆液浓度一致时，可停止注浆。

（5）注浆后不得随意敲击杆体，也不得在杆体上悬挂重物。

5.3.9　安全环保措施

1. 安全措施

（1）作业人员、进入现场人员必须进行安全技术交底及三级安全教育，按规定佩戴和正确使用劳动防护用品。

（2）进场的锚杆钻机、挖掘机必须进行严格的安全检查，机械出厂合格证及年检报告齐全，保证机械设备完好。

（3）锚杆钻机使用前，进行试转，检查各部件是否完好；作业中，保持钻机液压系统处于良好的润滑；施工现场所有设备、设施、安全装置、工具配件以及个人劳动保护用品必须经常检查，保持良好使用状态，确保完好和使用安全。

（4）临时开挖集水池四周应设置防护措施或围挡并悬挂警示牌。

（5）锚杆钻机撑脚处需垫设钢板，保证钻进时钻机稳固安全。

（6）锚杆钻机设安全可靠的反力装置。

（7）在有地下承压水地层中钻进，孔口必须安设可靠的防喷装置，一旦发生漏水、漏砂时能及时堵住孔口。

（8）高压液体管道的耐久性应符合要求，管道连接牢固可靠，防止软管破裂、接头断开，导致浆液飞溅和软管甩出的伤人事故。

2. 环保措施

（1）设置排水沟及泥浆池控制成孔过程中产生的泥渣，泥浆过多时利用挖机清理干净，放置指定位置。

（2）清洗搅浆桶及注浆管时将废水排入指定位置，防止对场地造成污染。

第 6 章　软土地基处理施工新技术

6.1　沿海陆域真空堆水联合预压软基处理技术

6.1.1　引言

随着珠江三角洲地区经济的高速发展，以及粤港澳大湾区、一带一路建设的兴起，为了满足日益增长的用地需求，深圳、珠海、广州、东莞、江门、顺德等地相继把土地利用拓展到近海陆域形成区。拟建场地原始地貌均为近海海域，后经填海形成陆域，场地普遍分布深厚的海陆交互沉积淤泥层，高含水量、高压缩性、低强度的特点，需经软基处理后才能适应建筑场地建设条件要求。软基处理的目的主要是提高淤泥的强度和承载力，减少工后沉降，为建筑基坑开挖和基础施工提供工程条件。

沿海陆域软基处理一般具有面积大、淤泥深厚、使用荷载较小等特点，通常采用较多的为排水固结处理方法。排水固结法是处理高含水量软黏土地基的一种经济、有效的方法，广泛应用于珠江三角洲地区淤泥、淤泥质土类地基的加固和处理。其基本原理是在高含水量的软土层中设置排水体如塑料排水板等，在外荷载的作用下促使土体孔隙水排出，土体进一步压密，从而性质得到改善。排水固结法一般时间较长，为缩短处理时间，通常排水固结法与预压相结合，采用上覆堆填土或砂对软土层进行预压，达到消除或减少工后沉降并提高强度的目的。排水固结法根据预压材料的不同分为：堆载预压法、真空预压法、真空堆载联合预压法。

软土地基的处理方法主要受工期、造价以及现场施工条件的制约，考虑到大规模软基处理工程所需费用巨大，而工期一般相对要求较短。为了寻求更快捷高效的新工艺新方法，节省投资，加快施工进度，我们针对沿海陆域场地条件，在堆载预压法、真空预压法、真空堆载联合预压法的实践基础上，提出了沿海陆域真空堆水联合预压软土地基处理工艺。

2010 年 7 月，深圳市工勘岩土集团有限公司承接了珠海格力海岸 S1/S2 地块地基处理设计与施工项目，根据现场距离海岸近、取海水便利的条件，采用了真空堆水联合预压软基处理技术，取得了较好的处理效果，积累了丰富的软土地基处理经验，并不断对工艺技术进行完善，软土地基处理以工期短、效果好、造价相对较低，取得了较好的使用效果，赢得了社会的认同，并得到推广使用。

6.1.2　工程应用实例

1. 工程概况

格力海岸 S1、S2 地块软基处理项目由珠海格力房产有限公司开发，拟建场地位于珠海经济特区情侣北路南段，属于唐家湾填海区，本次开发的 S1、S2 地块面积约 14.5 万 m²。拟建场地为住宅用地，计划修建多栋多层、小高层、高层和超高层住宅，住宅区内有 1～2 层地下室。

2. 软基处理目的

根据招标文件，小区内将设 1～2 层地下室，基坑开挖深度约 7.0m，本次软基处理的目的是提高淤泥的强度和承载力、减少工后沉降。

3. 工期要求

计划工期不超过 140 天。

4. 场地地层分布情况

根据勘察报告，场地分布地层的分布规律和岩土工程性质简述如下：

（1）人工填土（Q^{ml}）：褐黄、灰黄色，系新近吹填、堆填而成，主要由黏性土和石英质中砂组成，结构松散，层厚 0.60～7.50m。

（2）第四系海陆交互相沉积层（Q^{mc}）

淤泥：深灰、灰黑色，呈饱和、流塑状态；场地普遍分布，层厚 3.40～17.20m。

粗砂：灰白、灰褐色，成分石英质，呈饱和、松散、局部稍密，层厚 1.20～14.80m。

砾砂：灰白、灰褐色，主要成分为石英质，呈饱和、中密，层厚 6.10～4.90m。

（3）第四系残积层（Q^{el}）砾质黏性土：褐黄、灰白等色，由粗粒花岗岩原地风化而成，呈饱和、硬塑状态，层厚 1.20～6.50m。

5. 软基处理设计要求

场地北侧和南侧采用插板排水真空堆水联合预压法处理，根据招标文件，本项目软基处理技术标准为：

（1）软基加固后，固结度≥90%；

（2）交工面地基承载力特征值＞80kPa；

（3）淤泥加固后十字板强度＞25kPa；

（4）道路工后沉降不大于 20cm（20 年使用期）；

（5）淤泥含水量＜50%；

（6）软基处理卸荷标准：交工面以上的荷载取 28kPa。

6. 软基处理设计方案

（1）搅拌桩帷幕，桩顶标高 3.00m，桩有效直径 550mm，桩距 0.45m，排距 0.40m；

（2）塑料插板，1.3m×1.3m 间距，正方形布置；

（3）真空堆水联合预压 3～6 区，铺设土工布一层；

（4）铺设密封膜两层；

（5）真空荷载 80kPa，预压水水深 1.5m；

（6）堆水围堰布置在真空堆水预压分区线上，围堰断面：围堰断面顶宽 1.0m，高 1.8m，由堆砂（土）和砂带构筑形成；

（7）抽预压水进场达到设计深度后，真空抽水时间 90d；

（8）卸载固结度 75% 以上，相当于附加荷载为 28kPa 时，固结度达到 100% 以上。

7. 施工情况

本工程于 2010 年 7 月 16 日开工，于 12 月 1 日前交付场地，施工总工期 138 天。

项目施工按照设计和合同要求，结合现场条件，编制了详尽的施工组织设计，并报业主和监理审批后严格执行。施工前，进行了各项试验工作，修正、确定各主要施工参数，为施工提供可行的技术参数，实现信息化施工。项目部严格按施工流程施工，每道工序按质量标准验收；对关键工序实施全过程监控，如：密封搅拌桩、排水插板、真空膜铺设、真空管埋设等；同时，严格按要求进行监测，在抽真空、满载期间，各项现场监测量大，数据要求及时、准确，并做出了分析，保证了施工工期和处理效果，质量验收各项技术指标均满足设计要求。

8. 工程检验、检测结果

（1）固结度：表层沉降监测结果表明，在施工后初期，各沉降板沉降较为显著，曲线陡降明显，到 40～50d 左右时，沉降开始减缓，沉降曲线趋于平缓。按三点法推算，土体总的固结度达 92%，满足设计要求。

（2）交工面地基承载力特征值：共进行了 6 处平板载荷试验，试验极限荷载为 160kPa，试验未达到破坏，交工面地基承载力特征值≥80kPa，满足设计要求。

（3）淤泥加固后十字板强度：共进行电测十字板剪切试验 43 次/6 处，根据十字板剪切试验结果，人工填土下伏软土层淤泥在检测深度内，其十字板剪切强度标准值均已达到并超过 25kPa，满足设计要求。

（4）道路工后沉降：利用现场沉降板实测沉降数据推算真空堆水联合预压处理的工后沉降量，利用真空堆水联合预压处理的最终沉降量推算使用荷载作用下的最终沉降量，进而推算出工后沉降，结果表明，道路工后沉降不大于 20cm，满足设计要求。

（5）淤泥含水量：现场淤泥层取样 42 件，经室内土工试验，场地淤泥在检测深度内其天然含水率有一定的减小，测得天然含水率标准值为 46.9%，满足设计要求。

6.1.3 工艺原理

真空堆水联合预压法是在需要加固的软土地基四周先打设搅拌桩密封墙，再铺设砂垫层，然后插入竖向塑料板排水板垂直排水通道；埋设真空管、真空泵后，在砂垫层顶面铺设封闭薄膜使其与大气隔绝，薄膜四周埋入土中，通过砂垫层内埋设的吸水管道，用真空射流泵装置进行抽气，使其形成真空；当抽真空时，在砂垫层、塑料板排水板通道先后形成压差，在此压差作用下，土体中的孔隙水不断由排水通道排出，从而使土体固结；同时，利用抽吸的海水，在真空膜上一次堆水到位，该部分堆水预压联合真空预压对软土地基加速排水固结，对减小工后沉降起到积极作用。

本工艺方法其加固机理与堆载真空联合预压相似，但是膜上覆水技术不需要大量的预压材料，避免了堆载真空联合预压中预压材料的搬运，在缺乏预压材料的地区显得更为优越。

现对其固结机理描述如下：

1. 排水固结压密阶段

在上覆堆水预压及抽真空产生的预压荷载双重作用下，自由水经天然或人工排水通道排出，超孔隙水压力下降，有效应力增长，土体颗粒重新产生更加稳定的排序，进一步固结沉降；由于渗透性差，饱和软黏土固结有一定的时效性。

2. 固化强度提高阶段

自由水不断排出，超孔隙水压力逐渐消散，土体自由水变成弱结合水，土体均匀性得到改善，整体变形模量和强度均得到提高。

6.1.4 工艺特点

本工艺与堆载预压法、真空预压法、真空堆载联合预压法等传统软基处理方法相比较，在质量效果、处理工期、施工管理、工程造价等方面具有显著的优势和新颖性，主要表现在：

1. 适用范围广

本工艺适用于对大面积低渗透性、高含水量、低强度的软土、软黏土地基（如码头堆场、大型厂房、道路路基等）的处理，对于抽取海水便利和在缺乏预压堆载材料的区域极为适用。

2. 处理效果好

真空堆水联合预压地基处理技术既利用了堆载预压，且利用抽真空的方法对场地施加预压力，综合预压荷载大，地基处理效果好。

3. 工期较短

堆载预压法是采用砂土等散体材料作为预压荷载，为了保持填土边坡的稳定性，预压土的填筑必须分层填筑，工期较长，同时土方运输量大，工期受到一定的限制；而本工艺采用堆水预压，预压水一次性抽入，可节省大量时间；同时，由于采用了"真空＋堆载（水）联合预压"工艺技术，与真空预压法相比，其预压荷载大，处理工期相对较短。

4. 施工管理方便

真空堆载联合预压法密封膜以上的预压荷载一般采用砂、土等散体材料，造价较高，而且预压土填筑的过程中，须严格保护真空密封膜，一旦密封膜发生漏气，将很难修复。而本工艺采用的堆载材料为海水，抽取方便，真空膜的上覆水不但可以提高真空膜的密封，而且还可以保护真空膜免受破坏，给现场施工管理带来便利。

5. 工程造价低

本工艺根据沿海陆域形成区的施工条件，充分利用近海海水丰富的特点，用海水替代了砂、土散体材料作为预压荷载，既提高了处理工效，还可节省散体材料的采购、运输、场内平整等费用，具有显著的技术经济效益。

6.1.5 施工工艺流程

真空堆水联合预压软土地基处理施工工艺流程见图 6.1-1。

6.1.6 工序操作要点

1. 施工准备

（1）技术准备：认真熟悉图纸和施工技术规范，编制施工方案和技术交底；收集详细的工程地质、水文地质资料，邻近建（构）筑物的类型、结构等情况；施工前进行工艺设计与试验，包括：管网平面布置，排水管泵及电器线路布置，真空度探头位置、沉降观测点布置以及有特殊要求的其他设施的布置等；测量基准点复测及办理书面移交手续。

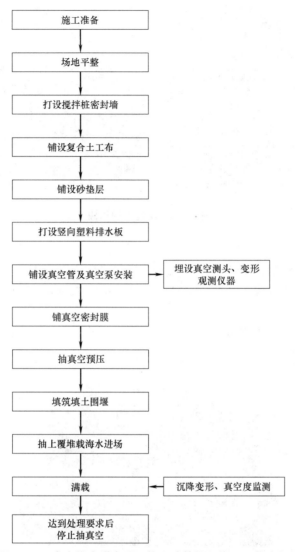

图 6.1-1 真空堆水联合预压软土地基处理施工工艺流程图

（2）材料准备：制订材料使用计划，并按工程施工进度安排提前进场；排水板、真空主管、支滤管、土工布、密封膜等，原材料质量检验项目、批量和检验方法，应符合国家现行标准的规定。

2. 平整场地

（1）软基处理前，进行场地清理、晾晒，清除场地的杂草、石块、木头、竹竿等影响施工的杂物和障碍物，对于局部隆起的淤泥滩位置进行挖除摊平。

（2）场地标高按设计平整到位，要求场地平顺。

（3）场地平整后，由于施工面松软，无法满足插板等施工机械要求，需铺设格栅工作垫层。选用柔韧性好的荆笆，在软土表面按顺序满铺两层，荆笆的块与块之间搭接200mm，并用 14～16 号钢丝按 500mm 间距绑扎牢固，层与层之间要错缝。

场地施工格栅加固处理见图 6.1-2。

图 6.1-2 场地加固格栅

3. 铺设土工布

（1）对于场地表面铺设单位重量 $200g/m^2$ 的针刺型无纺土工布一层。

（2）土工布采用双排线折叠缝合法缝接，接缝宽度 30cm，相邻土工布之间的搭接长度不小于 1m。

（3）铺好的土工布周边用砂袋叠压。

土工布铺设见图 6.1-3。

图 6.1-3 场地土工布铺设

4. 铺砂垫层

（1）砂垫层使用海砂，其含泥量不大于 3%。

（2）砂垫层砂采用海上运输方式到岸，再采用运输车辆运至场地内。

（3）砂垫层铺设采用小型机械和人工结合的方式进行。

（4）砂垫层分区分片铺设，铺设时严格按设计要求施工，保证砂垫层的厚度满足设计要求，并进行砂垫层平整。

（5）砂垫层施工时，控制好填筑速率。

场地砂垫层铺设见图 6.1-4。

5. 打设搅拌桩密封墙

（1）当加固区边界存在透气填土或透水层较深时，为确保真空抽吸的效果，施工时需

图 6.1-4　场地砂垫层铺设

对处理区域四周打设搅拌桩帷幕，形成封闭场地。

（2）密封墙为黏土搅拌桩墙，采用泥浆作为胶结材料。

（3）施工前，首先做配合比试验，进行试搅拌，以保证泥浆的技术参数满足设计要求；搅拌桩墙渗透系数小于 1×10^{-5} cm/s，泥浆含砂率小于 5%，比重大于 1.35，泥浆掺入比大于 35%。

（4）搅拌桩施工见图 6.1-5。

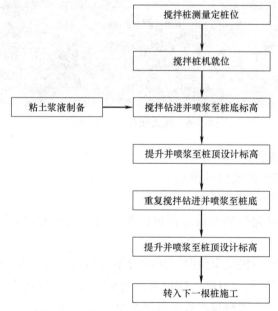

图 6.1-5　黏土搅拌桩墙施工工序流程图

（5）搅拌桩施工要点

1）搅拌桩测量定位：沿场地周边测搅拌桩轴线，并准确定桩位；掌握轴线位置地下障碍物分布，根据现场障碍物分布情况，进行轴线位置开挖，清除上部的地下障碍物，并进行回填、压实；重新进行搅拌桩轴线测量放线，并进行桩位定位。

2）钻机就位：将搅拌桩机移动对中桩位，调整机架水平、导向架垂直，搅拌桩要求搭接紧密，搭接 150mm。

3）调配泥浆液：采用黏土作为拌合材料，含砂率小于5%，比重大于1.35，胶体率大于45%。

4）搅拌下沉、喷浆：启动机器，使搅拌头沿支架旋转下沉至设计标高，深度要求搅拌桩至少进入下卧不透水层（淤泥）1.0m；下沉速度由电流监测表控制，工作电流不大于设计值。

5）提升喷浆搅拌：提升钻杆同时喷浆，边旋转、边喷浆、边提升，直至设计桩顶高程；下搅速度1.2m/min，上搅速度0.8m/min，转速60圈/min，喷浆出口压力0.4～0.6MPa，喷浆量控制在6m³/h。

6）重复下搅、提升喷浆过程一次，即：将搅拌头提升到设计桩顶高程，再边旋转、边下沉、边喷浆至设计深度后再提升喷浆，完成四搅四喷过程后，将搅拌机具提出地面。

7）清洗灰浆泵管路中残存泥浆，移位至下个桩位施工。

搅拌桩施工现场见图6.1-6。

图6.1-6 黏土搅拌桩墙现场施工

6. 打设竖向塑料插板

（1）塑料插板施工工艺流程见图6.1-7。

（2）塑料排水插板施工操作要点

1）定位：孔位测量定位后，做好孔位标识，要求孔位准确，孔位误差不大于5cm，抽查量不小于2%。

2）插板机就位：插板机具定位时保证导管中心与地面定位在同一点上，并用经纬仪或悬吊垂观测控制导向架的垂直度，插板垂直度允许偏差不超过插板长度的1.5%。

3）塑料排水板穿靴：塑料排水板导管靴与桩尖均采用圆形，桩尖平端与导管靴配合要适当，避免错缝，防止淤泥在打设过程中进入导管、增大对塑料排水板的阻力。

4）插入排水板：在插管上划出控制标高的刻度线，导管入土前用桩靴将导管封住，此时开动振动器将导管入土，用振动法将导管打入设计深度，确保导管垂直度和塑料排水板能够放置设计标高。

5）塑料排水板接长：塑料排水板需要接长时，剥离滤膜，使芯板顺槽搭好，搭接长度为20cm，然后包好滤膜，用钉板机钉牢。

6）拔管提升：抽拔导管时先启动激振器，后提升导管，连续缓慢进行，不得中

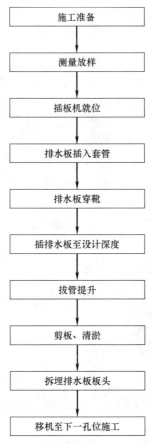

图 6.1-7 塑料插板施工工序流程图

途放松吊升绳；若导管上升时塑料排水板跟住上升，可将导管内加放少量水，帮助打开桩靴。

7）剪板、清淤：在剪断排水板时，留有露出原地面 15～30cm 的"板头"；其后在"板头"旁边挖土 20cm 深呈碗状的凹位，再将露出的板头切去，填平，拔管时将带出的泥土清除干净。

8）插管拔出后，留在孔外的塑料排水板长度不小于 30cm，并将其贯入砂垫层中。

插竖向塑料排水板见图 6.1-8、图 6.1-9。

7. 铺设真空主管、支滤管及真空泵安装

（1）真空管路主要为真空主管和真空支滤管，主管和支滤管纵横向布置。

（2）真空主管采用 PVC 管，管径大于 90mm，主管两头连接真空泵，每 1000m² 布置一台真空泵。

（3）真空支滤管采用 PVC 外裹膜式滤管，管径大于 50mm，支滤管间距不大于 3.0m。

（4）管材连接：真空支滤管之间及真空支滤管与主滤管之间的连接采用与之匹配的直通、三通接头连接，接头要牢固；真空主管的连接沿长度方向没 30m 左右设一钢丝胶管软接头，管位偏差小于 100mm，具体见图 6.1-10、图 6.1-11。

图 6.1-8 插竖向塑料排水板

图 6.1-9 塑料排水插板完成

（5）真空支管与插板之间采用连管式或软管式进行连接，保证连接良好，见图 6.1-12、图 6.1-13。

（6）真空泵采用射流式真空泵，由射流器、离心式清水泵、循环水箱等组成，真空泵是真空预压的关键设备，其性能好坏直接影响加固效果。

（7）真空泵安放于堆砌的砂袋上，保持真空泵的安放稳固。

图 6.1-10 铺设真空主管   图 6.1-11 铺设真空支滤管

图 6.1-12 排水板与支管连接方式

图 6.1-13 真空管网连接

8. 铺真空密封膜

（1）密封膜采用厚度大于 0.10mm 的两层聚氯乙烯薄膜，密封膜按一定尺寸经热缝合而成，为防止热冷缩，加工尺寸比实际尺寸稍大。

（2）铺膜前先挖好压膜密封沟，密封沟深入淤泥至少 50cm，如有渗透性高的夹层，将夹层清除并回填 30～50cm 厚的软黏土；沟的表面顺滑，密封膜摊铺在沟的表面后回填土料，土料中不得有块石杂物等尖利物；回填土料采用素黏土，分层压实。

（3）铺膜工作选择无风天气、在白天一次完成，一块 10000m² 的地块，铺膜的人数不少于 30 人，并准备足够数量的氯丁胶和高频热合机及部分备用整卷塑料薄膜；施工人员必须穿无钉软底鞋，认真检查密封膜有无开焊、破孔，并及时修补。

（4）第一层膜修补后才能铺第二层，相邻两层膜的合缝必须错开 500mm 以上，严禁接缝重叠。

（5）修补孔洞用小块薄膜，用湿布将破孔周围和小薄膜擦洗干净，再分别涂刷氯丁胶，待胶干燥（以不粘手为准）后将小块膜粘贴在破孔处，以两层膜间没有气泡即可。

（6）压膜沟与挡水埝：为了保证压膜沟的密封质量，压膜前需先在沟内灌水深 200～300mm；压膜时先把膜浸入水底，再在膜上压一层黏土；当泥浸透后由人工将粘泥踩成泥浆，然后再在沟里填黏土，并分层轻轻夯实。膜沟填实后再做挡水埝，同一块的埝顶要在同一平面上，高差不大于 100mm，为防止风浪冲刷和便于行走，埝顶压两层土袋。

（7）局部密封抽气管需穿过密封膜，膜与钢管的接口处需采取特殊的密封措施，既要把接口处压密实，又要防止抽真空时将膜拉裂。

现场真空膜铺设见图 6.1-14～图 6.1-16，真空泵安装见图 6.1-17。

9. 抽真空预压

（1）试抽气。抽气开始时，将所有的抽气泵同时开动，并认真观察真空度的变化，正常情况下开泵后 2～4h，泵口处的真空度会达到 2.66kPa（20mmHg）；此时安排专人在地块内和膜沟附近巡查，寻找漏气部位；如有漏气，停泵进行修理，直至无漏气点为止；巡查时，特别注意压膜沟有无漏气，如有漏气及时停泵，进行全面检修。

（2）试抽气前检修内容包括：挡水埝和膜沟外侧的地面有无裂缝，塌陷，并查明原因进行加固处理；预压区内有无过大的不均匀沉降，如沉降呈凹塌状时则剪开密封膜用砂子填平；真空表灵敏度是否正常；电器、机械是否完好。

图 6.1-14　现场劳动力组织密封膜进场

图 6.1-15　现场铺设密封膜

图 6.1-16　密封膜铺设完成

图 6.1-17　真空泵安装

（3）抽气：抽气时真空度提高很快，此时要注意观察整个预压区内有无异常，因为随着真空度提高，一旦发生故障，会造成较大的损坏，而且不易修复；经过24h抽气，如情况正常，便可向埝内灌水密封；也可采用膜上全面覆水密封，提高膜的密封性能，防止塑料膜直接暴晒，减缓膜的老化。

现场抽真空预压见图 6.1-18、图 6.1-19。

图 6.1-18　射流真空泵

图 6.1-19　真空泵抽真空、堆水预压

10. 修筑填土蓄水围堰

（1）沿抽真空区四周填筑封闭的填土围堰，抽真空约 7d 后，开始填筑填土围堰。堆

水围堰布置在真空堆水预压分区线上。

（2）施工时分层控制围堰的填筑速率，保证围堰的安全和稳定。

（3）围堰断面顶宽 1.0m、高 1.8m，由堆砂（土）和砂带构筑形成，分层压实压密。修筑填土蓄水围堰见图 6.1-20。

11. 抽预压水进场

（1）在填土围堰形成封闭后，开始抽预压水进行堆载预压，见图 6.1-21。

（2）抽水过程中，注意检查真空区域内是否存在渗漏现象。

图 6.1-20 修筑蓄水围堰

图 6.1-21 抽水预压

12. 满载

（1）抽预压水进场达到设计深度后，按设计要求时间进行真空抽水，见图 6.1-22、图 6.1-23。

（2）真空荷载 80kPa，预压水水深约 1.5m。

图 6.1-22 真空堆水联合预压满载

图 6.1-23 真空压力仪表工作中

13. 达到处理要求，停止抽真空

（1）真空堆水联合预压处理软基的卸载标准主要是工后沉降分析结果、软基的含水量和十字板强度结果。

（2）经现场各项试验检测和计算，达到处理要求后，停止抽真空。

（3）真空预压结束时间需经软基处理设计单位同意。

6.1.7 材料

1. 塑料插板

（1）塑料插板均采用 SPB100 系列 B 型排水板，断面尺寸 4mm×100mm。

（2）塑料插板技术要求见表 6.1-1。

SPB100 系列 B 型塑料插板规格及性能要求　　　　　　　表 6.1-1

项 目		单 位	指 标
芯板	宽度	mm	100±3
	厚度	mm	≥3.7
	单位长度质量	g/m	≥90
	舌型撕裂强度	N	≥20
	抗弯折性能		180°对折 5 次,无断裂
复合体	抗拉强度	kN/10cm	≥1.6
	延伸率	%	≥4
	纵向通水量	cm³/s	40
滤布	厚度	mm	≥0.3
	纵向干态抗拉强度	N/cm	30
	横向湿态抗拉强度	N/cm	25
	粘合缝抗拉强度	N/cm	≥20
	渗透系数	cm/s	≥5.0×10⁻³
	等效孔径	mm	≤0.10

2. 土工布

（1）铺设的土工布选用单位重量 $200g/m^2$ 针刺型无纺土工布。

（2）土工布技术要求见表 6.1-2。

$200g/m^2$ 土工布技术要求　　　　　　　表 6.1-2

项 目			单 位	规格及要求
单位质量			g/m²	200
条带拉伸	纵向	抗拉强度	kN/m	≥12
		延伸率	%	≥18
	横向	抗拉强度	kN/m	≥12
		延伸率	%	≥15
梯形撕裂强度(纵向)			N	>600
圆球顶破强度			N	>1800
垂直渗透系数			cm/s	>1.0×10⁻²

3. 真空主管、支滤管

（1）真空主管：采用 PVC 管，管径>90mm。

（2）真空支滤管：采用 PVC 外裹外膜式滤管，管径>50mm。

4. 滤布

（1）真空滤管埋在砂垫层中，要求每隔 5cm 钻一对直径 $\phi8\sim10$mm 的小孔，制成花管，外侧包一层尼龙纱，最外层用滤布包裹严密，以防流砂阻塞真空滤管。

（2）滤布技术要求见表 6.1-3。

滤布技术要求 表 6.1-3

项 目	单 位	规格及要求
单位面积重	g/m²	150 g/m² 针刺型土工布
断裂强度	kN/m²	≥4.0
断裂伸长率		≥25%
CBR 顶破强度	kN	≥0.6
梯形撕破强度	kN	≥0.12
垂直渗透系数	cm/s	≥$1×10^{-3}$

5. 真空密封膜

（1）采用两层聚氯乙稀薄膜 2 层，薄膜厚度＞0.1mm。

（2）真空密封膜技术要求见表 6.1-4。

真空密封膜技术要求 表 6.1-4

项 目	单 位	规格及要求
抗拉强度	N/5cm	≥250
梯形撕裂强度	N	≥40
圆球顶破强度	N	≥280
断裂伸长率		≥220%
渗透系数	cm/s	≤10^{-10}
粘结处的强度		不小于母材的强度

6.1.8 设备机具配套

本工艺主要施工机械设备配套见表 6.1-5。

主要施工设备机具配套表 表 6.1-5

名 称	规格型号	施工能力
搅拌桩机	PH-5A	320m/d
注浆泵	BW-150	
灰浆搅拌机	JW-180	80m³/h
履带式液压插板机	ZTL30-20	6000~8000m/d·台
振动式插板机		5000~6000m/d·台
射流式真空泵	LZS	

6.1.9 质量控制

1. 质量检验方法

（1）工后沉降分析结果：按照设计要求布设沉降板，按照设计要求监测软基沉降，利用实测沉降数据推算真空堆水联合预压处理的最终沉降量,利用真空堆水联合预压处理的最终沉降量推算使用荷载作用下的最终沉降量,进而推算出工后沉降;卸载时,推算的工后沉降必须满足设计要求。

(2) 软基含水量和十字板强度结果。满载预压达到设计时间,通过对工后沉降和固结度的分析,认为满足处理要求,进场钻孔取样和原位测试,检验处理的效果;按每200m×200m频率布置钻孔,进行效果检验,钻孔取样和原位测试各占1/2。

(3) 取样及原位试验技术要求如下:室内土工试验要求化验土的物理、力学指标,并做三轴固结不排水试验;原位测试采用十字板剪切试验。

2. 关键部位、关键工序的质量检验标准

关键部位、关键工序的质量检验标准见表6.1-6。

关键部位、关键工序的质量检验标准　　　　　　　　　　　　　表6.1-6

项目	序号	检查项目	允许偏差或允许值		检验方法
			单位	数值	
主控项目	1	固结度	满足设计要求		按设计要求的方法检验
	2	地基承载力特征值	满足设计要求		压板试验
	3	工后沉降值	满足设计要求		测量仪器监测
一般项目	1	沉降速率(与控制值比)	%	±10	水准仪
	2	塑料排水板位置	mm	±50	用钢尺量
	3	塑料排水板插入深度	mm	±100	插入时用经纬仪检查
	4	插入塑料排水板时的回带长度	mm	≤300	用钢尺量
	5	搅拌桩墙深度	mm	±100	钢尺量钻具
	6	搅拌桩墙厚度	mm	±30	开挖后用钢尺量
	7	搅拌桩垂直度		≤0.5%	测斜仪
	8	搅拌桩墙渗透系数	cm/s	≤1×10^{-5}	抽水试验

3. 搅拌桩施工质量技术保证措施

(1) 桩机机组配备一把5m长钢卷尺,桩机就位时复验桩位,并用水平尺校正桩机水平,保证成桩垂直度。

(2) 为保证桩端质量,当浆液到达喷浆口后,桩底喷浆不小于30s,使浆液完全到达桩端,然后喷浆搅拌提升;当喷浆口到达桩顶标高时,停止提升,搅拌数秒。

(3) 为确保桩身质量,停浆面高出设计桩顶面0.50m。

(4) 因故停浆,将搅拌机下沉至停浆点下1.0m,待恢复供浆时继续喷浆搅拌提升。

(5) 黏土用量按所施工的桩长定量加料,保证每延米黏土用量,单桩施工结束后,检查罐内或桶内剩余量,如有剩余,及时补打。

(6) 成桩深度根据设计要求和地层情况,按桩机上的深度计或钻塔标定的深度标记,开工之前进行一次深度标定检查。

(7) 黏土搅拌桩施工平面误差不大于50mm,桩架倾斜度不大于1%。

4. 土工布和砂垫层

(1) 土工布材料要求抗拉强度高、整体连续性及韧性好、延伸率低,以承载力及抗冲切，减小不均匀变形及隆起，以保证后续工序顺利进行。

（2）土工布选用鉴定合格，并经质量认证的厂家生产的产品。

（3）使用前按规范堆积要求的抽样规定，将样送到经质量监督局认可的专门质检单位进行检验，取得合格证明后使用。

（4）砂垫层使用较干净的海砂。

（5）砂垫层的厚度保证不小于设计百度，抽检合格率大于 95％，砂垫层的质量及百度检测频率为 $2000m^2$ 随机检测 3 个点。

（6）砂垫层在施工时，控制好填筑速率，保证场地以及边界的稳定性。

5. 插板施工质量保证措施

（1）对排水板质量进行检查和验收，符合要求后投入施工；塑料排水板采用原生材料，禁止采用再生料。

（2）禁止汽车在完成了塑料排水板施工的区域内行走。

（3）施打作业时，插板机的管靴落地定位误差控制在 ±70mm 范围内，由插板机驾驶员在控制室内控制。

（4）根据装在插板机上的金属活动针和刻度盘，控制导管下插时的垂直度偏差不得大于 ±1.5％。

（5）塑料排水板施插深度（标高），严格按技术规范要求及施工前补充的钻探等资料确定各区块插板的控制深度进行；施工时将插板机按设计长度进行试插，并在导架上标出相应的高度。

（6）上拔时仔细观察排水板有没有回带现象，若回带长度超过 100cm，则在板位旁 50cm 处补打一根。

（7）施工过程中，加强对塑料排水板的保护，运输过程中严禁塑料排水板滤膜，并应室内保存，防止日照，避免芯板老化。

（8）施工过程中做好每根插板长度、孔深等到现场详细施工记录。

6. 真空预压质量保证措施

（1）真空滤管选用符合要求的 PVC 管，管网的埋设主管与支滤管长度和间距按规定布置，管网连接要牢固，滤水孔要通畅。

（2）密封膜铺设分两层，按由下到上的顺序依次铺设，逐层检查，确保膜无破损。

（3）膜周边密封沟开挖必须符合盖膜闭气要求，密封沟深入淤泥至少 50cm，如有渗透性高的夹层，要将夹层挖除并回填 30～50cm 厚的软黏土。

（4）抽真空过程中，观测真空泵、膜内及土体内各深度的真空度，以保证膜内的真空度保持不小于设计要求。

（5）在连续满负荷预压处理过程中，发现漏气及时进行处理。

7. 抽水堆载预压质量保证措施

（1）堆水厚度满足设计要求。

（2）堆水预压过程中，检查抽真空区域是否存在漏气，发现异常及时处理。

（3）满载期间，加强各项监测、检测，掌握处理效果。

（4）卸载前，必须经软基处理设计部门同意，严禁擅自卸载。

6.1.10　安全措施

1. 搅拌桩、插板施工

（1）由于处理工作面松软，施工时预先对施工工作面进行有效处理，可采取铺荆笆、铺格栅网、铺钢垫板或局部换填压实等处理措施，以满足深层搅拌桩机、插板机工作时不发生沉陷，确保人员安全。

（2）工前详细调查高空电线的电压、高度、横向距离，以下地下埋置的各类管线情况，并制定相应的处理措施。

2. 抽真空预压施

（1）从事真空泵操作的人员经过专业培训，持证上岗；熟悉真空装置工作原理，定期维修、保养；熟知并严守操作规程，严禁非操作人员操作。

（2）真空预压大都在空旷荒野施工，预压阶段为带水作业，须高度重视现场用电安全，由专业电工负责现场用电管理，做好用电布置、检查、防护等，防止出现漏电、触电事故。

（3）由于现场堆水作业，所有固定电源线必须架空，拖地电缆必须采用防水橡胶电缆，且必须符合耐压要求；严禁使用已老化的旧电缆，或不合格的产品；所有的电缆接头必须有严格的防漏电措施，并用木桩将接头竖起架离地面。

（4）现场必须备用真空装置和发电机，以防意外情况中断抽真空作业。

（5）抽真空过程中，随时监控附近区域的地面变化，确保地面建（构）筑设施安全使用。

6.2　大泵量节能真空堆载预压软基处理施工技术

6.2.1　引言

城市建设的高速发展下，日益增长的用地需求逐渐向滨海滩涂、围海造地而成的海塘等软土地基扩展，软基处理项目愈发普遍。当遇到大面积的软基处理项目时，采用真空预压法和真空堆载联合预压法需配备大量的射流式真空泵，机械设备进场多、现场管理工作量大、能耗高，同时软基加固区周边大量电缆铺设也造成了较大的用电安全隐患；此外，小型射流式真空泵连续不间断作业带来的过高耗电量还使得施工成本高、环保效益低。

近年来，工勘集团相继承接了数个大面积软基处理项目，在采用真空堆载联合预压法处理过程中，针对上述施工现场存在的问题，结合项目实际条件及设计要求，项目部开展了"大泵量节能真空堆载预压软基处理施工技术"研究，采用55kW大功率节能真空泵替代传统7.5kW射流式真空泵，通过与水气分离罐的连接，创新地改变了真空负压的发生原理，并新增掌形接头直排技术、自动抽排水气节能装置，实现软基处理工效的极大提高，形成了施工新工艺，在实际软基处理项目中取得显著的社会效益和经济效益，实现了质量保证、便捷经济、绿色环保的目标。

6.2.2 工程应用实例

1. 工程概况

珠海市船舶与海洋工程装备制造集聚区烽火科技项目用地场地处理工程位于珠海高栏港三虎大道西南侧，现场地面为滨海滩涂，表层主要为人工吹填的淤泥，场地标高 2.00~3.00m，平均约 2.50m。鉴于地层分布有深厚的欠固结软弱土层，为防止日后软弱土层的固结沉降给后期项目建设及使用带来不利影响、减少工后沉降和不均匀沉降对周边环境及管线的破坏，拟对场地软土层采用排水固结法进行加固处理，设计处理面积为 160049m²。

2. 施工情况

项目于 2016 年 6 月开工，场地西侧靠近海堤，采取格构式水泥搅拌桩作为隔离墙，东、南和北侧采用泥浆搅拌桩作为密封墙；现场开动两台套节能真空泵，各连接 8 个水气分离罐，设计要求抽真空时间为 4 个月，软基处理全过程按设计及相关规范要求，做好真空度、场地周边测斜管、地表沉降及孔隙水压力的实时监测，最终 98 天完成全部施工工作，通过了平板载荷试验检测。现场施工情况见图 6.2-1。

6.2.3 工艺特点

1. 机械设备"以一抵十"效能高

传统射流式真空泵的处理面积为

图 6.2-1 水气分离罐沿加固区布置

1000m²/台，本工艺中水气分离罐的处理面积为 10000 m²/台，一台节能真空泵最多可接入 10 台水气分离罐，因此处理面积高达 100000 m²/台，实现机械设备进场数量大幅度减少，机械设备总体数理和能耗大大降低。

2. 提高施工工效

排水板改换新型的掌形接头直排技术，无需施工水平砂垫层，减少了真空压力在传递过程中的损耗，提高真空压力的利用效率，使软基处理工效在真空预压和堆载预压双重叠加作用的基础上再得到进一步提高，从而减少抽真空满载时间，缩短工期。

3. 降低施工成本

真空泵使用的大量减少，节省了大笔的机械购置费、电费和设备维护费支出，使施工成本得到有效控制；无需施工砂垫层，减免了购砂费用，降低施工综合成本。

4. 实现节能安全环保

真空泵使用量的大大降低，一方面减少了加固场区铺设的连接电缆，降低现场用电安全隐患；另一方面大幅减少用电量，实现省电节能，环保效益高。

6.2.4 适用范围

适用于淤泥、淤泥质土、吹填土等饱和软黏土地基，适用于设计采用真空堆载联合预压法的大面积软基处理项目。

6.2.5 工艺原理

本工艺关键技术主要包括：一是真空预压系统的建立；二是掌形接头直排技术；三是自动抽排水气节能装置。

1. 真空预压系统的建立

真空预压系统由55kW大功率节能真空泵、水气分离罐及附属设备组成，真空泵通过其上的10个PVC-U管接口与下一级的水气分离罐相连（图6.2-2）；水气分离罐上共有10个螺纹钢丝软管接口，以此与加固体中铺设的10根真空主管连接（图6.2-3），形成流畅的抽吸水气传递路径。

软基水气抽吸的全过程为：开启节能真空泵后，其吸气管路抽气产生吸力，通过相连接的耐压PVC-U管，改变水气分离罐内的气体容量形成罐体内部负压，再通过耐压螺纹钢丝软管在真空管网系统内产生负压，以可控的负压调节使软基中的水气混合体通过塑料排水板被抽吸至真空管网内，继而输送到水气分离罐中，通过重力作用完成软基水气在罐内的分离，软基孔隙水沉落聚集通过排水管排出，气体则继续被抽吸至节能真空泵内排入大气中。软基处理真空泵与水气分离罐连接见图6.2-4，真空预压系统见图6.2-5。

图6.2-2 节能真空泵

图6.2-3 水气分离罐

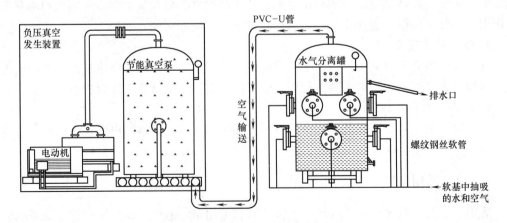

图6.2-4 软基水气输送原理示意图

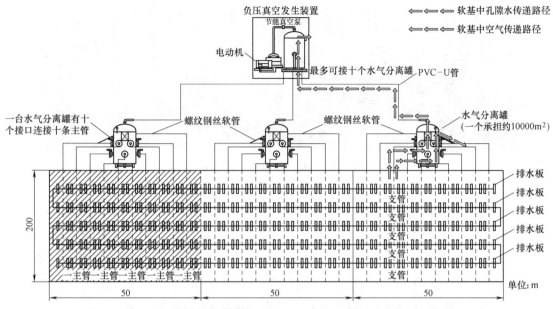

图 6.2-5 真空负压形成系统布置连接示意图/软基水气传递路径示意

2. 采用掌形接头连接塑料排水板与真空支管

加固区内铺设的纵横向真空主管与支管间以四通、三通接头相连，其中真空支管采用掌形接头与塑料排水板连通，如图 6.2-6、图 6.2-7 所示。

区别于传统真空堆载联合预压法需铺设砂垫层作为软基抽排水气的水平通道，本工艺无需施工砂垫层，通过使用掌形接头直排技术，使真空直达排水板传至加固土体内部，避免了真空压力在传递过程中受砂垫层的阻尼作用导致的部分能量损失。

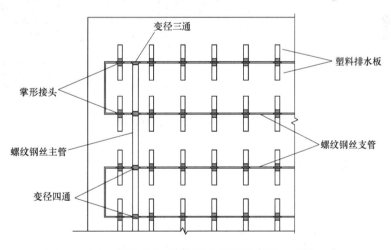

图 6.2-6 掌形接头连接示意图

综上述，加固体中水气整体传递路径为：软土地基→塑料排水板→掌形接头→真空支管→变径三通/四通接头→真空主管→螺纹钢四软管→水气分离罐→PVC-U 管→节能真空泵，见图 6.2-8。

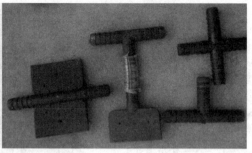

图 6.2-7 掌形接头实物连接图

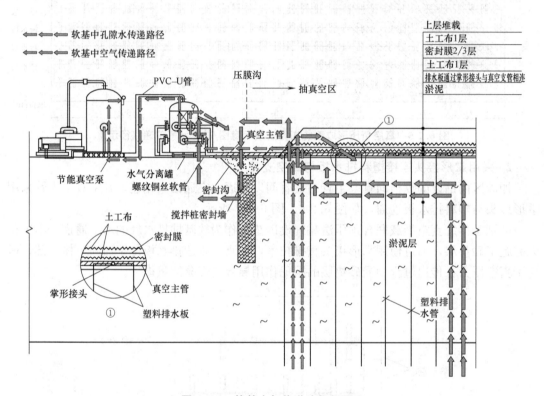

图 6.2-8 软基水气传递路径剖面示

3. 节能真空泵及水气分离罐内新增自动抽排水气装置

当水气分离罐中聚集的软基孔隙水达到一定容量时,真空泵自动感应停止运行,罐内排水管道迅速打开,潜水泵开启排水,水位下降,并在潜水泵即将空转时及时关闭管道阀门停止排水,具体见图 6.2-9。全过程实现感应式自动化控制,既提高了操作的精准性,又避免了软基中水气无效抽吸存在的不必要用电成本和能源耗费,省电节能,减少施工成本,保证整体软基处理施工质量。

6.2.6 施工工艺流程

大泵量节能真空堆载预压软基处理施工工艺流程见图 6.2-10。

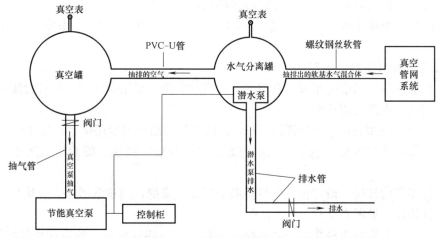

图 6.2-9　节能真空泵及水气分离罐内新增自动抽排水气装置

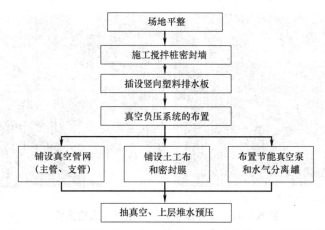

图 6.2-10　大泵量节能真空堆载预压软基处理施工工艺流程图

6.2.7　工序操作要点

1. 场地平整

软基处理前进行场地检查清理，对加固区中分布的块石进行挖运清除，场地表层 30cm 内的杂草、草根、木头、竹竿、积水等影响施工的杂物和障碍物一并挖除清理，此外，将局部隆起的淤泥滩清扫摊平。

2. 施工搅拌桩密封墙

当加固区边界存在透气填土或透水层较深时，为确保密封效果，真空堆载预压施工前需对加固区四周打设黏土泥浆搅拌桩帷幕，形成封闭场地，其渗透系数小于 1×10^{-5} cm/s，深度要求穿过淤泥层，进入下卧不透水层 1.0m。

3. 插设竖向塑料排水板

（1）如遇施工面松软，则铺设格栅工作垫层。

（2）排水板插入导管、穿靴，在插管上划出控制标高的刻度线，开动振动器将导管插至设计深度。

（3）完成打插后启动激振器，连续缓慢抽拔提升导管。

（4）最后剪断排水板时留露出原地面不小于 60cm 的"板头"，完成后移机下一处施工。

4. 真空管网（主管、支管）

（1）真空管路是纵横向布置的真空主管和真空支管，采用螺纹钢丝软管材质，以避免抽真空期间将管道撕裂或拉断。

（2）主管管径 32mm，支管管径 25mm，铺设的管路必须确保排水、气通畅。

（3）支管打孔加工后，包好土工织物滤水层，并捆扎结实，滤水层只透水、气，不透砂。

（4）将相邻两排排水板"板头"轻轻向中间集中靠拢，通过掌形接头直接与置于中间位置的支管相连，见图 6.2-11。

（5）支管与主管的连接采用与之匹配的变径三通、四通接头，所有接头须牢固可靠，保证连接良好，不存在漏气点。

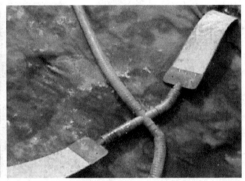

图 6.2-11 掌形接头连接排水板与真空支管

5. 铺设土工布、密封膜

（1）铺设土工布：土工布可采用缝接或搭接，采用人工铺设，在同侧同边同时进行，

图 6.2-12 人工铺设密封膜

将成卷的土工布一致逐步向前滚动铺开，最后在交接处"包缝"接合；铺设时遇到较软处加铺泡沫板，以防人员陷落。铺设完毕在土工布周边使用砂袋叠压，具体见图 6.2-12。

（2）铺设密封膜：密封膜采用聚氯乙烯薄膜，在工厂热合一次成型。采用人工将密封膜卷成卷放在加固区场地上，将膜边插入密封沟的黏土中，选择顺风向同时展开铺设，最后在各单元分区边界压入密封沟。

6. 布置节能真空泵、水气分离罐

（1）节能真空泵放置处需水平稳固，可加铺一层木板固定，其上连接 PVC-U 管与水气分离罐相接，见图 6.2-13、图 6.2-14。

（2）按加固区每 10000m² 布置一个水气分离罐，罐中 10 个接口各连 1 根螺纹钢丝软管，每 5 根螺纹钢丝软管与 1 根真空主管相接。各管的接头处均保证密封良好，安装完成后进行调试，检查质量，做好软基水气抽吸准备。具体见图 6.2-15、图 6.2-16。

图 6.2-13　节能真空泵

图 6.2-14　PVC-U 管连接节能真空泵与水气分离罐

图 6.2-15　水气分离罐沿加固区布置

图 6.2-16　水气分离罐抽排水

7. 真空、上层堆水预压

（1）试抽气。开启节能真空泵和水气分离罐运行，认真观察真空表的变化，正常情况下开泵后 7 天左右罐内真空度可达 85kPa，期间安排专人在地块内和膜沟附近巡查，寻找是否存在漏气部位，如出现漏气情况立即进行修补处理，直至无漏气点为止。

（2）试抽气完成后开始正式抽真空计时，并在密封膜上堆水进行预压；经现场各项数据监控、试验检测和计算，达到设计处理要求后经设计、监理、甲方单位同意停机卸泵。

6.2.8　主要机械设备

本工艺现场施工主要机械设备按单机配置，见表 6.2-1。

主要机械设备配置表　　　　　　　　　　表 6.2-1

机械、设备名称	型号	尺寸/生产厂家	备注（效率/处理量/功能）
节能真空泵	2BE253	功率 55kW，单泵最大抽速 35m³/min	100000m²（真空预压）/台
水气分离罐	ZF-35	—	10000m²（真空预压）/台

机械、设备名称	型号	尺寸/生产厂家	备注(效率/处理量/功能)
柴油发电机	FDj1	功率 250kW	发电
搅拌桩机	PH-5A	—	320m/d(搅拌桩墙施工)
灰浆搅拌机	JW-180	—	80m³/h(搅拌桩墙施工)
钢轨式插板机	DJG30	26.7m×10m×6m	打插排水板
高频热合机	HR-5AC-3T	—	密封膜铺设接缝

6.2.9 质量控制

1. 搅拌桩密封墙施工

(1) 黏土搅拌桩墙黏土掺入量不小于 20%，黏土黏粒含量＞20%。

(2) 配备 5m 长钢卷尺，桩机就位时复验桩位，并用水平尺校正水平，保证成桩垂直度。

(3) 成桩深度根据设计要求和地层情况，按桩机上的深度计或钻塔标定的深度标记，开工前进行一次深度标定检查。

(4) 当浆液到达喷浆口后，桩底喷浆不小于 30s，使浆液完全到达桩端再提升；当喷浆口到达桩顶标高时持续搅拌数秒，停浆面应高出设计桩顶面 0.5m。

(5) 完成每根桩的"四搅四喷"将搅拌机具提出地面后，向集料斗内注入适量清水，开泵清洗输浆管道，以防残留泥浆凝固堵塞。

2. 塑料排水板插设

(1) 采用滤膜和芯板连成一体的新型防淤堵畅通式塑料排水板。

(2) 现场排水板必须用帆布覆盖或存放于工地材料仓库中，以防日晒雨淋加速材料老化，避免撕裂、剥离和混入杂质等影响排水板质量的情况出现。

(3) 排水板插设过程中进行逐板自检并设有专人记录，当检查符合验收标准时方可施工，否则须在邻近处补打；插设的排水板严禁出现扭结、断裂等情况。

(4) 排水板宜采用整板施工，如需接长，搭接长度不小于 20cm，每根接长的排水板只允许有一个接头，且四周相邻各排水板不得有接头，"接长板"量不得超过打设总根数的 10%。

3. 真空负压系统布置及运行

(1) 真空管位偏差小于 100mm，绑扎铅丝的结头严禁朝上，以免扎破上层铺设的膜布。

(2) 土工布缝接宽度不小于 5cm，缝合尼龙线强度应大于 150N，采用包缝方式，搭接接头长度不小于 150cm，加工后使用 ϕ80 钢管卷成卷材，以备使用。

(3) 铺设密封膜选在无风或风力较小的天气、在白天一次性完成，10000m² 的地块需安排不少于 30 人的铺膜工，并准备足量氯丁胶、高频热合机和部分备用的整卷塑料薄膜。

(4) 平整铺齐后认真检查膜有无开焊、破孔，若发现及时修补；完成修补工作方可进行下层膜铺设，相邻两层膜的热合缝应错开 150mm 以上，严禁接缝重叠。

（5）膜周边密封沟开挖必须符合盖膜闭气要求，密封沟深入淤泥至少 50cm，如有渗透性高的夹层，要将夹层挖除并回填 30～50cm 厚软黏土；密封膜在各单元分区边界压入密封沟至少 100mm。

（6）施工过程预留备用的节能真空泵及水气分离罐，以防抽真空时机械设备出现损坏等故障情况。

（7）停机卸泵及卸载的标准主要为达到设计要求的恒载满载时间、工后沉降分析结果、软基的含水量和十字板试验强度结果等。

4. 施工信息化管理

（1）项目部建立施工管理体系，严格执行工程质量的"三检制度"（自检、互检、专检），做好原始施工数据记录。

（2）做好施工现场实时数据的记录。

（3）加强监测与检测工作（监测主要为施工过程中真空度、测斜管、沉降标、孔隙水压力的现场观测；检测主要指十字板剪切试验、土样物理和力学指标试验）。

（4）派专业人员到现场了解情况、指导工作，根据反馈的信息及时调整工艺参数。

6.2.10　安全措施

1. 搅拌桩密封墙施工

（1）工前详细调查高空电线的电压、高度、横向距离、地下埋置的光缆、通信管线、过水管道等情况，并制定相应的处理措施。

（2）由于处理工作面松软，施工时注意施工工作面处理，可采取铺格栅网、钢垫板、荆笆或换填压实等措施，以避免搅拌桩机设备沉陷，确保人员安全。

（3）由于场地含水量大或集水，桩机电缆全部架空处理。

2. 塑料排水板插设

（1）配备松木条、钢板等安全辅助物，遇到软弱场地时履带下垫放安全辅助物。

（2）排水板桩机在场地内行走时，注意道路情况，对于场地软弱部位，需做好标记，插板机行动时避免出现沉陷或倾角过大的情况。

（3）机手和辅助工密切配合，机手听从辅助工的调试；机手要注意辅助工的操作，并密切配合，移位后要等辅助工离开才插板。

3. 抽真空

（1）节能真空泵及水气分离罐的操作人员经过专业培训，熟悉装置的工作原理及各部分作用，定期维修、保养机械设备，熟知并严格遵守操作规程。

（2）进场铺设密封膜的作业人员正确穿着救生衣，以免发生泥池沉陷事故，同时现场设置安全巡视人员为发生危险的人员提供帮助，并实行严格的编队作业，每轮作业完成上岸后核对人数准确，方可展开下轮作业。

（3）节能真空泵及水气分离罐选择低噪声设备，现场安装时对场地进行压实垫平处理，如周边环境条件需要，对节能真空泵采取搭设临时防噪棚处理，以降低施工设备运行过程中产生的噪声。

（4）抽真空过程中随时监控附近区域的地面变化，确保地面机械设施的使用安全及现场人员的人身安全。

（5）施工设备运行过程中，一旦发现机器运转异常立即停机，查明原因，进行检修，恢复正常后才能投入使用。

6.3　预应力管桩桩网复合结构软土地基加固施工技术

6.3.1　引言

珠三角地区地处沿海，近年来为满足城市扩建规划需要填海造地相继增多。这类填海区淤泥、回填土等深厚软土地基具有含水量高、孔隙率高、压缩性高、强度低等特点，需经过加固处理后方可满足工程建设要求。目前，针对软土地基加固处理普遍多采用堆载预压排水固结法，但上述方法存在堆载时间长，对于建设工期紧的项目无法满足要求。

2016 年，工勘集团承接了深圳国际会展中心（一期）软基处理工程施工项目，场地位于深圳市宝安区宝安机场以北，空港新城南部。加固场地地势平坦、交通便利，原始地貌多为鱼塘、滩涂，设计采用预应力管桩桩网复合结构的方案对软土地基进行加固处理，处理面积约 25.5 万 m^2，总计预应力管桩 1414844.3m，桩径 300mm，有效桩长约为 14～16m，铺设土工格栅 25.54 万 m^2。处理工程于 2016 年 9 月 28 日正式开工，于 2017 年 6 月 25 日完工。工勘集团在深圳国际会展中心（一期）软基处理工程施工项目中，采用预应力管桩桩网复合结构的处理方案，使基础荷载通过"桩网"结构传至下卧土层，满足了地基承载力要求，加固处理时间短、质量可靠稳定。

6.3.2　工艺特点

1. 加固效果显著

本工艺采用桩网复合结构，使基础荷载通过预应力管桩复合结构透过软土层传至下卧持力土层，满足地基承载力，加固处理效果显著。

2. 后期质量稳定

本工艺所形成的桩网复合结构可视为一个整体，使上部荷载分散均匀传递，垂直方向直接受力，后期使用过程中的工后沉降相对较小，与其他处理方法相比具有质量稳定的优势。

3. 施工速度快

本工艺较其他处理方法工艺流程相对较少，各道工序可按工程面分区分段形成流水作业，各工序持续时间短，工序搭接闲置等待情况少，具有施工效率高、速度快的特点，工期能够得到保证。

4. 施工安全

对比其他处理方法，本工艺具有施工流程简明清晰，施工过程操作简便，危险因素和不确定性情况较少的特点，施工安全易于控制。

5. 经济环保

本工艺所有投入的材料、构件均为永久发挥自身作用，无需像堆载预压排水固结法那样对其进行卸载，节约卸载外运的费用支出，更为经济合理，同时不存在土方卸载外运时造成环境污染的情况，符合绿色环保要求。

6.3.3 适用范围

适用于场地软土处理厚度为 15～30m 地基加固处理施工；适用于软基处理建设工期紧的项目。

6.3.4 工艺原理

本工艺在预应力管桩进入持力层后，通过桩顶浇筑的桩帽及桩帽上铺设土工格栅加筋层和一定厚度的碾压垫层形成桩网复合结构地基，使基础荷载经预应力管桩透过软弱土层均匀传递到下卧持力层，以满足地基承载力要求，有效控制地基沉降。"桩网复合结构"中的"桩"为直径 300mm 的小直径预应力管桩，与桩相连的为边长 1000mm×1000mm 的钢筋混凝土正方形大桩帽，形成"桩+桩帽"整体垂直受力结构；"网"为双向土工格栅加筋网和由级配碎石、回填土、砂所组成的一定厚度的碾压垫层，形成平面上整体受

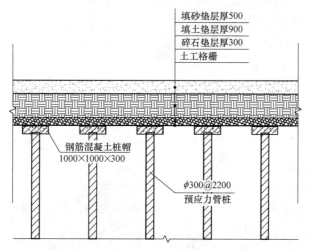

图 6.3-1 桩网复合结构原理示意图

力，便利本桩网复合结构达到竖向直接受力、水平向荷载均匀传递。

桩网复合结构见图 6.3-1。

6.3.5 施工工艺流程

桩网复合结构软土地基加固处理施工工艺流程见图 6.3-2。

6.3.6 工序操作要点

1. 施工准备

（1）场地平整。对打桩施工范围内场地进行清表平整，场地达到"三通一平"条件；根据需要铺设管桩工作垫层，便于机械设备安全正常移动；同时，做好场地排水工作。

（2）桩机进场调试。按施工要求组织桩机设备进场，对设备

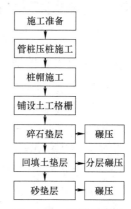

图 6.3-2 桩网复合结构软土地基加固处理施工工艺流程图

进行组装、调试、验收。

（3）管桩材料进场。按设计要求组织材料进场，按种类、规格整齐堆放在预先确定的材料堆放区域，并做好保护措施。

（4）测量定位。根据设计图纸编制桩位编号及测量定位图，进行现场测量定位，并用约 30～40cm 长的小竹片桩定位每根桩的中心位置；桩机就位后，进行第二次核样，保证桩位偏差小于 10mm。

现场施工准备工作见图 6.3-3～图 6.3-5。

图 6.3-3　前期场地清表平整

图 6.3-4　桩机进场调试验收　　　　图 6.3-5　管桩材料进场及堆放

2. 预应力管桩施工

（1）预应力管桩设计 ϕ300mm 小直径桩，采用静压法施工。

（2）为确保管桩进入持力层深度大于桩径的 1.5 倍，有效预防浮桩，喂桩前按设计要求把钢桩尖焊在第一节管桩的下端板上。

（3）将管桩吊起，喂入桩机内，然后对准桩位，将桩插入土中约 1.0～1.5m，校正桩身垂直度后，开始沉桩。

（4）如果桩在刚入土过程中遇地下障碍物，发生桩位偏差超出允许偏差范围时，及时将桩拔出进行重新插桩施工；如果桩入土较深而遇障碍物，则通知有关单位，协商处理发生情况，以便施工顺利进行。

（5）沉桩过程中，随时检查桩身垂直度；待第一节桩入土一定深度且桩身稳定后，再按正常沉桩速度进行;第一节桩端距地面 1.0m 左右时停止沉桩进行接桩,如此循环沉桩到持力层,经监理工程师检查合格后移至下根桩施工。预应力管桩施工过程见图 6.3-6。

(6)截桩。成桩施工完毕在满足标准后,进行土方开挖露出桩头,并按设计桩顶标高对外露多余部分桩头实施截桩;如设计为定桩长,则无需此步骤,按设计桩长配桩沉入至设计标高即可。

(7)管桩施工完成后,现场量测检查,及时记录沉桩数据,见图 6.3-7。

图 6.3-6 现场静压预应力管桩施工

图 6.3-7 现场量测预应力管桩桩长

3. 桩帽施工

(1)桩帽是将碾压垫层上的基础荷载传至桩身的重要结构,采用 1000mm×1000mm 正方形桩帽;桩帽高 300mm,预应力管桩桩头嵌入桩帽 50mm。

(2)钢筋制作。采用直径 12mmHRB400 热轧带肋钢筋,间距 20mm,双层双向绑扎连接,顶层钢筋两端向下 90°弯折 20mm 与底层钢筋相连形成钢筋骨架,钢筋骨架尺寸900mm×900mm×200mm,钢筋保护层厚度 50mm。钢筋配筋见图 6.3-8。

图 6.3-8 桩帽骨架成品

(3)支模。模板采用定制整体钢模板,由专业厂家预先制作好,内侧平面尺寸1000mm×1000mm,按桩位将桩帽模放置正中位置,四周固定牢靠。钢模见图 6.3-9、图6.3-10。

(4)浇筑混凝土。采用商品混凝土,强度等级 C25,坍落度 160~180mm;浇筑时受场地条件限制,使用长臂泵车浇筑;浇筑过程中同时振捣,浇筑过程见图 6.3-11、图6.3-12。

图 6.3-9　桩帽钢模

图 6.3-10　测量钢筋长度、间距和保护层厚度

图 6.3-11　现场浇筑桩帽混凝土

图 6.3-12　混凝土泵车浇筑桩帽混凝土

（5）养护。桩帽模拆除后对桩帽进行养护，在桩帽表面铺设草帘或塑料布，每天浇水数次以使混凝土表面处于湿润状态，养护时间不少于 7 天。桩帽施工过程如图 6.3-13、图 6.3-14。

图 6.3-13　拆模后进行覆盖养护

图 6.3-14　桩帽施工完毕

4. 铺设土工格栅

（1）铺设土工格栅在桩帽混凝土强度达到设计强度，经检验符合设计要求后进行。

（2）铺设土工格栅前，先对桩帽之间进行回填土方，并用小型碾压机碾压密实，碾压后高度与桩帽齐平，见图 6.3-15；碾压时，注意压路机触碰撞损混凝土桩帽，见图 6.3-16。

（3）土工格栅采用成品双向土工格栅，网孔规格 300～400mm，两幅搭接宽度不小于 300mm，搭接缝宜布置在桩帽上。铺设时应整平、理顺、拉直、绷紧土工格栅，不得有褶皱和破损。铺设土工格栅见图 6.3-17。

图 6.3-15 桩帽间回填土方

图 6.3-16 小型压路机对桩帽间回填土压实

(a)

(b)

图 6.3-17 铺设双向土工格栅

5. 碾压垫层施工

（1）碾压垫层自下而上为：铺设碎石垫层 300mm、回填土 900mm、砂垫层 300mm，每层分层碾压。

（2）碾压垫层中每种材料的摊铺厚度确保压实厚度不小于设计厚度。

（3）采用的级配碎石粒径符合设计和规范要求，一般不大于 50mm，碎石层厚度 300mm，见图 6.3-18。

图 6.3-18 铺设级配碎石并碾压

（4）回填土宜采用砾质土、砂质土等，不得使用黏土、垃圾土、混有有机质或淤泥的土类，填土层厚度 900mm，填土分层压实，每层厚度 900mm，压实度不小于 90%，见图 6.3-19。

（5）砂垫层采用中粗砂，泥量不大于 5%，干密度不小于 17.0kN/m³，砂层厚度 500mm，见图 6.3-20。

图 6.3-19　铺设回填土并分层碾压

图 6.3-20　铺设砂垫层并碾压

6.3.7　主要材料

本工艺所使用材料主要为：预应力管桩、钢筋、土工格栅、碎石、砂、混凝土等。各材料到达现场，其品种、级别和规格符合设计要求，并附有产品合格证、材质报告单或检查报告，现场质检员按要求进行外观检查。原材按要求进行见证取样送检，送检合格后方可使用。

本工艺所需主要材料见表 6.3-1。

主要材料表　　　　　　　　　　　　　　　　　　　表 6.3-1

序号	名称	规　格	备　注
1	预应力管桩	φ300mm，桩壁厚 70mm，桩强度 C80	桩间距 2.2m
2	钢筋	φ12，HRB400 热轧带肋钢筋	保护层厚度 50mm

续表

序号	名称	规　格	备　注
3	土工格栅	网孔 300～400mm,抗拉大于 80KN/m;延伸率不大于 15%	
4	碎石	粒径不大于 50mm	铺设厚度 300mm
5	回填土	砾质土、砂质土	铺设厚度 900mm,压实度 90%
6	砂	中粗砂,含泥量应不大于 5%,干密度不小于 17.0kN/m³	铺设厚度 500mm
7	混凝土	商品混凝土,强度等级 C25	坍落度 160～180mm

6.3.8 主要设备

本工艺现场施工所用具体施工机械、设备配置见表 6.3-2.

施工机械、设备配置表　　　　表 6.3-2

序号	机械设备名称	型号/规格	额定功率(kW)	备　注
1	静力桩机	ZYJ-400	85	压桩
2	挖掘机	PC200	99	挖土
3	装载机	ZL-50D	158	挖土
4	推土机	TY-230	169	整平
5	小型碾压机	2.5t	4	碾压
6	振动式压路机	SSR200AC-8	147	碾压
9	电动锯桩器	—	7.5	截桩
10	吊　车	16t	—	吊运
11	电焊机	BX1-330	22	管桩焊接
12	柴油发电机	THK-15GF	—	备用发电
13	洒水车	东风	—	降尘

6.3.9 质量控制

1. 质量控制标准

现场施工质量控制符合表 6.3-3。

施工质量控制表　　　　表 6.3-3

项　目	质量控制要求
预应力管桩桩径	偏差小于 5%
桩位	偏差小于 5cm
桩长	偏差不大于 300mm
垂直度	偏差小于 1.5%
垫层分层压实度	不小于 90%

2. 质量控制措施

(1) 管桩选用正规厂家品牌,要求厂家重信誉、守信用,并具有出厂合格证。

(2) 对进场管桩进行外观检查、尺寸偏差和抗裂性能检验;检查管桩有无明显的纵向、环向裂缝、端部平面是否倾斜,外径壁厚、桩身弯曲是否符合规范要求。

（3）测量定位、放线、复核工作由专业测量工程师负责，对测量仪器定期检查；在压桩过程中，随时注意桩位标记的保护，防止桩位标记发生错乱和移位。

（4）管桩起吊就位前，认真检查管桩在运输、装卸、拖拉过程中有否产生裂缝，严禁使用有裂缝的管桩；做好静压块的平衡，保证施工场地的平整，始终保持压桩机的平稳；施工中用从夹角90°的两个方向用吊线锤对桩身垂直度进行复核，确保管桩的垂直度满足设计要求。

（5）根据现场管桩的密集程度和周边环境，合理的确定桩机施工路线，采用先长桩后短桩、先中心后外围，或由一侧向另一侧推进的施工顺序，并在施工过程中严格打桩的速率，减小挤土效应。

（6）管桩施工完毕后，对桩长进行测量验收检查，确保管桩长度满足要求。

（7）桩帽模板表面清理干净，确保不粘有干硬性水泥砂浆等杂物；浇筑混凝土前，将模板浇水充分湿润，并清扫干净；模板内侧涂刷隔离剂，涂刷要均匀，并防止露刷。

（8）桩帽钢筋按设计要求进行制作，模板与钢筋四周固定砂浆垫块以控制保护层厚度，桩帽钢筋施工完成后对钢筋间距、长度和保护层厚度进行测量验收检查，确保质量合格后进行下一道工序。

（9）桩帽混凝土浇筑过程中，同时用振动棒均匀振捣密实，将混凝土内气泡排除为止；浇筑和振捣时加强检查，保证钢筋位置和保护层厚度正确，发现偏差及时纠正；控制拆模时间，拆模不应过早。

（10）土工格栅进场后对质量进行验收，确保无老化、无破损、无污染后方可铺设；铺设时进行有效的锚固，锚钉采用 $\phi10$ 钢筋弯制而成，锚固钢筋长度不小于20cm。

（11）铺设碎石垫层按"先两边，后中间"的原则，严禁先填中部，所有机械不得直接在铺好的土工隔栅上行走。

（12）垫层碎石材料选取时，进行筛分试验，确保粒径大小符合要求。

（13）铺设碾压垫层时，每层推平后，用压路机静压一遍，依据试验确定的压实遍数，再采用前后每次轮迹重叠不小于20cm往返静碾压。铺设完毕后进行压实度检测，确保压实度符合要求。

6.3.10 安全措施

1. 预应力管桩施工

（1）静压桩机移机就位前，平整压实场地，防止桩机下陷。

（2）吊装作业设专人指挥，起吊桩管时影响范围内严禁站人。

（3）接桩时电焊作业严格执行动火审批规定，电焊机设置漏电断路器和二次空载降压保护器。

（4）已沉桩的管桩孔口及时覆盖保护。

2. 堆载施工

（1）挖掘机、装载机、推土机和压路机等机械作业前，驾驶人员注意观察机械周围是否有人或其他障碍，缓慢起步，作业时机身周围不得站人。

（2）堆载运输车辆按指定线路行驶，注意交通安全。

（3）做好场地排水，防止积淤。

第 7 章　绳锯切割新技术

7.1　钢筋混凝土墙体绳锯拆除施工技术

7.1.1　引言

建筑使用过程中，人们对原有建筑空间的要求随着使用功能的调整而产生变化，建筑物结构中常因需要增大空间或改变原有空间连通方式而拆除部分建筑结构。对于绝大多数建筑物来说，拆除的部分较多是钢筋混凝土墙体，其强度高、厚度大、构造坚固，拆除较为困难。目前，这类拆除工程通常采用爆破、钻击、凿除等进行施工，这些施工方法振动强、噪声大、危险性高，而且对已有的建筑物结构影响大，普通的墙体拆除方法已满足不了操作简便、安全、保护环境的现代的施工要求。如何在拆除已有墙体时确保噪声小、危险度低、对未拆建筑物结构部分影响小且高效环保成为刻不容缓要解决的难题。为此，需要探索一种绿色、高效、安全、经济的墙体拆除工艺。

针对上述工程项目的设计要求、现场空间条件和周边环境制约，项目组开展了"绳锯切割混凝土墙体的施工技术"的研究，将绳锯技术运用到墙体拆除施工中，形成一套分块、绳锯切割，再结合手拉葫芦的吊运的施工方法，解决了建筑物结构中混凝土墙体拆除难的问题，达到预期效果。

7.1.2　工程实例

1. 工程概况

深圳平安金融大厦北塔外墙拆除北塔外墙切割拆除工程，本工程场地位于深圳市福田区福华路南侧，北接深圳地铁一号线购物公园 D 号出入口站厅层，沿福华路向南延伸与平安金融中心大厦地下室一层预留接口连接。本工程的建设主要是为了解决购物公园与平安金融大厦的连接。工程涉及购物公园站站厅层公共区域与设备区域部分房间的改造。站厅改扩建工程用位于购物公园站 D 出入口东侧、平安金融中心北塔楼北侧的地下空地。待拆墙体情况见图 7.1-1。

2. 施工情况

本工程需要在北塔既有结构外墙上增加 21.6m×4.3m 的洞口，墙体厚 1000mm。由于市政水务管线原位临时保护，管线在北塔外墙北侧，且埋深较深，

图 7.1-1　待拆墙体内侧

在连通口基坑南侧采用机械破除外墙没有施工空间，且要求拆除施工不对北塔外墙原结构产生影响，且对正在使用的功能区影响要小。综合考虑，决定采用绳锯切割拆除施工技术，该工艺施工作业速度快、噪声低、无振动，无粉尘污染。绳锯机切割、拆除段情况见图 7.1-2、图 7.1-3。

图 7.1-2　绳锯机安装固定

图 7.1-3　墙体拆除段

7.1.3　工艺特点

1. 操作简单

施工中使用的金刚石绳锯机、水钻机、手拉葫芦、风镐、电锯等机具，设备小巧；与现有的墙体拆除工艺相比，本工艺采用了模块式分块切割技术，不受切割物体积大小的限制，能切割和拆除大型钢筋混凝土构筑物，操作简单。

2. 操作安全

本工艺对正在使用的功能区影响小，对已有的建筑物结构影响小，施工中无需爆破、锤击等危险性操作，施工安全性高。

3. 施工高效

相比于传统静爆、明爆施工，绳锯切割方法无需额外的报备审批，工人经培训即可上岗，节省了大量的施工时间；绳锯切割可实现任意方向的切割，如横向、竖向、对角线方向等，且切口平直，切割后的钢筋混凝土块形状规整，便于吊运；快速的切割可以缩短工期，同样可根据现场施工条件采用一台或多台机器同时施工。

4. 综合成本低

本工艺所需器材简便、价格便宜，且大多数材料可反复使用，降低了工程成本，且施工所需工人少、施工工期短，综合费用与其他拆除技术相比较低。

5. 绿色环保

与现有墙体拆除工艺相比，采用绳锯切割墙体振动小，对周围无结构影响，施工噪声小，施工中带水作业无粉尘污染；相比传统工艺，绳锯法工艺完全满足环境保护的要求。

7.1.4　适用范围

适用于建筑物结构中的各种钢筋混凝土墙体的拆除，适用于施工空间狭小的场地施工。

7.1.5 工艺原理

本工艺关键技术包括绳锯分块切割工艺和钢筋混凝土墙体被切割后块体吊运工艺两部分。

1. 金刚石锯绳切割

金刚石锯绳是把单晶作为研磨的材料，可以对钢筋、石材等非常坚硬的物体进行切割。金刚石绳锯切割是通过金刚石绳索在液压马达驱动下绕切割面高速运动研磨切割来完成切割工作的，首先用紧夹装置将金刚石串珠锯绳固定在墙体的带拆位置，通过液压系统使张紧装置工作，使串珠绳保持一定的工作张紧力；然后驱动装置系统，让装置开始工作，对钢筋混凝土墙体进行切割；在主运动系统中，压力油带动驱动马达高速旋转，马达带动主动轮高速旋转，使张紧的金刚石串珠绳做循环运动，实现其沿管道的切向进给运动；同时进给系统中，进给用的低速马达带动升降的丝杆转动带动锯弓板框架作直线运动，实现串珠绳在工作过程中始终处于张紧状态，保证切割所需张力，使切割顺利进行。

本工艺将待拆除墙体划分为若干小块，通过钻绳锯孔，将锯绳穿过绳锯孔，分别进行逐块的竖向、横向面的切割，直至将整个墙体的拆除，见图 7.1-4、图 7.1-5。

图 7.1-4　金刚石锯绳

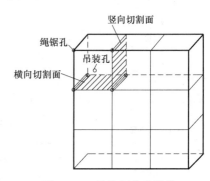

图 7.1-5　墙体划分小块体

2. 钢筋混凝土墙体切割后块体吊运

考虑施工场地的制约，大型机具难以施展工作面，因此选用手拉葫芦吊运切割后的钢筋混凝土块体。手拉葫芦是通过人力作用于驱动装置手拉链条从而产生与负载相匹配的直线牵引力，它作用于电齿轮等部件组成的传动机械，小齿轮带动大齿轮，将放大了的力矩传递出去，以便带动起重链条完成对重物的起吊作业。手拉葫芦见图 7.1-6。

在待拆墙体上方以及水平地面设置多个手拉葫芦，上方手拉葫芦固定在墙顶上，水平手拉葫芦固定设置在水平地面上。通过顶部手拉葫芦竖向吊运混凝土块，将混凝土块运送至地面位置，搬运至地面的混凝土块再由水平手拉葫芦搬运离待拆墙体，并将混凝土块搬运至运送装置上，经由运送装置运送混凝土块到达指定位置，混凝土块从待拆墙体搬运下来后，继续对待拆墙体进行进一步拆除。吊运切割好的混凝土块工艺顺序见图 7.1-7。

图 7.1-6　手拉葫芦

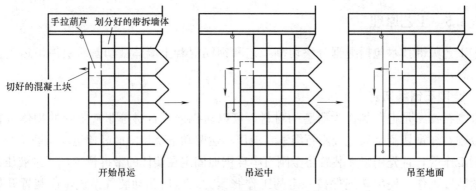

图 7.1-7 混凝土块吊运工艺顺序图

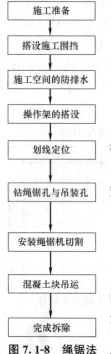

图 7.1-8 绳锯法拆除混凝土墙体施工工艺流程图

7.1.6 施工工艺流程

绳锯法拆除混凝土墙体的施工工艺流程见图 7.1-8。

7.1.7 工序操作要点

1. 施工准备

（1）对作业面建筑物墙体、与墙体连接部分、周围的环境情况进行调查。

（2）检查现场施工用电是否畅通，施工用电线路布设是否合理、安全可靠。

（3）检查施工人员持证上岗情况。

（4）对钻凿工、电工、架子工等人员进行现场安全技术交底。

2. 搭设施工围挡

（1）为了避免墙体拆除作业对周围环境的影响，施工前需根据周围环境条件的要求预先设置施工围挡，将作业施工空间与其他空间分隔。

（2）施工操作空间大小视施工场地大小而定，隔墙可以用木板、砖墙等。

3. 施工空间内防排水

（1）由于绳锯法切割墙体全过程带水作业，因此，施工前需要布设现场排水系统。排水系统由排水沟、集水井组成，砌筑的排水沟将积水引至一端设置的集水井中，集水井放置一台大功率抽水泵进行排水。

（2）根据施工环境需要，有必要做好防水工作，以防止带水切割造成建筑结构渗水。防水的一般做法为：用 20mm 厚水泥砂浆找平层，2mm 厚聚合物水泥基防水涂料四周上返 300mm，50mm 厚细石混凝土找坡 1.5%。

施工空间及防排水系统见图 7.1-9～图 7.1-11。

4. 操作架搭设

（1）混凝土墙体采用从上至下的拆除顺序，因此，施工前需搭设操作架平台。

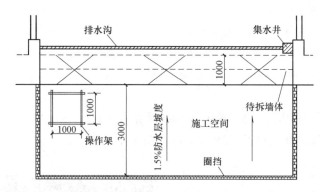

图 7.1-9　施工空间及排水系统平面图

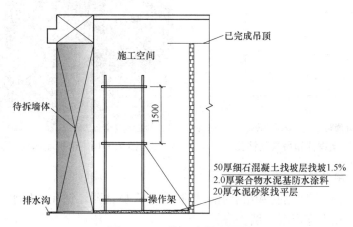

图 7.1-10　施工空间立面图

（2）操作架平台采用 ϕ48 钢管搭设，根据墙体高度、绳锯机重量、拆除混凝土块大小、操作空间等要求，经稳定性计算后进行搭设，同时需要满足相关安全规范要求。

（3）一般操作架搭设参数为横距 1.0m、纵距 1.0m、步距 1.5m，操作架后设置斜撑，操作平台面积约为 $1.44m^2$，操作架搭设见图 7.1-12。

图 7.1-11　施工场地排水

图 7.1-12　绳锯切割现场操作架搭设

5. 划线定位切割块

（1）考虑到施工场地限制，混凝土块运输采用手拉葫芦进行垂直吊装，切割的每一块混凝土不能过重。

（2）根据墙厚，确定切割混凝土块的大小为 0.5m×0.5m×1m，每块重量约为 600kg。

（3）切割墙体前使用墨斗弹出所有切割线及钻孔定位。

钢筋混凝土墙体划块及钻孔见图 7.1-13、图 7.1-14。

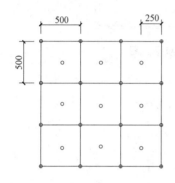

⊙表示绳孔　○表示吊装孔

图 7.1-13　绳锯孔和吊装孔钻孔

图 7.1-14　带拆墙体划分块体图

6. 钻绳孔和吊装孔

（1）根据划线确定绳锯孔和吊装孔，安排作业人员钻孔，钻孔采用水磨钻施工，钻孔直径 100mm，钻孔贯穿混凝土墙。

（2）水磨钻施工：用电钻在墙上开孔放入膨胀螺栓，用铁杆撑开膨胀栓，装上丝杆，放进支架，紧固螺帽，完成水磨钻的固定；装上金刚石薄壁钻头，保持钻尾螺纹与工具输出轴螺纹相匹配，见图 7.1-15；钻头装好后，进行空转试机；正常钻进前先接通水源，开始钻进时慢速下钻，当钻头切进物体 5mm 左右深时可逐渐加压，并保持正常钻孔作业。水磨钻墙面固定、墙体钻孔见图 7.1-16、图 7.1-17。

图 7.1-15　电锤作业

图 7.1-16　水磨钻墙面固定

7. 定位安装绳锯机

（1）根据已画好的墙体切割线将绳锯机定位，将绳锯机头固定在适合切割的最佳位置。

（2）绳锯机固定用电锤开螺栓孔，通过膨胀螺栓固定在墙面上，将各组件组装好，拧紧安装螺栓，接好金刚石绳锯链条，主机固定平稳牢固。

（3）绳锯机选用 RW-28，见图 7.1-18，此种液压绳锯机可对较厚实的混凝土实现各种切割，是最适用混凝土墙切割拆除工作的切割施工设备。

图 7.1-17　墙体钻孔情况

图 7.1-18　RW-28 液压绳锯机

8. 混凝土块切割

（1）混凝土块按照预先测量弹好的切割线和顺序进行逐块切割，拆除墙的整体切割顺序为从上至下，从两边向中间（也可以从一边开始），见图 7.1-19。

（2）混凝土块切断之前，通过手拉葫芦将钢丝绳绷紧受力，防止混凝土块切断瞬间卸荷发生坠落，绳锯切割混凝土块现场施工见图 7.1-20。

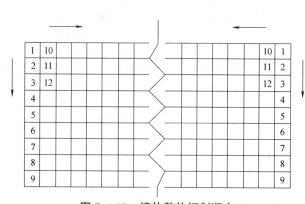

图 7.1-19　墙体整体切割顺序

图 7.1-20　绳锯现场切割

9. 混凝土块吊运

（1）混凝土块切割完成后，混凝土块通过吊装孔穿的钢丝固定于手拉葫芦上。

（2）手拉葫芦采用 M25 化学锚栓与结构外墙进行固定，并安装相应的吊环，通过吊环挂手拉葫芦。

（3）通过手拉葫芦将混凝土块垂直吊运至地面，在地面水平固定手拉葫芦，通过手拉葫芦将混凝土块拉至指定放置点，再由平板车转场外运。施工现场切好的混凝土块吊运见图 7.1-21、图 7.1-22。

图 7.1-21 切割后的混凝土块吊运

图 7.1-22 混凝土块装运

7.1.8 材料、设备配置

1. 材料

本工艺所用材料主要混凝土、防水材料、金刚石锯绳等材料。

2. 机械设备

现场施工主要机械设备按单机配备，施工机械、设备配置见表 7.1-1。

主要机械设备配置表 表 7.1-1

机械、设备名称	设备型号	数量	备 注
水磨钻	HZ-300/220V	2 台	混凝土墙体钻绳锯孔
金刚绳锯机	RW-28	2 台	用于混凝土墙体切割
手拉葫芦	5t	若干	混凝土块运输
汽车吊	25t	1 台	挖石、装石外运
电锤		2 台	钻螺栓孔

7.1.9 质量控制

1. 规范操作

（1）操作人员严格按工序操作要求进行施工。

（2）严格按照设计进行划线。

（3）绳锯孔钻凿时确保垂直度，减少绳锯切割误差。

（4）严格控制切割边界线位置，及时调整偏差，保证切割后的尺寸满足要求。

2. 设备维护

（1）经常检查驱动飞轮和导向轮的聚氨酯镶条是否正常，如有较大磨损及时更换，确保切割精度，保证切割时的平整。

（2）收工后，认真清理轮子及链条上的混凝土碎屑，并在张紧链条上抹机油防锈，各油路管口连接胶管拆卸后，各管口加防护装置，以免脏物进入，影响泵、马达的寿命。

（3）油管上的快速接头在拔出时，不可随意扔在地面，在插装前，用干净软布将快速接头的灰尘擦掉，防止混凝土碎屑进入油管系统损坏液压泵。

7.1.10　安全措施

1. 绳锯切割

（1）绳锯切割全过程带水作业，施工前做好施工场地的防排水，明确防排水系统的总体规划，包括高程、流向等。

（2）操作架按设计施工方案进行搭设，操作架搭设场地平整坚实，严禁在脚手架上超载堆放材料、设备等。

（3）绳锯机固定时事先确定最佳位置，通过膨胀螺栓将其固定在墙面上。

（4）操作平台根据绳锯机的位置确定合理的高度。

（5）在设备运转切割时，主操作手不得擅自离开液压操作泵站，如遇紧急情况时应及时停机。

（6）切割和钻孔作业进行时，作业区域正下方设置临时隔离带，严禁非相关人员进入。

（7）为防止链条断开伤人，链条切割径向的对应位置操作架上竖一块木模板作为挡板，操作人员严格避开链条切割径向旋转方向，操作员正前方在操作架相应位置同样采用木模板作为挡板。

（8）在进行切割时要时常检查冷却水的供应情况，一旦出现冷却水供应不到位，应立即停止切割，避免损坏串珠绳。

（9）定期检查更换液压油以保证液压系统的正常使用。

2. 混凝土块运输

（1）切割混凝土块切断前，张拉绷直吊装钢丝绳，防止混凝土块切断时突然卸荷发生坠落的危险。

（2）采用吊车吊运混凝土块时，派专人指挥，并按重量和高度均匀堆放，运输车辆不超载。

（3）在操作架平台上进行钻孔作业和切割作业时，人员佩带安全带。

7.2　基坑支撑混凝土板金刚石圆盘锯定向静力切割拆除技术

7.2.1　引言

在建筑基础工程施工过程中，时常会遇到塔吊设备与基坑支护的多道支撑钢筋混凝土结构封板在空间位置上存在冲突的情况，需要拆除基坑支撑时施工的多层钢筋混凝土结构板。常规的钢筋混凝土结构板的拆除方法有人工凿除和机械凿除两种，人工凿除工人劳动强度大、安全风险高、作业环境差，而且施工效率低。机械凿除虽然比人工凿除效率高，但凿除范围控制不够精准，对板的整体结构影响较大，而且对于支撑结构的钢筋混凝土板第二层及其以下的位置还存在无机械设备工作面的问题。另外，凿除机械重量大，其附加荷载往往超过基坑设计要求，施工还将产生的噪声和粉尘污染，无法满足安全文明施工的要求。

工勘集团承接的"招商银行金融创新大厦-土石方、基坑支护及桩基础工程"基坑采用三道或四道内支撑支护，在深基坑开挖至坑底后，主体结构塔吊安装时，遇到塔吊位置与支撑钢筋混凝土结构板位置存在冲突的问题，需要拆除部分钢筋混凝土结构板，而常规的拆除方法又很难实施。

　　针对以上难题，结合实际工程项目实践，项目运用了金刚石圆盘锯定向静力无损切割拆除施工技术，采用液压马达驱动的金刚石圆盘锯对钢筋混凝土结构板进行切割拆除，液压马达驱动的液压泵运转平稳，动力稳定可靠性高，切割过程中高速运转的金刚石锯片靠水冷却，并将研磨的碎屑带走，可实现无损切割，被切割物体能在几乎无扰动的情况下被分离，通过人工推动沿预定的线路进行切割作业，达到切割拆除的目的，最终形成了一种快速有效的切割拆除方法，实现了切割精准且对结构无损害、施工安全、文明环保、高效经济的目标，并取得了显著效果。

　　招商银行金融创新大厦土石方、基坑支护工程多道混凝土支撑结构封板位置塔吊安装前、后照片见图 7.2-1。

图 7.2-1　深基坑多道混凝土支撑结构封板位置塔吊安装前、后施工现场

7.2.2　工艺原理

1. 切割工作原理

　　金刚石圆盘锯切割是液压马达驱动金刚石圆盘锯高速运转来研磨被切割物体，完成切割工作。圆盘锯使用金刚石单晶作为研磨材料，可用以对石材、钢筋混凝土等坚硬物进行切割。切割作业由液压马达驱动，切割过程中高速运转的金刚石锯片靠水冷却，并将研磨出的碎屑带走，可实现无损切割，被切割物体能在几乎无扰动的情况下被分离。

　　金刚石圆盘锯切割施工见图 7.2-2，金刚石圆盘锯切割锯片安装见图 7.2-3。

图 7.2-2　金刚石圆盘锯切割施工　　　　图 7.2-3　金刚石圆盘锯切割安装示意图

2. 切割操作

根据塔吊设备位置与尺寸，确定需要拆除的深基坑支撑混凝土结构板的区域范围及尺寸。结合现场空间位置和吊车起吊的工况条件，对拟拆除混凝土板进行分块，在每块混凝土板的中心位置钻凿一吊运穿绳孔；然后，对混凝土结构板按照预先划分好的板块分序依次进行切割，混凝土结构板切割时首先切割临空面竖向两侧的混凝土，然后再切割与临空面平行的横向混凝土；分块拆除的每块混凝土板在横向切割之前，采用起吊钢丝绳穿过钢筋混凝土板穿绳孔进行固定，并保证混凝土板在横向切割过程中起吊钢丝绳始终处于张紧状态，直到切割的混凝土板完全脱离后吊放至指定位置。按此工艺自左向右分序依次将多块混凝土板全部拆除完毕。

深基坑支撑混凝土结构板定向无损静力切割拆除施工操作原理见图 7.2-4。

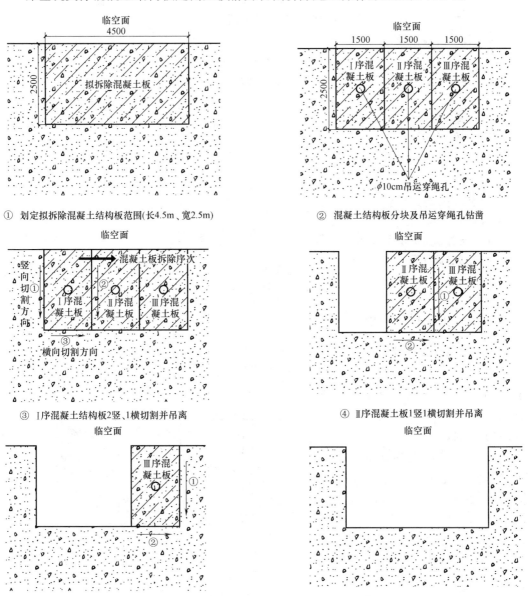

① 划定拟拆除混凝土结构板范围(长4.5m、宽2.5m)

② 混凝土结构板分块及吊运穿绳孔钻凿

③ I序混凝土结构板2竖、1横切割并吊离

④ Ⅱ序混凝土板1竖1横切割并吊离

⑤ Ⅲ序混凝土结构板1竖1横切割并吊离

⑥ 塔吊混凝土结构板拆除完成

图 7.2-4　深基坑支撑混凝土结构板定向无损静力切割拆除施工操作示意图

7.2.3 工艺特点

1. 操作简单

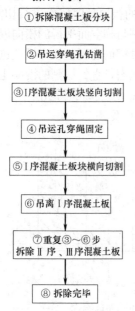

① 拆除混凝土板分块

② 吊运穿绳孔钻凿

③ Ⅰ序混凝土板块竖向切割

④ 吊运孔穿绳固定

⑤ Ⅰ序混凝土板块横向切割

⑥ 吊离 Ⅰ序混凝土板

⑦ 重复③~⑥步
拆除 Ⅱ 序、Ⅲ序混凝土板

⑧ 拆除完毕

图 7.2-5 钢筋混凝土结构板金刚石圆盘锯定向静力无损切割拆除施工工艺流程图

本工艺机械设备简单，普通工人培训即可掌握，手工操作便利，且切割深度可以根据锯片的大小调整。

2. 高精度切割对结构无损害

本工艺切割面光滑整齐，切割位置准确，切割过程中高速运转的金刚石锯片靠水冷却，并将研磨碎屑带走，可实现无损切割，被切割物体能在几乎无扰动的情况下被分离。

3. 综合施工成本低

本工艺采用的金刚石圆盘锯切割机设备简单，材料经济，施工高效，整体综合成本较低。

4. 安全、绿色环保无污染

本工艺无振动、低噪声，由于是带水作业几乎无粉尘产生，具有安全环保、无污染的特点，符合绿色环保施工要求。

7.2.4 适用范围

本工艺适用于深基坑支撑结构中的多道钢筋混凝土结构板的拆除，适用于深基坑支撑梁结构的拆除。

7.2.5 施工工艺流程

深基坑支撑钢筋混凝土结构板金刚石圆盘锯定向静力无损切割拆除施工工艺流程见图 7.2-5。

7.2.6 工序操作要点

1. 拆除混凝土板分块

（1）根据塔吊的安装尺寸，确定拟拆除钢筋混凝土板尺寸为 4.5m×2.5m。结合现场空间位置和吊车起吊的工况条件，将拟拆除钢筋混凝土板平均分为 1.5m×2.5m 的三块板。

（2）由于金刚石圆盘锯在设备右侧，线路在设备左侧，考虑到施工安全及操作方便，将三块混凝土板相对于临空面从左向右依次分为Ⅰ序、Ⅱ序、Ⅲ序混凝土板，拆除时按自左向右的顺序、依次分序分别进行切割拆除。具体分块分序见图 7.2-6。

2. 吊运穿绳孔钻凿

在已分序的每块混凝土板的中心

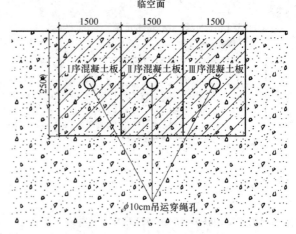

临空面

图 7.2-6 拆除混凝土板分块图

位置，采用水磨钻机用 ϕ10cm 的金刚石钻头钻透取芯，形成吊运穿绳孔。水磨钻机、混凝土板穿绳孔见图 7.2-7、图 7.2-8。

图 7.2-7 水磨钻机

图 7.2-8 吊运穿绳孔

3. Ⅰ序混凝土板块竖向切割

（1）深基坑支撑支护钢筋混凝土板厚 200mm。

（2）圆盘锯机选择手动式圆盘金刚石切割锯机，液压金刚石圆盘锯选用 ϕ600mm 锯片。

（3）Ⅰ序混凝土板块先切割两侧竖向断面，竖向切割长度比预拆除尺寸长 10cm 左右，以确保混凝土板竖向切割后能够与原混凝土板完全脱离。现场液压金刚石圆盘锯切割见图 7.2-9。

图 7.2-9 Ⅰ序钢筋混凝土板竖向切割

4. 吊运孔穿绳固定

（1）在完成Ⅰ序混凝土板两侧竖向钢筋混凝土断面切割后，将吊运钢丝绳穿过Ⅰ序混凝土板的吊运穿绳孔进行固定。

（2）按切割的单块混凝土板 1.5m（竖向）×2.5m（横向）×0.2m（厚）尺寸计算，单块混凝土板的重量约 1800kg，因此选用 10t 汽车吊固定混凝土板。

5. Ⅰ序混凝土板块横向切割

（1）用液压金刚石圆盘锯切割Ⅰ序混凝土板块横向混凝土，横向切割过程中保持吊运钢丝绳始终处于张紧状态和平稳。

（2）横向切割长度同样比预拆除尺寸长 20cm 左右。

（3）横向切割快结束时，注意观察Ⅰ序混凝土板状态，防止切割完全后混凝土板脱离后瞬间的摇晃，确保人员的安全和机械设备的稳定。信号司索工全过程指挥吊车做好紧密配合，直至Ⅰ序混凝土板完全脱离吊至指定位置。混凝土板横向切割现场施工见图 7.2-10、图 7.2-11。

6. 吊离Ⅰ序混凝土板

Ⅰ序混凝土板 2 竖、1 横切割完成后即脱离，并随即吊离至指定位置，具体见图 7.2-12、图 7.2-13。

299

图 7.2-10　混凝土板横向切割现场操作

图 7.2-11　混凝土板竖向、横向切割现场操作

图 7.2-12　切割后吊离混凝土板

图 7.2-13　拆除后钢筋混凝土板堆放

7. 依次下一层支撑结构板分序重复切割、吊离

（1）依次分序进行Ⅱ序混凝土板、Ⅲ序混凝土板拆除步骤，完成全部深基坑支撑混凝土结构板塔吊位置的切割、吊离施工。

（2）按深基坑多道混凝土支撑设计情况，分层吊运设备至第一道支撑以下混凝土板，重复进行切割，起到完成全部混凝土板的切割、吊离工作。

（3）钢筋混凝土板全部拆除完毕后集中堆放，然后统一进行外运破除处理。

（4）完成全部塔吊安装位置的支撑混凝土结构封板切割后，再安装塔吊。

具体分层切割、吊离施工见图 7.2-14，塔吊安装完成后情况见图 7.2-15。

7.2.7　机械设备

本工艺现场施工主要机械设备配置见表 7.2-1。

7.2.8　质量控制

1. 主控项目和一般项目

主控和一般控制质量标准见表 7.2-2。

2. 质量控制措施

（1）切割拆除施工前做好作业人员的质量技术交底工作，明确工艺流程、操作要点和注意事项。

图 7.2-14　基坑多道混凝土支撑板切割、吊离

图 7.2-15　支撑混凝土结构板切割拆除后塔吊安装

施工主要机械设备配置　　　　　　　　　　　　　　　表 7.2-1

机械、设备名称	规格型号	备　注
手推式液压金刚石圆盘锯	TD-800	切割主要设备
水磨钻机	HT-15	钻吊运穿绳孔

定向静力无损切割拆除施工质量检验标准　　　　　　　表 7.2-2

项目	检查项目	允许偏差或允许值	检查方法
主控项目	切割拆除尺寸	+50mm	用钢尺量
	吊运穿绳孔中心位置	±10mm	用钢尺量
一般项目	吊运穿绳孔直径	±10mm	用钢尺量
	金刚石锯片直径	±5mm	用钢尺量
	金刚石锯片厚度	±0.5mm	用游标卡尺量

（2）拆除前，编制拆除施工方案，核算机械荷载对基坑稳定性影响，制订质量保证措施，方案报监理审核后实施。

（3）项目部指派测量技术人员负责对拟拆除区域边线以及穿绳孔位置进行测量放线。

（4）根据拟拆除钢筋混凝土结构板面积划分为多块分序依次进行拆除，以方便现场吊运为原则。

（5）选择直径 100mm 的水磨钻机在分块拆除的板中心位置钻透取芯，形成吊运穿绳孔。

7.2.9　安全措施

1. 切割作业

（1）拆除作业施工前，对施工作业人员进行书面的安全技术交底，且留有记录并签字确认存档。

（2）拆除施工现场划定危险区域，设置警戒线和相关的安全警示标志，并由专人监护。

（3）机械设备操作人员经过岗前培训，熟练机械操作性能和安全注意事项，经考核合格后方可上岗操作。

（4）机械设备使用前进行试运行，确保机械设备运行正常后方可使用，严禁机械超负荷或带故障运转。

（5）水磨钻钻孔时，对电线进行检查，不得有破损现象，以免发生漏电或触电事故。

（6）拆除作业应从上至下逐层拆除，不得垂直交叉作业。

（7）钢筋混凝土板切割拆除时，混凝土板上严禁多余人员聚集或集中堆放物料。

（8）对拆除后的临边区域及时设置防护和警示措施。

2. 混凝土板吊运

（1）切割和拆除前，预先吊稳需要切割的板块，以防切割板块倾覆，然后进行切割拆除。

（2）横向切割过程中，保持吊运钢丝绳始终处于张紧状态和平稳，横向切割快结束时注意观察混凝土板的状态，防止切割完全后混凝土板脱离后瞬间的摇晃，确保人员的安全和机械设备的稳定。

（3）吊运时信号司索工全过程指挥吊车做好紧密配合，直至混凝土板完全脱离吊至指定位置。

（4）切割的钢筋混凝土板需要吊落、运输到地面指定的堆场。

（5）在拆除过程中需要做好切割污水的排放工作。

（6）拆除后对场地进行清理。

7.3 绳锯法定向拆除钢筋混凝土结构施工技术

7.3.1 引言

建（构）筑物施工过程中临时的承台（如塔吊的基础承台）、支撑的墩（柱）等大体积钢筋混凝土结构，一般在施工后期需要拆除。

对于要拆除的大体积钢筋混凝土体，结构体积大、强度高，且与建筑物的其他部分结合牢固，拆除较为困难。目前拆除这些结构的主要方法有：一是采用机械破碎法，由人工用风镐破除，或用液压炮机凿除，这种方法噪声大、粉尘多、进度慢；二是用静爆法，即在拆除物面上钻凿一定数量的静爆钻孔，装入静爆药剂后将混过凝土胀裂，再采用机械解碎，这种方法进度慢、费用高，且其静爆药剂受天气影响，药剂反应时间长；三是采用液压机械破裂法，即先在结构面上钻凿钻孔，再在钻孔内置入液压机械，依靠机械扩张力使钢筋混凝土破碎，这种方法每次破碎量小、劳动强度大、功效低。

普通的拆除方法已满足不了现今施工要求，如何在拆除大体积钢筋混凝土结构时确保受周边环境制约小、危险度低、高效、经济、环保成为刻不容缓要解决的难题。为此，通过实践总结出绳锯法定向拆除钢筋混凝土结构施工技术，提供一种安全高效的拆除大体积钢筋混凝土结构施工方法，旨在解决现有技术中大体积钢筋混凝土拆除困难、施工中对已有建筑部分影响大、施工危险性高、噪声大、污染环境等问题。

7.3.2 工艺特点

1. 操作简单

绳锯法切割大型钢筋混凝土构筑物，按照设计好绳锯线路进行穿线切割，施工中仅配置金刚石绳锯机（LHSJ-20）、电钻等机具，设备使用便利、操作简单。

2. 施工安全

施工中不存在爆破、锤击等危险性操作，施工安全性高。

3. 工效高

现场可以根据施工时间的缓急，合理安排绳锯机数量作业；切割时噪声小，不受时间限制；切割好的块体形状规格，运输方便，总体施工工效高。

4. 施工质量好

绳锯切割可以按照预定的标高位置作业，切割完成后的断面光滑、平整，不需要第二次修复，施工质量可一次性满足要求。

5. 绿色环保

与现有大体积钢筋混凝土拆除工艺相比，本工艺所采用了模块式切割技术，切割工艺简单高效；切割墙体时振动小，对周围结构影响小且施工中噪声较小；施工中不断地向墙体洒水，无粉尘；同时，采用本工艺切割完成的块体形状规格，可作为砌块、静载试验配重等多方面使用；另外，切割块体形状规整，便于运输。

6. 综合成本低

绳锯切割使用机具轻、少，效率高；同时精度高，切割后无需二次修整；切割块体可充分利用，综合成本低。

7.3.3　工艺原理

本工艺把绳锯切割技术应用到大体积钢筋混凝土的切割拆除上，提供了一种新的绳锯法切割施工技术，其主要包括钢筋混凝土绳锯切割和滑轮组定向设置两方面关键技术。

1. 绳锯切割原理

金刚石锯绳是把单晶作为研磨的材料，可以对钢筋、石材等非常坚硬的物体进行切割。金刚石绳锯切割是通过金刚石绳索在液压马达驱动下绕切割面高速运动研磨切割来完成切割工作。其切割工作时，首先用紧夹装置将金刚石串珠锯绳固定在墙体的待拆位置，通过液压系统使张紧装置工作，使串珠绳保持一定的工作张紧力；然后驱动装置系统，让装置开始工作，对钢筋混凝土墙体进行切割；在主运动系统中，压力油带动驱动马达高速旋转，马达带动主动轮高速旋转，使张紧的金刚石串珠绳做循环运动，实现其沿管道的切向进给运动；同时给进系统中，给进用的低速马达带动升降的丝杆转动带动锯弓板框架作直线运动，实现串珠绳在工作过程中始终处于张紧状态，保证切割所需张力，使切割顺利进行。

其切割布置见图 7.3-1、图 7.3-2。

2. 滑轮组定向原理

滑轮组是由多个动滑轮、定滑轮组装而成的一种简单机械，既可以省力也可以改变用力方向。本工艺中重点利用滑轮组改变切割方向，使金刚石锯绳对混凝土构筑物形成环绕，实现一次性整体切割。滑轮组定向设置见图 7.3-3。

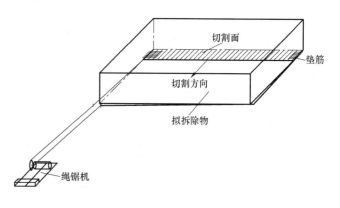

图 7.3-1　绳锯切割原理图

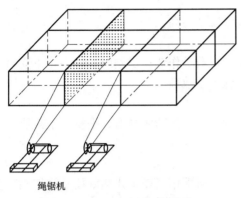

图 7.3-2　多台同时切割示意图

7.3.4　施工工艺流程

本工艺采用定向绳锯切割破除法，即在待拆除物的周边通过布设定绳锯切割、滑轮系统，沿待拆除物的底部位置布设环绕拆除物封闭的金刚石绳锯，启动绳锯机完成拆除物的整体切割；如拆除物体积偏大，则采取绳锯法进一步分块切割。绳锯法拆除大体积混凝土的施工工艺流程见图 7.3-4。

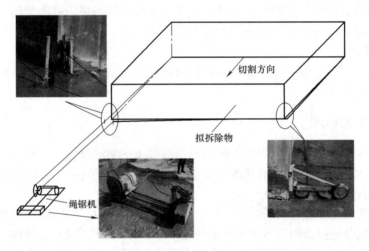

图 7.3-3　滑轮组定向示意图

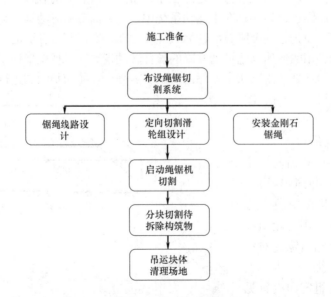

图 7.3-4　绳锯法拆除大体积钢筋混凝土施工工艺流程图

7.3.5 工序操作要点

1. 施工准备

（1）对作业面建筑物墙体、与墙体连接部分、周围的环境情况进行现场调查。

（2）检查现场施工用电是否畅通，施工用电线路布设是否合理、安全可靠。

（3）检查施工人员持证上岗情况。

（4）对绳锯工、钻凿工、电工等人员进行现场安全技术交底。

2. 布设绳锯切割系统

（1）在对待拆除物切离主体结构时，采用整体一次性切离，需要将锯绳在待拆物四周环绕，使成为一个封闭的线路，达到整体切割的要求。

（2）设定好线路后，需设计穿线方式，穿线的方式直接影响切割的效率，视待拆除物的形状、大小，选择最佳的金刚石锯绳穿线方式，最大程度的提高工作效率及收线长度。而穿线的方式与线路的方向、高低是由导向滑轮与定向滑轮决定，具体穿线的方式与滑轮的固定方式见图 7.3-5。

图 7.3-5 滑轮固定

（3）根据切割绳定位将绳锯机头固定在适合切割的最佳位置，用电钻开螺栓孔，绳锯机通过膨胀螺栓固定在地面上（或楼面上），将各组件组装好，拧紧安装螺栓，接好金刚石锯绳，主机固定平稳牢固，具体方式见图 7.3-6。

3. 启动绳锯机切割

（1）绳锯机安装完成后，连接操作系统，连接液压油管、液压站，接通电机电源，连接好冷水，调试绳锯机，确认可以开始绳锯作业后开始切割。

（2）先整体切割待拆除物，切割同时在切割好的切面处放置垫筋，使切好的两个面有一定距离，为后续切成块时穿锯绳留空间，具体见图 7.3-7。

4. 分块切割待拆除物

（1）当整体切割完成后，需要将拆除物继续切割成大小合适的块，以便于将拆除物运出，切割成块体的方式为先横向依次切成条状，再纵向切割成块。

（2）根据现场工作面情况，可以安排多台绳锯机同时施工，见图 7.3-8。

图 7.3-6　绳锯机固定　　　　　　　　　图 7.3-7　现场整体切割图

图 7.3-8　现场切割成小块

5. 吊运块体、场地清理

（1）用吊机将切割好的块体吊出，具体见图 7.3-9。

（2）拆除完毕后，对现场进行清理。

图 7.3-9　现场吊运混凝土块

7.3.6 机械设备

本工艺现场施工主要机械设备按单机配置情况见表 7.3-1。

主要机械设备配置表

表 7.3-1

机械、设备名称	设备型号	数量	备 注
金刚绳锯机	4508	2 台	混凝土体切割
滑轮组		若干	定向、导向作用
汽车吊	25t	1 台	挖石、装石外运
电钻		2 台	钻螺栓孔

7.3.7 质量控制

1. 测量定位

（1）现场作业前，操作人员进行质量技术培训和交底。

（2）对需要切割的建（构）筑物部分进行测量，并做好标记。

（3）严格按照切割拆除的各点位标记，安装滑轮、固定绳锯机。

2. 绳锯切割

（1）切割时，慢速作业，保持切割面平整。

（2）经常检查驱动飞轮和导向轮的聚氨酯镶条是否正常，发现较大磨损及时更换。

7.3.8 安全措施

1. 绳锯切割

（1）绳锯机使用前，检查各部位螺栓是否有松动现象；检查油箱内液压油是否足够，避免因缺液油导致吸油不畅；确认电源是否符合要求，电压值是否在要求范围之内。

（2）绳锯切割全过程带水作业，做好施工场地的防排水。

（3）大体积混凝土切割过程中，如形成临空面，及时进行支撑，防止临空面塌落。

（4）在设备运转切割时，主操作手不得擅自离开液压操作泵站，如遇紧急情况时及时停机；为防止链条断开伤人，链条切割径向的对应位置操作架上竖一块木模板作为挡板，操作人员严格避开链条切割径向旋转方向，操作员正前方在操作架相应位置同样采用木模板作为挡板。

（5）在进行切割时，定期检查冷却水的供应情况，一旦出现冷却水供应不到位，立即停止切割，避免损坏串珠绳。

（6）施工现场对切割部分洒水湿润，以防切割粉尘污染。

2. 切割混凝土块吊运

（1）针对切割后混凝土块的尺寸、重量，选择合适的吊车和运输车辆。

（2）吊装混凝土块时，派专人指挥现场作业，无关人员离开吊运半径。

（3）吊运期间，对作业区域正下方设置临时隔离带。

附：《实用岩土工程施工新技术（2020）》自有知识产权情况统计表

章名	节名	类别	名称	编号	备注
第1章 灌注桩施工新技术	1.1 旋挖桩孔口护筒嵌入式埋设定位施工技术	发明专利	大直径旋挖灌注桩的护筒埋设方法	201811185345.3	申请号
		实用新型专利	大直径旋挖灌注桩的护筒埋设结构	ZL 2018 2 1653 1653158.9	中华人民共和国国家知识产权局
		科技成果鉴定	省内领先水平	粤建协鉴字[2019]323号	2019年8月,广东省建筑业协会
	1.2 大直径、超深灌注桩分层后注浆施工技术	发明专利	大直径超深灌注桩分层后注浆施工方法	201910570539.3	申请号
		实用新型专利	大直径超深灌注桩分层后注浆施工结构	201920990997.8	申请号
		工法	深圳市建设工程市级工法	SZSJGF019-2019	深圳建筑业协会
		工法	广东省工程建设省级工法	证书待发	广东省住房和城乡建设厅粤建公示[2019]30号
		科技成果鉴定	国内先进水平	粤建协鉴字[2019]321号	2019年8月,广东省建筑业协会
		论文	超深大直径灌注桩分层后注浆施工技术	第十四届全国桩基工程学术会议文集	2019年11月,福州,中国土木工程学会土力学及岩土工程分会等
	1.3 灌注桩试桩双护筒隔离侧摩阻力施工技术	发明专利	试桩隔离侧摩阻力的施工方法	201810245146.0	初步审查合格
		发明专利	用于试桩的双护筒结构	201810245639.4	申请号
		实用新型专利	用于试桩的双护筒结构	201820409790.2	申请号
		工法	深圳市建设工程市级工法	SZSJGF067-2019	深圳建筑业协会
		工法	广东省工程建设省级工法	证书待发	广东省住房和城乡建设厅粤建公示[2019]30号
		科技成果鉴定	国内先进水平	粤建协鉴字[2019]312号	2019年8月,广东省建筑业协会
		论文	双护筒隔离技术在灌注桩静载试验中的应用研究	第十四届全国桩基工程学术会议文集	2019年11月,福州,中国土木工程学会土力学及岩土工程分会等

章名	节名	类别	名称	编号	备注
	1.4 旧桩拔除及新桩原位复建成套施工技术	发明专利	一种更换灌注桩的施工方法	2018106000480.3	申请号
		实用新型专利	一种更换灌注桩的施工设备	ZL 2018 2 0911826.7	中华人民共和国国家知识产权局
		工法	深圳市建设工程市级工法	SZSJGF021-2018	深圳建筑业协会
		工法	广东省工程建设省级工法	GDGF216-2018	广东省住房和城乡建设厅
		科技成果鉴定	国内领先	粤建协鉴字[2018]049号	广东省建筑业协会
第1章 灌注桩施工新技术	1.5 水上平台灌注桩"潜水电泵+旋流器"二次清孔技术	发明专利	灌注桩二次清孔方法	20191407127.8	实审
		实用新型专利	灌注桩二次清孔结构	20192070792.2	实审
	1.6 灌注桩混凝土顶面标高监测及超灌控制施工技术	发明专利	灌注桩混凝土标高测量及超灌控制方法	201810378977.5	初步审查合格
		实用新型专利	灌注桩混凝土标高测量及超灌控制结构	ZL 2018 2 0598711.7 证书号第8233446号	中华人民共和国国家知识产权局
		工法	广东省工程建设省级工法	GDGF218-2018	广东省住房和城乡建设厅
		科技成果鉴定	国内领先	粤建协鉴字[2018]044号	广东省建筑业协会
	1.7 旋挖钻钻筒三角锥钻渣出渣技术	实用新型专利	便于钻筒出渣的施工结构	ZL 2018 2 1006438.0	中华人民共和国国家知识产权局
	1.8 深厚软弱地层长螺旋跟管、旋挖钻成孔灌注桩施工技术	发明专利	深厚软弱地层长螺旋跟管、旋挖钻成孔灌注桩施工方法	201910411352.9	申请号
		工法	深圳市建设工程市级工法	SZSJGF066-2019	深圳建筑业协会
		工法	广东省工程建设省级工法	证书待发	广东省住房和城乡建设厅粤建公示[2019]30号
		科技成果鉴定	国内领先水平	粤建协鉴字[2019]317号	2019年8月,广东省建筑业协会
第2章 预应力管桩施工新技术	2.1 密实砂层预应力管桩气举反循环引孔沉桩施工技术	发明专利	静压预应力管桩密实砂层高压冲水气举反循环引孔施工方法	201810472267.9	申请号
		发明专利	高压冲水气举反循环引孔方法	201810472196.2	申请号
		实用新型专利	高压冲水气举反循环引孔装置	ZL 2018 2 0734216.4 证书号第8241015号	中华人民共和国国家知识产权局

章名	节名	类型	名　　　　称	编　　号	备　　注
第2章 预应力管桩施工新技术	2.1 密实砂层预应力管桩气举反循环引孔沉桩施工技术	工法	深圳市建设工程市级工法	SZSJGF028-2018	深圳建筑业协会
		工法	广东省工程建设省级工法	GDGF217-2018	广东省住房和城乡建设厅
		科技成果鉴定	国内领先	粤建协鉴字〔2018〕039号	广东省建筑业协会
		论文	密实砂层预应力管桩高压冲刷气举反循环引孔施工技术	第十四届全国桩基工程学术大会议论文集	2019年11月·福州·中国土木工程学会土力学及岩土工程分会等
		发明专利	超深超厚密实砂层预应力管桩长螺旋引孔施工方法	201810774820.4	申请号
		实用新型专利	超深超厚密实砂层预应力管桩长螺旋引孔施工设备	ZL 2018 2 1127932.2 证书号第8485360号	中华人民共和国国家知识产权局
	2.2 超深超厚密实砂层预应力管桩综合引孔施工技术	工法	深圳市建设工程市级工法	SZSJGF048-2018	深圳建筑业协会
		工法	广东省工程建设省级工法	GDGF220-2018	广东省住房和城乡建设厅
		科技成果鉴定	国内领先	粤建协鉴字〔2018〕045号	广东省建筑业协会
		获奖	科学技术奖二等奖	2019-2-X30-D01	广东省土木建筑学会
		论文	超深超厚密实砂层预应力管桩综合引孔施工技术	第九届深基础工程发展论坛论文集	2019年3月,无锡,中国建筑业协会深基础与地下空间工程分会等
		实用新型专利	砼支撑支护开形式下基坑底预应力管桩综合引孔施工设备	ZL 2017 2 0121179.5 证书号第6805470号	中华人民共和国国家知识产权局
	2.3 混凝土内支撑基坑坑底预应力管桩施工技术	工法	深圳市建设工程市级工法	SZSJGF064-2018	深圳建筑业协会
		工法	广东省工程建设省级工法	GDGF221-2018	广东省住房和城乡建设厅
		科技成果鉴定	国内领先	粤建协鉴字〔2018〕035号	广东省建筑业协会
		获奖	科学技术奖三等奖	2019-3-X56-D01	广东省土木建筑学会
		论文	混凝土内支撑基坑底预应力管桩施工技术	《施工技术》	2019(Vol.48)增刊(中册)
第3章 基坑支护桩咬合成桩施工新技术	3.1 深厚松散填石层咬合桩—荤二素组合式成桩施工技术	发明专利	深厚松散填石层咬合桩—荤二素组合成桩的施工方法	201811497187.5	申请号
		实用新型专利	用于深厚松散填石层咬合桩—荤二素组合桩的施工结构	201822062032.0	申请号
		工法	广东省工程建设省级工法	证书待发	广东省住房和城乡建设厅粤建公示〔2019〕30号
		科技成果鉴定	国内先进	粤建协鉴字〔2019〕316号	广东省建筑业协会
		论文	深厚松散填石层咬合桩—荤二素组合成桩技术	《施工技术》	2019年8月,广东省建筑业协会 已录用,待刊

章名	节名	类型	名称	编号	备注
第3章 基坑支护咬合桩施工新技术	3.2 基坑全荤咬合桩液压抓斗五桩组合式成桩施工技术	发明专利	深基坑全荤咬合桩液压抓斗五桩组合式成桩施工方法	201811498140.0	中华人民共和国国家知识产权局 申请号
		实用新型专利	深基坑咬合桩成桩综合施工结构	ZL 2018 2 2053942.2	申请号
	3.3 基坑支护咬合桩长螺旋钻素桩、旋挖钻荤桩施工技术	发明专利	荤素搭配的咬合桩施工方法	201910345449.4	申请号
		实用新型专利	荤素搭配的咬合桩施工结构	201920592751.5	申请号
		工法	广东省工程建设省级工法	证书待发	广东省住房和城乡建设厅粤建公示〔2019〕30号
		科技成果鉴定	国内先进	粤建协鉴字〔2019〕324号	2019年8月,广东省建筑业协会
	3.4 基坑支护旋挖硬咬合灌注桩钻进综合施工技术	发明专利	基坑支护咬合桩综合施工方法	201910596543.7	申请号
		实用新型专利	用于支护咬合桩的旋挖筒式钻斗	ZL 2018 2 1885569.0	中华人民共和国国家知识产权局
		工法	深圳市建设工程市级工法	SZSJGF041-2019	深圳建筑业协会
		工法	广东省工程建设省级工法	证书待发	广东省住房和城乡建设厅粤建公示〔2019〕30号
		科技成果鉴定	国内先进	粤建协鉴字〔2019〕313号	2019年8月,广东省建筑业协会
		论文	基坑支护旋挖硬咬合灌注桩钻进综合施工技术	第十四届全国桩基工程学术会议论文集	2019年11月,福州,中国土木工程学会土力学及岩土工程分会等
第4章 基坑支护施工新技术	4.1 基坑支护预应力锚索钻进、下锚、注浆同步施工技术	实用新型专利	同步式预应力锚索施工方法	201910493740.6	申请号
		实用新型专利	同步式预应力锚索结构	20182086790.2	申请号
		工法	深圳市建设工程市级工法	SZSJGF069-2019	深圳建筑业协会
		工法	广东省工程建设省级工法	证书待发	广东省住房和城乡建设厅粤建公示〔2019〕30号
		科技成果鉴定	国内领先	粤建协鉴字〔2019〕322号	2019年8月,广东省建筑业协会
	4.2 地下连续墙渗漏钻孔埋嘴高压灌浆堵漏施工技术	发明专利	深基坑地下连续墙渗漏修复孔埋嘴高压灌浆堵漏处理方法	201810519345.6	申请号
		工法	深圳市建设工程市级工法	SZSJGF031-2018	深圳建筑业协会
		工法	广东省工程建设省级工法	GDGF212-2018	广东省住房和城乡建设厅

章名	节名	类型	名称	编号	备注
	4.2 地下连续墙渗漏钻孔埋嘴高压灌浆堵漏施工技术	科技成果鉴定	国内先进	粤建协鉴字〔2018〕037号	广东省建筑业协会
		获奖	科技技术奖二等奖	2019-2-X70-D01	广东省土木建筑学会
		发明专利	一种基坑支护预应力锚索钻起拔方法	201810469705.6	申请号
		发明专利	一种可调节角度的锚索拔除轻型钻机作业平台	201810469607.2	申请号
		实用新型专利	一种可调节角度的锚索拔除轻型钻机作业平台	ZL 2018 2 0731740.6 证书号第8228531号	中华人民共和国国家知识产权局
	4.3 基坑预应力锚索钻拔除施工技术	实用新型专利	一种预应力锚索钻拔除三重管护筒钻头	ZL 2018 2 0738838.4 证书号第8241022号	中华人民共和国国家知识产权局
		工法	深圳市建设工程市级工法	SZSJGF032-2018	深圳建筑业协会
		工法	广东省工程建设省级工法	GDGF215-2018	广东省住房和城乡建设厅
		科技成果鉴定	国内先进	粤建协鉴字〔2018〕042号	广东省建筑业协会
		论文	深基坑预应力锚索钻拔除施工技术	《施工技术》	2019年录用,待刊
		发明专利	一种双管斜撑支护深基坑的施工方法	201810620462.1	申请号
第4章 基坑支护施工新技术	4.4 基坑超长双管斜抛撑施工技术	实用新型专利	一种双管斜撑支护深基坑的施工结构	ZL 2018 2 0937283.6 证书号第8466044号	中华人民共和国国家知识产权局
		工法	深圳市建设工程市级工法	SZSJGF030-2018	深圳建筑业协会
		工法	广东省工程建设省级工法	GDGF224-2018	广东省建筑业协会
		科技成果鉴定	国内领先	粤建协鉴字〔2018〕041号	广东省建筑业协会
		获奖	科学技术奖三等奖	2019-3-X154-D01	广东省土木建筑学会
		发明专利	组合式基坑支护方法	201811192255.7	申请号
	4.5 基坑支护预应力钢组合式斜抛撑腰梁施工技术	实用新型专利	组合式基坑支护结构	ZL 2018 2 1665772.7	中华人民共和国国家知识产权局
		工法	广东省工程建设省级工法	GDGF214-2018	广东省住房和城乡建设厅
		科技成果鉴定	国内先进	粤建协鉴字〔2018〕043号	广东省建筑业协会
	4.6 多道内支撑支护深基坑土方栈桥、土坡开挖施工技术	获奖	科学技术奖二等奖	2019-2-X65-D01	广东省土木建筑学会
		发明专利	环形深基坑开挖施工方法	201910493741.0	申请号
		实用新型专利	环形深基坑开挖施工结构	201920874367.4	申请号

续表

章名	节名	类型	名称	编号	备注
第4章 深基坑支护施工新技术	4.6 多道内支撑支护深基坑土方栈桥、土坡开挖施工技术	工法	深圳市建设工程市级工法	SZSJGF025-2019	深圳建筑业协会
		工法	广东省工程建设省级工法	证书待发	广东省住房和城乡建设厅粤建公示〔2019〕30号
		科技成果鉴定	国内先进	粤建协鉴字〔2019〕319号	2019年8月,广东省建筑业协会
	4.7 深基坑预应力管桩、预应力锚索联合支护施工技术	发明专利	一种深基坑预应力管桩、预应力锚索联合支护施工方法	201810903674.0	申请号
		工法	深圳市建设工程市级工法		2019年,深圳建筑业协会
		科技成果鉴定	国内先进	粤建协鉴字〔2019〕315号	2019年8月,广东省建筑业协会
	4.8 深基坑浅层地下水塔式压力回灌施工技术	发明专利	塔式地下水压力回灌设备	201910596070.0	申请号
		实用新型专利	塔式地下水压力回灌设备	201921033586.6	申请号
	4.9 深基坑支撑支护超长钢管立柱综合施工技术	发明专利	深基坑支护超长钢管立柱施工方法	201810468093.9	申请号
		实用新型专利	吊装稳定的吊耳与吊筋结构	ZL 2018 2 0731537.9 证书号第8231226号	中华人民共和国国家知识产权局
	4.10 地下连续墙硬岩旋挖引孔、双轮铣凿岩综合成槽施工技术	发明专利	地下连续墙入硬岩成槽的综合施工方法	201811070363.7	申请号
		实用新型专利	气举反循环的清渣处理结构	ZL 2018 2 1498073.8	中华人民共和国国家知识产权局
		工法	深圳市建设工程市级工法	SZSJGF021-2019	深圳建筑业协会
		科技成果鉴定	国内领先	粤建协鉴字〔2019〕320号	2019年8月,广东省建筑业协会
第5章 硬岩潜孔锤钻进施工新技术	5.1 灌注桩硬岩锥型潜孔锤钻进施工技术	实用新型专利	锥形潜孔锤	201930018577.9	申请号
	5.2 旋挖集束式潜孔锤硬岩钻进成桩施工技术	实用新型专利	旋挖集束式潜孔锤的硬岩钻进钻成桩施工结构	201921466145.5	申请号
		实用新型专利	用于硬岩层钻进的潜孔锤装置	201921466005.8	申请号
		发明专利	旋挖集束束式潜孔锤的硬岩钻进成桩施工方法	201910834220.7	初步审查合格
	5.3 松散地层地下结构抗浮锚杆双钻头双驱钻进成孔施工技术	发明专利	一种抗浮锚杆双钻头双驱钻进成孔施工方法	201810781322.2	申请号
		实用新型专利	一种双钻头的钻进结构	ZL 2018 2 1145403.5 证书号第8516719号	中华人民共和国国家知识产权局

章名	节名	类型	名 称	编 号	备 注
第5章 硬岩潜孔锤钻进施工新技术	5.3 松散地层地下结构抗浮锚杆双钻头顶驱钻进成孔施工技术	工法	深圳市建设工程市级工法	SZSJGF080-2018	深圳建筑业协会
		工法	广东省工程建设省级工法	GDGF223-2018	广东省住房和城乡建设厅
		科技成果鉴定	省内领先	粤建鉴字[2018]047号	广东省建筑业协会
第6章 软土地基处理施工新技术	6.1 沿海陆域真空堆水联合预压软土地基处理技术	实用新型专利	软土联合预压结构	ZL 2013 2 0881820.7 第 3713818 号	中华人民共和国国家知识产权局
		工法	深圳市建设工程市级工法	SZSJGF006-2011	深圳市住房和建设局
		工法	广东省工程建设省级工法	GDGF110-2011	广东省住房和城乡建设厅
		科技成果鉴定	国内领先	粤建鉴字[2011]158号	广东省住房和城乡建设厅
		论文	沿海陆域真空堆水联合预压软基处理技术	第十二届全国地基处理学术讲座会论文集	2012年,昆明,中国土木工程学会土力学及岩土工程分会地基处理学术委员会
	6.2 大泵量节能真空堆载预压软基处理施工技术	工法	深圳市建设工程市级工法	SZSJGF005-2017	深圳建筑业协会
		工法	广东省工程建设省级工法	GDGF237-2017	广东省住房和城乡建设厅
		科技成果鉴定	国内领先	粤建学鉴字[2017]第025号	广东省土木建筑学会
		t奖	科学技术奖二等奖	2018-2-X53-D01	广东省土木建筑学会
		论文	大泵量节能真空堆载预压软基处理技术	2018年7月上 第47卷第13期	《施工技术》
	6.3 预应力管桩桩网复合结构软土地基加固施工技术	发明专利	处理软土地基的复合结构	201710583398.X	申请号
		实用新型专利	处理软土地基的复合结构	ZL 2017 2 0867092.2 证书号第7003922号	中华人民共和国国家知识产权局
		工法	深圳市建设工程市级工法	SZSJGF081-2017	深圳建筑业协会
		工法	广东省工程建设省级工法	GDGF248-2017	广东省住房和城乡建设厅
		科技成果鉴定	国内先进	粤建协字[2017]79号	广东省建筑业协会
		表奖	科学技术奖三等奖	2018-3-X09-D01	广东省土木建筑学会
		论文	预应力管桩桩网复合结构软土地基加固施工技术	2018年12月第47卷 增刊	《施工技术》

章名	节名	类型	自有知识产权、鉴定、获奖	编 号	备 注
第7章 绳锯切割新技术	7.1 钢筋混凝土墙体绳锯拆除施工技术	发明专利	绳锯拆除混凝土墙体的施工方法	201711268708.5	申请号
		实用新型专利	混凝土块的吊运结构	ZL 2017 2 1675958.6 证书号第7599369号	中华人民共和国国家知识产权局
		实用新型专利	绳锯拆除混凝土墙体的施工结构	ZL 2017 2 1674343.1 证书号第7603445号	中华人民共和国国家知识产权局
		工法	深圳市建设工程市级工法	SZSJGF013-2018	深圳建筑业协会
		工法	广东省工程建设省级工法	GDGF222-2018	广东省住房和城乡建设厅
		科技成果鉴定	国内先进	粤建协鉴字〔2018〕036号	广东省建筑业协会
		论文	绳锯法模块式拆除大型钢筋混凝土墙体	2018年12月第47卷增刊	《施工技术》
	7.2 基坑支撑砼板金刚石圆盘锯定向静力切割拆除技术	发明专利	钢筋混凝土板定向无损静力切割拆除处理方法	201811230969.2	申请号
		实用新型专利	钢筋混凝土板的切割结构	ZL 2018 2 1714334.5	中华人民共和国国家知识产权局
		工法	深圳市建设工程市级工法	SZSJGF068-2019	深圳建筑业协会
	7.3 绳锯法定向拆除钢筋混凝土结构施工技术	发明专利	绳锯定向拆除大体积钢筋混凝土的施工方法	201810264307.0	申请号
		实用新型专利	绳锯定向拆除大体积钢筋混凝土的结构	201820433909.X	申请号
		科技成果鉴定	省内领先	粤建协鉴字〔2019〕314号	广东省建筑业协会